无机及分析化学实训

（第二版）

主　编　苏候香　王　欣

副主编　黄明权　范洪琼　王如全

　　　　郑志平　郁惠珍

参　编　刘明娣　邹春阳　薛建娥

　　　　朱　琳　孔梅岩　郝会军

华中科技大学出版社

中国·武汉

内容提要

本书是高职高专无机及分析化学实训教材，全书共分为五部分：无机及分析化学实训基础知识；无机及分析化学实训基本技能；无机化学实训；分析化学实训；无机及分析化学综合实训。基础知识部分简要介绍了实训常用试剂的分类及选择，以及实训中的安全操作和事故处理；基本技能部分介绍了实训基本操作规范和常用分析仪器的原理及操作方法。全书共列举了51个实训，包括基本操作练习、基础实训、自拟和综合设计实训。其中，无机化学实训部分包括物质的制备、提纯和离子的定性鉴定；分析化学实训部分包括分析仪器的使用练习，酸碱、配位、氧化还原和沉淀滴定分析法，重量分析法和各种仪器分析法；无机及分析化学综合实训部分包括一些综合性实训和学生自主设计实训。

本书主要适用于生命科学、环境科学、医药学和农学等相关类专业学生的化学基础实训，也可以作为教师参考书。

图书在版编目(CIP)数据

无机及分析化学实训/苏候香，王欣主编. —2版. —武汉：华中科技大学出版社，2014.5
ISBN 978-7-5609-9981-4

Ⅰ.①无… Ⅱ.①苏… ②王… Ⅲ.①无机化学 ②分析化学 Ⅳ.①O61 ②O65

中国版本图书馆CIP数据核字(2014)第081208号

无机及分析化学实训(第二版)　　苏候香　王　欣　主编

策划编辑：王新华
责任编辑：王新华
封面设计：刘　卉
责任校对：封力煊
责任监印：周治超
出版发行：华中科技大学出版社(中国·武汉)
　　　　　武昌喻家山　邮编：430074　电话：(027)81321913
录　　排：华中科技大学惠友文印中心
印　　刷：武汉华工鑫宏印务有限公司
开　　本：787mm×1092mm　1/16
印　　张：14.5
字　　数：350千字
版　　次：2010年1月第1版　2019年9月第2版第3次印刷
定　　价：29.80元

本书若有印装质量问题，请向出版社营销中心调换
全国免费服务热线：400-6679-118　竭诚为您服务
版权所有　侵权必究

前言

本书是高职高专无机及分析化学课程的实训教材，同《无机及分析化学》教材配套使用，也可以在培训学生的实训技能时独立使用。

为了适应不同类别、不同层次学校的需求，本书侧重于基础定量和定性分析，同时也编写了结合生物学、食品工程和药品等专业的实际样品分析，分析实训学时数较多，各专业可根据实际情况选做。

根据第一版教材的使用情况和课程的发展，本书在第一版的基础上进行了适当的修改和增删，删除了一些不常用、试剂有毒的实验项目，新增了实训考核项目。

本书由苏候香、王欣担任主编。参加本书编写的有：吕梁学院苏候香、薛建娥，信阳农林学院王欣，郧阳师范高等专科学校黄明权，重庆三峡职业学院范洪琼，沧州职业技术学院王如全，咸宁职业技术学院郑志平，健雄职业技术学院郁惠珍，三门峡职业技术学院刘明娣，辽宁卫生职业技术学院邹春阳，辽宁经济职业技术学院朱琳，山西运城农业职业技术学院孔梅岩，潍坊职业学院郝会军。

本书主要适用于生命科学、环境科学、医药学和农学等相关类专业学生的化学基础实训，也可作为教师教学参考书。

由于编者水平有限，书中不妥之处在所难免，恳请读者批评指正。

编　者

2014 年 4 月

目录

绪　论

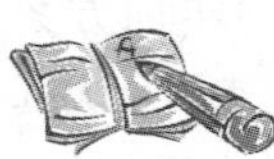

任务1　明确无机及分析化学实训的目的

在无机及分析化学的学习中，实训是基础化学内容的重要组成部分，也是高等院校中化学、化工、轻工、医药、生物等专业的主要基础课程。无机及分析化学实训作为一门独立设置的课程，突破了原无机化学和分析化学实训分科设课的界限，将二者融为一体，旨在充分发挥无机及分析化学实训教学在素质教育和创新能力培养中的独特地位，使学生在实践中学习、巩固和深化化学基础知识和理论，掌握基本操作技术，培养实践能力和创新能力。通过实训，我们要达到以下四个方面的目的：

(1) 掌握物质变化的感性知识，掌握重要化合物的制备、分离和分析方法，加深对基本原理和基本知识的理解，培养用实训方法获取新知识的能力。

(2) 熟练地掌握实训操作中的基本技术；正确使用无机及分析化学实训中的各种常见仪器；培养独立的工作能力和思考能力（如在综合性和设计性实训中，培养学生独立准备和进行实训的能力）；培养细致观察和及时记录实训现象及归纳、综合、正确处理数据，用文字准确表达结果的能力；培养分析实训结果的能力和一定的组织实训、科学研究和创新的能力。

(3) 培养实事求是的科学态度，培养准确、细致、整洁等良好的科学习惯，以及科学的思维方法，培养敬业、一丝不苟和团队协作的工作精神，养成良好的实训室工作习惯。

(4) 了解实训室工作的有关知识，如实训室试剂与仪器的管理、实训中可能发生的一般事故及其处理措施、实训室废液的处理方法等。

化学实训教学是实施全面化学教育的一种最有效的教学形式。全面的化学教育不仅要求教师传授化学知识和技术，而且应训练学生科学的研究方法和思维，培养学生献身于科学事业的精神和品德。因此，高等院校对化学实训课应该给予充分的重视。

任务2　掌握无机及分析化学实训的学习方法

要很好地完成实训任务，达到上述实训目的，除了应有正确的学习态度外，还要有正确的学习方法。无机及分析化学实训课一般包括以下三个环节。

(一) 预习

为了使实训能够获得良好的效果，实训前学生必须进行预习。通过阅读实训教材和参考资料，明确实训的目的与要求，理解实训原理，弄清操作步骤和注意事项，设计好数据记录格式，写出简明扼要的预习报告(对综合性和设计性实训，要写出设计方案)，并于实训前对时间做好统一安排，然后才能进入实训室有条不紊地进行各项操作。

(二) 实训操作

在教师指导下独立地进行实训是实训课的主要教学环节，也是训练学生正确掌握实训技术，实现化学实训目的的重要手段。原则上，在实训过程中，学生应根据实训教材上所提示的方法、步骤和试剂进行操作；在进行设计性实训或对一般实训提出新的实训方案时，学生应该与指导教师讨论，修改和定稿后方可进行实训，并要求做到以下几点：①认真操作，细心观察，如实而详细地记录实训现象和数据；②如果发现实训现象和理论不相符，就应首先尊重实训事实，并认真分析和检查其原因，通过必要手段重做实训，有疑问时力争自己解决问题，也可以相互轻声讨论或询问教师；③实训过程中应保持肃静，严格遵守实训室工作规则；④实训结束后，洗净仪器，整理药品及清洁实训台。

(三) 实训报告

做完课堂实训只是完成了实训的一半，余下更为重要的工作是分析实训现象，整理实训数据，将直接的感性认识提高到理性思维阶段。实训后应认真、及时地完成实训报告，这是实训的基本环节之一。

模块一

无机及分析化学实训基础知识

知识目标

(1) 了解玻璃仪器的洗涤原理、化学实训室用水的制备与选用原则；了解常用干燥剂、制冷剂、加热载体的种类与分析试样的制备方法。

(2) 掌握学习无机及分析化学实训的方法。

(3) 学会对化学试剂、常用器皿、滤纸、试纸、化学实训室用水进行分类。

能力目标

(1) 了解常用干燥剂、制冷剂、加热载体的种类与分析试样的制备方法。

(2) 掌握化学实训室常用玻璃仪器的洗涤方法与实训数据处理方法。

(3) 学会认识化学试剂、常用器皿、滤纸、试纸、化学实训室用水的种类与选用。

项目 1　无机及分析化学实训常用试剂和仪器

任务 1　实训室用水基础知识

水是一种使用最广泛的化学试剂，是最廉价的溶剂和洗涤液。进行化学实训时，洗涤仪器、配制溶液、溶解试样、冷却降温均需用水。自来水中常含有 Na^{+}、Mg^{2+}、Ca^{2+}、Al^{3+}、Fe^{3+}、Cl^{-}、SO_4^{2-}、HCO_3^{-} 等杂质，这些杂质对化学反应会造成不同程度的干扰。因此，自来水只能用于初步洗涤或冷却。自来水经纯化处理后所得的纯水即化学实训室用水，方可作为精洗仪器用水、溶剂用水、分析用水及无机制备的后期用水等。

我国已制定了实训室用水的国家标准(GB/T 6682—2008《分析实验室用水规格和试验方法》)，其中规定了实训室用水的技术指标、制备方法及检验方法。这一基础标准的制定，对规范我国化学实训室用水、提高化学实训的可靠性和准确性有着重要的作用。进行化学实训时，应根据具体任务和要求的不同，选用不同规格的实训室用水。

(一) 实训室用水的级别

国家标准规定的实训室用水分为三级,其规格见表1-1。

表1-1 实训室用水的级别及主要指标

指标名称	一 级	二 级	三 级
pH范围	—	—	5.0～7.5
电导率(25 ℃)/(mS/m)	≤0.01	≤0.10	≤0.50
吸光度(254 nm,1 cm光程)	≤0.001	≤0.01	—
可氧化物质(以O计)/(mg/L)	—	≤0.08	≤0.4
蒸发残渣((105±2) ℃)/(mg/L)	—	≤1.0	≤2.0
可溶性硅(以 SiO_2 计)/(mg/L)	≤0.01	≤0.02	—

注:① 由于在一级水、二级水的纯度下,难以测定其真实的pH,因此,对一级水、二级水的pH范围不做规定;

② 由于在一级水的纯度下,难以测定可氧化物质和蒸发残渣,对其限量不做规定,可用其他条件和制备方法来保证一级水的质量。

(1) 一级水　一级水可用二级水经过石英设备蒸馏或离子交换混合床处理后,再经0.2 μm微孔滤膜过滤来制取。一级水用于有严格要求的分析实训,包括对颗粒有要求的实训,如高压液相色谱分析用水。

(2) 二级水　二级水可用多次蒸馏或离子交换等方法制取,用于无机痕量分析等实训,如原子吸收光谱分析、电化学分析实训等。

(3) 三级水　三级水可用蒸馏或离子交换等方法制取,是使用最普遍的纯水,可用于一般无机及分析化学实训,还可用于制备二级水乃至一级水。

为保证纯水的质量符合分析工作的要求,对于所制备的每一批纯水,都必须进行质量检查。国家标准(GB/T 6682—2008)中只规定了实训室用水质量的一般技术指标,但在实际工作中,有些实训对水有特殊要求,还要进行其他有关项目的检查。

(二) 实训室用水的制备

制备实训室用水的原料水,通常采用自来水。根据制备方法的不同,一般将实训用水分为蒸馏水、离子交换水、电渗析水和特殊纯水。由于制备方法不同,实训用水的质量也有差异。

1. 蒸馏水的制备

蒸馏水是根据水与杂质的沸点不同,将自来水(或其他天然水)用蒸馏器蒸馏而制得的。用这种方法制备纯水的操作简单,成本低廉,不挥发的离子型和非离子型杂质均可除去,但不能除去易溶于水的气体。蒸馏一次所得的蒸馏水仍含有微量杂质,只能用于一般化学实训;洗涤洁净度要求高的仪器和进行精确的定量分析工作时,必须采用多次蒸馏而得到的二次、三次甚至更多次的高纯蒸馏水。

蒸馏器有多种类型,目前使用的蒸馏器一般是由玻璃、镀锡铜皮、铝皮或石英等材料制成的。由于微量的冷凝管材料成分也能带入蒸馏水中，故蒸馏器的材质不同，带入蒸馏水中的杂质也不同。例如：用玻璃蒸馏器制得的蒸馏水会有 Na^{+}、SiO_3^{2-} 等，用铜蒸馏器制得的蒸馏水通常含有 Cu^{2+}。蒸馏水中通常还含有一些其他杂质，如：二氧化碳及某些低沸点易挥发物质，能随水蒸气带入蒸馏水中；少量液态水呈雾状逸出，直接进入蒸馏水中。制备高纯蒸馏水时，须使用硬质玻璃蒸馏器或石英、银及聚四氟乙烯等蒸馏器。

一般水的纯度可用电阻率(或电导率)的大小来衡量，电阻率越高(或电导率越低)，说明水越纯净。蒸馏水在室温时的电阻率可达 $1\times10^{5}\ \Omega\cdot cm$，而自来水一般约为 $3\times10^{3}\ \Omega\cdot cm$。在某些实训(如精密分析化学实训等)中，往往要求使用更高纯度的水，这时可在蒸馏水中加入少量高锰酸钾和氢氧化钡，再次进行蒸馏，以除去水中极微量的有机杂质、无机杂质及挥发性的酸性氧化物(如 CO_2)。这种水称为重蒸水，电阻率可达 $5\times10^{8}\ \Omega\cdot cm$ 左右。保存重蒸水应用塑料容器而不能用玻璃容器，以免玻璃中所含的钠盐及其他杂质慢慢溶于水，而使水的纯度降低。

必须指出：以生产中的水汽冷凝制得的蒸馏水，因其含杂质较多，不能直接用于分析化学实训。

2. 离子交换水的制备

蒸馏法制备的纯水产量低，一般纯度也不够高。化学实训室广泛采用离子交换树脂来分离出水中的杂质离子，这种方法称为离子交换法。因为溶于水的杂质离子已被除去，所以制得的纯水又称为去离子水。去离子水常温下的电阻率可达 $5\times10^{6}\ \Omega\cdot cm$ 以上。离子交换法制纯水具有出水纯度高、操作技术易掌握、产量大、成本低等优点，很适合于各种规模的化验室采用。该方法的缺点是设备较复杂，制备的水未除去非离子型杂质，含有微生物和某些微量有机物。

3. 电渗析水的制备

这是在离子交换技术基础上发展起来的一种方法。它是在外电场的作用下，利用阴、阳离子交换膜对溶液中离子的选择性透过而使杂质离子自水中分离出来，从而制得纯水的方法。电渗析水纯度比蒸馏水低，未除去非离子型杂质，电阻率为 $10^{3}\sim10^{4}\ \Omega\cdot cm$。

4. 特殊纯水的制备

在一些分析化学实训中，要求使用不含某种指定物质的特殊纯水。常用的几种特殊纯水的制备方法如下：

(1) 无二氧化碳纯水　将普通纯水注入烧瓶中，煮沸 10 min，立即用装有钠石灰管的胶塞塞紧瓶口，放置冷却后即得无二氧化碳纯水。

(2) 无氧纯水　将普通纯水注入烧瓶中，煮沸 1 h 后，立即用装有玻璃导管的胶塞塞紧瓶口，导管与盛有 100 g/L 焦性没食子酸碱性溶液的洗瓶连接，放置冷却后即得无氧纯水。

(3) 无氨纯水　将普通纯水以 3～5 mL/min 的流速通过离子交换柱即得无氨纯水。交换柱直径为 3 cm，长度为 50 cm，依次填入 2 份强碱性阴离子交换树脂和 1 份强酸性阳离子交换树脂。

任务 2　化学试剂的基础知识

化学试剂是符合一定质量标准的、纯度较高的化学物质，它是用于教学、科研和生产

检验的重要物质,并可作为精细化学品生产的功能材料与原料。化学试剂是无机及分析化学实训工作的物质基础,能否正确选择与使用化学试剂,将直接影响到实训的成败、准确度的高低及实训成本的高低。因此,必须充分了解化学试剂的类别、性质、选择、应用与保管等方面的知识。

(一) 化学试剂的分类

国际标准化组织(ISO)已制定了多种化学试剂的国际标准,国际纯粹与应用化学联合会(IUPAC)对化学标准物质的分级也有了规定。我国化学试剂产品目前有国家标准(GB)、原化工部标准(HG)及企业标准(QB)三级。各类各级标准均明确规定了化学试剂的质量指标。

随着科学技术的进步与生产的发展,新型化学试剂还将不断被推出,化学试剂的应用范围越来越广泛。虽然现在化学试剂还没有统一的分类方法,但根据质量标准及用途的不同,可将其大体分为标准试剂、普通试剂、高纯试剂和专用试剂四大类。

1. 标准试剂

标准试剂是用于衡量其他物质化学量的标准物质(标准物质是指已确定其一种或几种特性,用于校准测量器皿、评价测量方法或确定材料特性量值的物质),通常由大型试剂厂生产,并严格按照国家标准规定的方法进行检验。其特点是主体成分含量高而且准确可靠。国产主要标准试剂见表 1-2。

表 1-2 国产主要标准试剂

类别	主要用途
滴定分析标准滴定溶液	滴定分析法测定物质的含量
pH 基准试剂	pH 计的校准(定位)
一级 pH 基准试剂	pH 基准试剂的定值和高精密度 pH 计的校准
滴定分析第一基准试剂(C 级)	工作基准试剂的定值
滴定分析工作基准试剂(D 级)	滴定分析标准滴定溶液的定值
色谱分析标准	气相色谱法进行定性和定量分析的标准
杂质分析标准溶液	仪器与化学分析中作为微量杂质分析的标准
农药分析标准	农药分析
有机元素分析标准	有机元素分析
临床分析标准滴定溶液	临床化验
热值分析试剂	热值分析仪的标定

滴定分析用标准试剂在我国习惯称为基准试剂,它分为 C 级(第一基准)与 D 级(工作基准)两个级别。我国迄今共计有 6 种 C 级和 14 种 D 级基准试剂。前者主体成分的质量分数为 99.98%~100.02%,后者为 99.95%~100.05%。基准试剂采用浅绿色标签。D 级基准试剂是滴定分析中的计量标准物质。D 级基准试剂见表 1-3。

表 1-3 D级基准试剂

名　称	国家标准代号	使用前的干燥方法	主要用途
氧化锌	GB 1260—2008	800℃灼烧至恒重	标定 EDTA 溶液
碳酸钙	GB 12596—2008	(110±2)℃干燥至恒重	标定 EDTA 溶液
乙二胺四乙酸二钠	GB 12593—2008	硝酸镁饱和溶液恒湿器中放置 7 天	标定金属离子溶液
无水碳酸钠	GB 1255—2008	270～300 ℃灼烧至恒重	标定 HCl、H_2SO_4溶液
邻苯二甲酸氢钾	GB 1257—2008	105～110 ℃干燥至恒重	标定 NaOH、$HClO_4$溶液
草酸钠	GB 1254—2008	105～110 ℃干燥至恒重	标定 $KMnO_4$溶液
三氧化二砷	GB 1256—2008	硫酸干燥器干燥至恒重	标定 I_2溶液
碘酸钾	GB 1258—2008	(180±2)℃干燥至恒重	标定 $Na_2S_2O_3$溶液
重铬酸钾	GB 1259—2008	(120±2)℃干燥至恒重	标定 $Na_2S_2O_3$、$FeSO_4$溶液
溴酸钾	GB 12594—2008	(180±2)℃干燥至恒重	标定 $Na_2S_2O_3$溶液
氯化钠	GB 1253—2008	500～600 ℃灼烧至恒重	标定 $AgNO_3$溶液
硝酸银	GB 12595—2008	硫酸干燥器干燥至恒重	标定卤化物及硫氰酸盐溶液
无水对氨基苯磺酸	GB 1261—1977	(120±2)℃干燥至恒重	标定 $NaNO_2$溶液
苯甲酸	GB 1259—2008	五氧化二磷干燥器减压干燥至恒重	标定甲醇钠溶液

2. 普通试剂

普通试剂是实训室广泛使用的通用试剂，国家和主管部门颁布质量指标的主要是三个级别，其规格和适用范围见表 1-4。生化试剂、指示剂也属于普通试剂。

表 1-4 普通试剂

试剂级别	名　称	英文名称	符号	标签颜色	适 用 范 围
一级品	优级纯	guaranteed reagent	G. R.	深绿	主体成分含量最高，杂质含量最低，适用于精密分析及科学研究工作
二级品	分析纯	analytical reagent	A. R.	金光红	主体成分含量低于优级纯试剂，杂质含量略高，主要用于一般分析测试、科学研究工作
三级品	化学纯	chemical reagent	C. P.	中蓝	质量较分析纯试剂低，适用于教学或精度要求不高的分析测试工作和无机、有机化学实训

3. 高纯试剂

高纯试剂主体成分含量通常与优级纯试剂相当，杂质含量很低，而且规定的杂质检测项目比优级纯或基准试剂的多1～2倍，通常杂质含量控制在10^{-9}～10^{-6}级的范围内。高纯试剂主要用于微量分析中试样的分解及试液的制备。

高纯试剂多属于通用试剂(如盐酸、高氯酸、氨水、碳酸钠、硼酸等)，目前只有8种高纯试剂颁布了国家标准。其他产品一般执行企业标准，称谓也不统一，在产品的标签上常常标为“特优”“超优”或“特纯”“超纯”试剂。选用时，应注意标示的杂质含量是否符合实训要求。

4. 专用试剂

专用试剂是一类具有专门用途的试剂。该试剂主体成分含量高，杂质含量很低。它与高纯试剂的区别是：在特定的用途中，只须将杂质干扰成分控制在不致产生明显干扰的限度以下。

专用试剂种类颇多，如紫外及红外光谱纯试剂、色谱分析标准试剂、薄层分析试剂及气相色谱担体与固定液等。

按规定，试剂瓶的标签上应标示试剂的名称、化学式、摩尔质量、级别、技术规格、产品标准号、生产许可证号(部分常用试剂)、生产批号、厂名等，危险品和有毒品还应给出相应的标志。

(二) 化学试剂的选用

化学试剂的主体成分含量越高，杂质含量越少，则级别越高。高级别化学试剂由于其生产或提纯过程复杂而价格高，如基准试剂和高纯试剂的价格要比普通试剂高数倍乃至数十倍。在进行实训时，应根据实训的性质、实训方法的灵敏度与选择性、待测组分的含量及对实训结果准确度的要求等，选择合适的化学试剂。选择时，既不要超级别造成浪费，又不要随意降低级别而影响实训结果。

选用化学试剂时应注意以下几点：

(1) 一般无机化学教学实训使用化学纯试剂，而提纯实训、配制洗涤液则可使用工业级试剂。

(2) 一般滴定分析常用的标准滴定溶液，应采用分析纯试剂配制，再用D级基准试剂标定；对分析结果要求不高的实训，则可用优级纯，甚至分析纯试剂代替基准试剂；滴定分析所用其他试剂一般为分析纯试剂。

(3) 仪器分析实训中一般使用优级纯或专用试剂，而测定微量或超微量成分时应选用高纯试剂。

(4) 化学试剂的级别必须与相应的纯水及容器配合。比如，在精密分析实训中常使用优级纯试剂，就需要以二次蒸馏水或去离子水及硬质硼硅玻璃器皿或聚乙烯器皿与之配合，只有这样才能发挥化学试剂的纯度作用，达到要求的实训精度。

任务3 常用干燥剂、制冷剂与加热载体的基础知识

(一) 干燥剂

凡是能吸收水分的物质，一般都可以称为干燥剂。干燥剂主要用于脱除气态或液态物质中的游离水分。干燥剂既要有易与游离水分结合的活性，又要有不破坏被干燥物质的惰性。实训室常用干燥剂主要有无机干燥剂与分子筛干燥剂两类。常用于气体的无机干燥剂见表1-5，常用于液体的无机干燥剂见表1-6。

分子筛是人工合成的一种多水合晶体硅铝酸盐型超微孔吸附剂，适合于多种气体(如空气、天然气、氢气、氧气、二氧化碳、硫化氢、乙炔等)和有机溶剂(如苯、乙醇、乙醚、丙酮、四氯化碳等)的干燥。分子筛干燥剂种类很多，目前广泛应用的是A型、X型和Y型。各类分子筛干燥剂的化学组成及其特性见表1-7。

表1-5 用于气体的无机干燥剂

干 燥 剂	适用干燥的气体
氧化铝	多数气体
硅胶	氨气、胺类、氧气、氮气
碱石灰	氨气、胺类、氧气、氮气
氢氧化钾	氨气、胺类
氧化钙	氨气、胺类
浓硫酸	氢气、二氧化碳、一氧化碳、氮气、氯气、烷烃
氯化钙	氧气、氢气、氯化氢、氮气、二氧化硫、乙醚、烯烃、氯代烃、烷烃
五氧化二磷	氧气、氢气、二氧化碳、一氧化碳、氮气、二氧化硫、乙烯、烷烃

表1-6 用于液体的无机干燥剂

干 燥 剂	适用干燥的液体	不适用干燥的液体
硫酸铜	醚、醇	甲醇
氯化钙	醚、酯、卤代烷	醇、酮、胺、酚、脂肪酸
钠	醚、饱和烃	醇、胺、酯
氢氧化钾	碱	酮、醛、脂肪酸、酸
五氧化二磷	烃、卤代烃	碱、酮
碳酸钾	碱、卤代物、酮	脂肪酸、酯
浓硫酸	饱和烃、卤代烃	碱、酮、醇、酚
硫酸钠	普通物质	—

表 1-7　各类分子筛干燥剂的化学组成及其特性

类型		化学组成	水吸附量/(%)	特性和应用
A型	3A或钾A型	$(0.75\ K_2O, 0.25\ Na_2O) \cdot Al_2O_3 \cdot 2\ SiO_2$	25	只吸附水,不吸附乙烯、乙炔、二氧化碳、氨和更大分子
	4A或钠A型	$Na_2O \cdot Al_2O_3 \cdot 2\ SiO_2$	27.5	吸附水、甲醇、乙醇等
	5A或钙A型	$(0.75\ CaO, 0.25\ Na_2O) \cdot Al_2O_3 \cdot 2\ SiO_2$	27	用于正、异构烃类分离
X型	10X或钙X型	$(0.75\ CaO, 0.75\ Na_2O) \cdot Al_2O_3 \cdot (2.5 \pm 0.5)SiO_2$	—	用于芳烃类异构体分离
	13X或钠X型	$Na_2O \cdot Al_2O_3 \cdot (2.5 \pm 0.5)SiO_2$	39.5	用于催化剂载体和水、二氧化碳、水-硫化氢的共吸附
Y型		$Na_2O \cdot Al_2O_3 \cdot (3 \sim 6)SiO_2$	35.2	经过蒸汽处理后仍有高的吸氧量

(二) 制冷剂

实训室进行低温操作或者使溶液的温度低于室温时,最简单的方法是采用制冷剂冷却。常用的制冷剂及其制冷最低温度见表 1-8。

表 1-8　常用的制冷剂及其制冷最低温度

制冷剂(mL)	最低温度/℃	制冷剂(mL)	最低温度/℃
氯化铵+水(30+100)	−3	氯化钾+冰雪(100+100)	−30
氯化钙+水(250+100)	−8	六水氯化钙+冰雪(125+100)	−40
六水氯化钙+冰雪(41+100)	−9	六水氯化钙+冰雪(150+100)	−49
硝酸铵+水(100+100)	−12	六水氯化钙+冰雪(500+100)	−54
氯化铵+冰雪(25+100)	−15	干冰+丙酮	−78
浓硫酸+冰雪(25+100)	−20	液氧	−183
氯化钠+冰雪(33+100)	−21	液氮	−195.8
硫氰化钾+水(100+100)	−24	液氢	−252.8
氯化铵+硝酸钾+水(100+100+100)	−25	液氦	−268.9
硝酸钾+硝酸铵+冰雪(9+7+100)	−25	—	—

(三) 加热载体

有些物质热稳定性较差,过热时会发生氧化、分解等作用或大量挥发损失。此类物质不宜直接加热,而应采用间接加热法。

间接加热即通过传热介质以热浴的方式进行加热。该法具有受热均匀、受热面积大、易控制温度和无明火等优点。热浴一般有水浴、油浴、沙浴和空气浴等，常用加热载体见表 1-9。

表 1-9　常用加热载体

热浴名称	加热载体	极限温度/℃
水浴	水	98
空气浴	空气	300
硫酸浴	硫酸	250
石蜡浴	熔点为 30～60 ℃的石蜡	300
金属浴	铜或铅	500
	锡	600
	铝青铜(90%铜、10%铝合金)	700

热浴名称	加热载体	极限温度/℃
油浴	棉籽油	210
	甘油	220
	石蜡油	220
	58～62 号汽油	250
	甲基硅油	250
	苯基硅油	300
沙浴	细沙	400

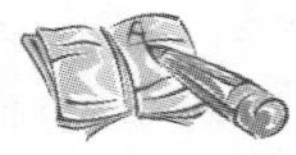

任务 4　滤纸与试纸

(一) 滤纸

滤纸主要用于沉淀的分离和定量化学分析中的称量分析与色谱分析。它们通常是以高级棉为原料制成的一种纯洁度高、组织均匀并具有一定强度的纯棉纸张。滤纸有各种不同的类型，在实训过程中，应当根据实训要求和沉淀的性质、数量合理地选用。

1. 滤纸的类型

化学实训室中常用的滤纸分为定量滤纸和定性滤纸两种。用于称量分析的滤纸是定量滤纸。定量滤纸又称为无灰滤纸，生产过程中用稀盐酸和氢氟酸处理过，其中大部分无机杂质已被除去，每张滤纸灼烧后的灰分不大于滤纸质量的 0.003%(小于或等于常量分析天平的感量)，在称量分析法中可以忽略不计。定性滤纸主要用于一般沉淀的分离，不能用于称量分析。

按过滤速度和分离性能的不同，滤纸又可分为快速、中速和慢速三类，在滤纸盒上分别以白带、蓝带和红带作为标志。

2. 滤纸的规格与主要技术指标

滤纸外形有圆形和方形两种。常用的圆形滤纸有直径为 7 cm、9 cm、11 cm 等规格。方形滤纸都是定性滤纸，有 60 cm×60 cm、30 cm×30 cm 等规格。

国家标准 GB/T 1914—2007(《化学分析滤纸》)对定量滤纸和定性滤纸产品的分类、型号和技术指标及实训方法等都有规定。滤纸产品按质量分为 A 等、B 等、C 等。A 等定性、定量滤纸产品的主要技术指标及规格见表 1-10。

表 1-10 A 等定性、定量滤纸产品的主要技术指标及规格

指标		快速	中速	慢速
过滤速度/s		≤35	≤70	≤140
型号	定性滤纸	101	102	103
	定量滤纸	201	202	203
分离性能(沉淀物)		氢氧化铁	碳酸锌	硫酸钡(热)
湿耐破度/(mmH_2O)		≥130	≥150	≥200
灰分/(%)	定性滤纸	≤0.13		
	定量滤纸	≤0.009		
铁含量(定性滤纸)/(%)		≤0.003		
定量/(g/m^2)		80.0±4.0		
圆形滤纸直径/cm		7、9、11、12.5、15、18、22		
方形滤纸尺寸/cm		60×60、30×30		

注:① 过滤速度是指把滤纸折成 60°的圆锥形,将滤纸完全浸湿,取 15 mL 水进行过滤,开始滤出的 3 mL 不计时,然后用秒表计量滤出 6 mL 水所需要的时间;

② 定量是指规定面积内滤纸的质量,这是造纸工业术语;

③ 1 mmH_2O=9.806 375 Pa。

(二) 试纸

试纸是用滤纸浸渍了指示剂或试剂溶液后制成的干燥纸条,常用来定性检验一些溶液的性质或某些物质的存在。它具有操作简单、使用方便、反应快速等特点。各种试纸都应密封保存,以防被实训室中的气体或其他物质污染而变质、失效。试纸的种类很多,这里仅介绍实训室中常用的几种试纸。

1. 酸碱试纸

酸碱试纸是用来检验溶液酸碱性的,常见的有 pH 试纸、刚果红试纸和石蕊试纸等。

(1) pH 试纸　pH 试纸用于检测溶液的 pH,有广范 pH 试纸和精密 pH 试纸两种,均有商品出售。

① 广范 pH 试纸　它用于粗略地检测溶液的 pH,其测试的 pH 范围较宽,pH 单位为 1;按变色 pH 范围又可分为 1～10、1～12、1～14、9～14 四种。最常用的是变色 pH 范围为 1～14 的 pH 试纸,其颜色由红→橙→黄→绿→蓝色逐渐发生变化。溶液的 pH 不同,试纸的颜色变化也不同,通常附有色阶卡,以便通过比较来确定溶液的 pH 范围。

② 精密 pH 试纸　其种类很多,按变色 pH 范围可分为 0.5～5.0、2.7～4.7、3.8～5.4、5.4～7.0、6.8～8.4、8.2～10.0、9.5～13.0 等,可以根据不同的需求选用。精密 pH 试纸用于比较精确地检测溶液的 pH,需要注意的是,精密 pH 试纸很容易受空气中酸碱性气体的侵扰,要妥善保存。

(2) 刚果红试纸　刚果红试纸自身为红色,遇酸变为蓝色,遇碱又变成红色。

(3) 石蕊试纸　石蕊试纸分蓝色和红色两种：酸性溶液使蓝色石蕊试纸变红，碱性溶液使红色石蕊试纸变蓝。

2. 特种试纸

特种试纸具有专属性，通常是专门为检测某种（类）物质的存在而特别制作的。常用特种试纸见表 1-11。

表 1-11　常用特种试纸

名　称	制备方法	用　途
乙酸铅试纸	将滤纸浸于 100 g/L 乙酸铅溶液中，取出后在无硫化氢处晾干	检验痕量的硫化氢，作用时变成黑色
硝酸银试纸	将滤纸浸于 250 g/L 的硝酸银溶液中，晾干后保存在棕色瓶中	检验硫化氢，作用时显黑色斑点
氯化汞试纸	将滤纸浸入 30 g/L 氯化汞乙醇溶液中，取出后晾干	比色法测砷
氯化钯试纸	将滤纸浸入 2 g/L 氯化钯溶液中，干燥后再浸入 5%乙酸中，晾干	与一氧化碳作用呈黑色
溴化钾-荧光黄试纸	将荧光黄 0.2 g、溴化钾 30 g、氢氧化钾 2 g 及碳酸钠 12 g 溶于 100 mL 水中，将滤纸浸入溶液中，取出后晾干	与卤素作用呈红色
乙酸联苯胺试纸	将乙酸铜 2.86 g 溶于 1 L 水中，与饱和乙酸联苯胺溶液 475 mL 及水 525 mL 混合，将滤纸浸入溶液中，取出后晾干	与氰化氢作用呈蓝色
碘化钾-淀粉试纸	于 100 mL 新配制的 5 g/L 淀粉溶液中，加入碘化钾 0.2 g，将滤纸放入该溶液中浸透，取出于暗处晾干，保存在密闭的棕色瓶中	检验氧化剂，作用时变蓝
碘酸钾-淀粉试纸	将碘酸钾 1.07 g 溶于 100 mL 0.025 mol/L 硫酸中，加入新配制的 5 g/L 淀粉溶液 100 mL，将滤纸浸入溶液中，取出后晾干	检验一氧化氮、二氧化硫等还原性气体，作用时呈蓝色
玫瑰红酸钠试纸	将滤纸浸于 2 g/L 玫瑰红酸钠溶液中，取出后晾干，使用前新制	检验锶，作用时形成红色斑点
铁氰化钾及亚铁氰化钾试纸	将滤纸浸于饱和的铁氰化钾（或亚铁氰化钾）溶液中，取出后晾干	与亚铁离子（或铁离子）作用呈蓝色
电极试纸	将 1 g 酚酞溶于 100 mL 乙醇中，5 g 氯化钠溶于 100 mL 水中，将两种溶液等体积混合，将滤纸浸入混合溶液中，取出干燥	将该试纸用水润湿，接在电池的两个电极上，电解一段时间，与电池负极相接处呈现红色

3. 试纸的使用

(1) 酸碱试纸的使用　使用酸碱试纸检验溶液的酸碱度时,先用镊子夹取一条试纸,放在干燥、洁净的表面皿中,再用玻璃棒蘸取少量待检溶液滴在试纸上,观察试纸颜色的变化。若使用 pH 试纸,则需与色阶卡的标准色阶进行比较,以确定溶液的 pH。注意不能将试纸投入溶液中进行检测。

(2) 特种试纸的使用　使用特种试纸检验气体时,先将试纸润湿后粘在玻璃棒的一端,然后悬放在盛有待测物质的试管口的上方,观察试纸颜色的变化,以确定某种气体是否存在。注意不能将试纸伸入试管中进行检测。

(3) 注意事项　使用试纸时还应做到以下几点:①无论哪种试纸,都不要直接用手取用,以免手上带有的化学品污染试纸;②从容器中取出试纸后,应立即盖严容器,以防止容器内试纸受到空气中某些气体的污染;③使用试纸时,每次用一小块即可,用过的试纸应投入废物箱中。

任务 5　无机及分析化学实训常用仪器介绍

进行无机及分析化学实训,要用到各种仪器。熟悉它们的规格、性能、使用和保管方法,对于方便操作、顺利完成实训、准确及时地报出实训结果、延长仪器的使用寿命和防止意外事故的发生,都是十分必要的。

(一) 玻璃仪器

玻璃仪器种类甚多,按其用途大体可分为容器、量器和其他三大类别。常用玻璃仪器的规格、用途及使用注意事项见表 1-12。

表 1-12　常用玻璃仪器的规格、用途及使用注意事项

名称及图示	主要规格	一般用途	使用注意事项
试管	有硬质试管、软质试管,普通试管、离心试管等种类。普通试管有平口、翻口,有刻度、无刻度,有支管、无支管,具塞、无塞等之分(离心试管也有有刻度和无刻度之分)。有刻度试管容积(mL):10、15、20、25、50、100	普通试管用作少量药剂的反应容器;离心试管用于沉淀离心分离	①普通试管可直接用火加热,硬质的可加热至高温,但不能骤冷。 ②离心试管不能直接加热,只能用水浴加热。 ③用作反应物的液体体积不超过试管容积的 1/2,加热液体不超过容积的 1/3。 ④加热前试管外壁要擦干,要用试管夹夹持;加热时,管口不要对人,要不断振荡,使试管下部受热均匀。 ⑤加热液体时,试管与桌面成 45°角;加热固体时,管口略向下倾斜

续表

名称及图示	主要规格	一般用途	使用注意事项
烧杯	有一般型、高型,有刻度、无刻度等之分。容积(mL):1、5、10、15、25、50、100、200、250、400、500、600、800、1 000、2 000	药剂量较大时,用此反应器配制溶液、溶样、进行反应、加热蒸发等,还可用于滴定	①加热前先将外壁水擦干,不可干烧。 ②用作反应物的液体体积不超过烧杯容积的2/3;用以加热的液体体积不超过烧杯容积的1/3
量杯与量筒	直筒的为量筒;上口大、下边小的为量杯。均系量出式量器,有具塞、无塞等种类。容积(mL):5、10、25、50、100、250、500、1 000、2 000	粗略量取一定体积的液体	①不能加热,不能量取热的液体。 ②不能用作反应容器,也不能用来配制或稀释溶液。 ③加入或倾出溶液应沿其内壁。 ④读取亲水溶液的体积时,视线与液面水平,按与弯月面最低点相切的刻度读数
试剂瓶	有广口、细口,磨口、非磨口,无色、棕色等之分。容积(mL):125、250、500、1 000、2 000、3 000、10 000、20 000	广口瓶盛放固体试剂;细口瓶盛放液体试剂或溶液;棕色瓶用于盛放见光易分解、易挥发的不稳定试剂	①不能加热。 ②磨口塞应配套,存放碱液瓶应用胶塞。 ③不可在瓶内配制热效应大的溶液。 ④必须保持试剂瓶上标签完好,倾倒液体试剂时,标签要对着手心
滴瓶	有无色和棕色两种,滴管上配有胶头。容积(mL):30、60、125	盛放、取用液体或溶液	①滴管不能吸得太满,也不能倒置,防止液体进入胶头。 ②滴管应专用,不得互换使用。 ③滴液时滴管要保持垂直,不能使管端接触受液容器内壁
胶头滴管	有直形、球直形、球弯形	吸取或滴加少量液体试剂	①内部、外部均应洗净。 ②其他同滴瓶
洗瓶	有塑料洗瓶和玻璃洗瓶两种	储存用于洗涤器皿和沉淀的纯水	①不能装自来水。 ②塑料洗瓶不能加热
锥形瓶(三角烧瓶)	有无塞、具塞等种类。容积(mL):5、10、25、50、100、150、200、250、300、500、1 000、2 000	用于加热、处理试样、反应(可避免液体大量蒸发)、滴定	①磨口瓶加热时要打开瓶塞。 ②滴定时,所盛溶液体积不超过锥形瓶容积的1/3。 ③其他同烧杯

续表

名称及图示	主要规格	一般用途	使用注意事项
烧瓶	有平底、圆底,长颈、短颈,细口、磨口,圆形、梨形之分,有两口、三口及凯氏烧瓶等种类。容积(mL):50、100、250、500、1 000、2 000	用于加热、蒸馏等操作;圆底的耐压,平底的不耐压;多口的可装配温度计、搅拌器、加料管,与冷凝器连接;凯氏烧瓶用于消化分解有机物	①盛放的反应物料或液体体积不超过烧瓶容积的 2/3,但也不宜太少。 ②避免直接火焰加热。加热前先将外壁水擦干,放在石棉网上;加热时要固定在铁架台上。 ③圆底烧瓶放在桌面上,下面要有木环或石棉环,以免翻滚损坏。 ④使用时瓶口勿对着人
碘量瓶	具有配套的磨口塞。容积(mL):50、100、250、500、1 000	与锥形瓶相同,可用于防止液体挥发和固体升华的实训	同锥形瓶
容量瓶	有 A 级与 B 级,无色与棕色等之分。一般为量入式。容积(mL):5、10、25、50、100、200、250、500、1 000、2 000	用于准确配制或稀释溶液	①瓶塞配套,不能互换。 ②读取亲水溶液的体积时,视线与液面水平,按与弯月面最低点相切的刻度读数。 ③不可烘烤和加热。 ④不可储存溶液,长期不用时在瓶塞与瓶口间夹上纸条
吸管	吸管分为单标线吸管(移液管)与分度吸管(吸量管)两种。单标线吸管容积(mL):1、2、5、10、15、20、25、50、100。分度吸管容积(mL):0.1、0.2、0.5、1、2、5、10、25、50。分度吸管分完全流出式、吹出式、不完全流出式等	准确移取一定体积的液体或溶液	①不能放在烘箱中烘干,更不能用火加热烤干。 ②用毕立即洗净。 ③读数方法同量筒
滴定管	滴定管为量出式量器。玻璃活塞式的为酸式管;胶管(内有玻璃珠)与玻璃尖嘴式的为碱式管(聚四氟乙烯滴定管无酸式、碱式之分)。容积(mL):1、2、5、10、25、50、100(10 mL 以下为微量滴定管)。有 A 级、B 级,无色、棕色,酸式、碱式等之分。自动滴定管分三路阀、侧边阀、侧边三路阀等类型	用于准确测量滴定时流出溶液的体积	①酸式滴定管的活塞不能互换。 ②酸式管不宜装碱性溶液,碱式管不能装氧化性物质溶液。 ③不能加热,不能长期存放碱液。 ④读取亲水溶液的体积时,视线与液面水平,无色或浅色溶液按弯月面最低点,深色溶液按弯月两侧面最高点。 ⑤其他同吸管

续表

名称及图示	主要规格	一般用途	使用注意事项
干燥器	有无色、棕色，普通、真空等之分。上口直径(mm)：160、210、240、300	存放试剂，防止试剂吸湿；在定量分析中，将灼烧过的坩埚放在其中冷却	①磨口部分涂适量凡士林。 ②不可放入红热物体。放入热物体后要开盖数次，以放走热空气。 ③干燥剂应有效，下室的干燥剂要及时更换。 ④真空干燥器接真空系统抽去空气，干燥效果更好
称量瓶	有扁形和高形两种。高形(外径(mm)×瓶高(mm))：20×40、30×50、30×60、35×70、40×70。扁形(外径(mm)×瓶高(mm))：25×25、35×25、40×25、50×30、60×30、70×35	高形用于称量试样、基准物；扁形用于在烘箱中干燥试样、基准试剂与测定物质的水分	①瓶盖是与磨口配套的，不能互换。 ②不用时洗净，在磨口处垫上纸条
表面皿	口径(mm)：45、65、70、90、100、125、150	可用作烧杯、漏斗或蒸发皿盖，也可用作物质称量、鉴定器皿	①不能直接加热。 ②作盖用时，口径要比容器口直径大些
酒精灯	容量(酒精安全灌注量，mL)：100、150、200	实训室中常用的加热仪器	①灯壶中的酒精体积不应少于酒精灯容积的1/3，且不应多于4/5。 ②点灯要使用火柴或打火机，不准用燃着的酒精灯去点燃另一盏酒精灯，不得向燃着的酒精灯中加酒精。 ③熄灭酒精灯时，应用灯帽盖灭，切忌用嘴吹。盖灭后还应将灯帽提起一下
三角漏斗	有短颈、长颈、粗颈、无颈，直渠、弯渠等种类。上口直径(mm)：45、55、60、70、80、100、120	过滤沉淀时，做加液器；粗颈漏斗可用来转移固体试剂	①不能用火焰直接烘烤，过滤的液体也不能太热。 ②过滤时漏斗颈尖端要紧贴承接容器的内壁
分液漏斗 滴液漏斗	有球形、锥形、梨形、筒形(无刻度、有刻度)等种类。容积(mL)：50、100、250、500、1 000、2 000	两相液体分离；液体洗涤和萃取富集；制备反应中作为加液器	①不能用火焰直接加热。 ②活塞不能互换。 ③进行萃取时，振荡初期应放气数次。 ④滴液加料到反应器中时，下尖端应在反应液下面

续表

名称及图示	主要规格	一般用途	使用注意事项
吸滤瓶、布氏漏斗	吸滤瓶容积(mL):50、100、250、500、1 000。抽气管有伽式、艾式、孟式、改良式	吸滤瓶连接抽气管或真空系统,与布氏漏斗配合,进行晶体或沉淀的减压过滤	①抽气管要用厚胶管接在水龙头上,并拴牢。 ②选配合适的抽滤垫,抽滤时漏斗管尖远离抽气嘴。 ③布氏漏斗和吸滤瓶大小要配套,滤纸直径要略小于漏斗内径。 ④过滤前先抽气,结束时先断开抽气管与滤瓶连接处再停止抽气,以防止液体倒吸
微孔玻璃滤器	包括微孔玻璃坩埚与微孔玻璃漏斗。容积(mL):10、20、30、60、100、250、500、1 000。微孔直径(μm):$P_{1.6}$(≤1.6)、P_4(1.6～4)、P_{10}(4～10)、P_{16}(10～16)、P_{40}(10～40)、P_{100}(40～100)、P_{160}(100～160)、P_{250}(160～250)	过滤	①必须抽滤。 ②不能骤冷骤热,不可过滤氢氟酸、碱液。 ③用毕及时洗净
干燥塔	容积(mL):250、500	净化和干燥气体	①塔体上室底部放少许玻璃棉,其上放固体干燥剂。 ②下口进气,上口出气,球形干燥塔内管进气。 ③干燥剂或吸收剂必须有效
启普发生器	规格以容积(mL)表示	用于常温下固体与液体反应,制取气体	①不能用来加热或加入热的液体。 ②使用前必须检查气密性
洗气瓶	规格以容积(mL)表示	内装适当试剂作为洗涤剂,用于除去气体中的杂质	①根据气体性质选择洗涤剂,洗涤剂体积约为洗气瓶容积的 1/2。 ②进气管和出气管不可接反
干燥管	球形:有效长度(mm)为100、150、200。 U形:高度(mm)为 100、150、200。 U形带阀及支管	放置干燥剂以干燥气体	①干燥剂或吸收剂必须有效。 ②球形管干燥剂置于球形部分,U形管干燥剂置于管中,在干燥剂面上填充棉花。 ③两端的大小不同,大头进气,小头出气

续表

名称及图示	主要规格	一般用途	使用注意事项
冷凝管	有直形、球形、蛇形、蛇形逆流、空气冷凝管等多种，还有标准磨口的冷凝管。外套管有效冷凝长度(mm)：200、300、400、500、600、800	在蒸馏中用作冷凝装置，球形的冷却面积大，加热回流最适用，沸点高于 140 ℃的液体蒸馏可用空气冷凝管	①装配时先装冷却水胶管，再装仪器。 ②通常从下支管进水，从上支管出水，开始进水须缓慢，水流不能太大。 ③不可骤冷、骤热
接收管 （接液管）	标准磨口仪器，也有非磨口的，分单尾和双尾两种	承接蒸馏出来的冷凝液体	①磨口处必须洁净，不得沾污。一般无须涂润滑剂，但接触强碱溶液时应涂润滑剂。 ②安装时要对准连接磨口，以免歪斜而损坏。 ③用后立即洗净，注意不要使磨口黏结而无法拆开

（二）其他仪器

常用的其他仪器和用具规格、用途及使用注意事项见表 1-13。

表 1-13 常用的其他仪器和用具规格、用途及使用注意事项

名称及图示	主要规格	一般用途	使用注意事项
蒸发皿	平底与圆底；带柄与不带柄。有瓷、石英、铂等材质制品。容积(mL)：30、60、100、250	蒸发或浓缩溶液，也可做反应器及灼烧固体	①能耐高温，但不宜骤冷。 ②一般放在铁圈上直接用火加热，但须在预热后再提高加热强度
研钵	有玻璃、瓷、铁、玛瑙等材质制品。口径(mm)：60、70、90、100、150、200	混合、研磨固体物质	①不能做反应容器，放入物质的体积不超过研钵容积的 1/3。 ②根据物质性质选用不同材质的研钵。 ③易爆物质只能轻轻压碎，不能研磨
坩埚	有瓷、石墨、铁、镍、铂等材质制品。容积(mL)：20、25、30、50	熔融或灼烧固体，高温处理样品	①根据灼烧物质的性质选用不同材质的坩埚。 ②耐高温，可直接用火加热，但不宜骤冷。 ③铂制品使用要遵守专门说明
点滴板	上釉瓷板，分黑、白两种	进行点滴反应，观察沉淀生成或颜色	不可进行加热操作

续表

名称及图示	主要规格	一般用途	使用注意事项
水浴锅	有铜、铝等材质制品	水浴加热	①选择好圈环,使受热器皿浸入锅中2/3。 ②注意补充水,防止干烧。 ③使用完毕,倒出剩余的水,擦干
三脚架	铁制品,有大小、高低之分	放置加热器	①必须受热均匀的受热器,应先在三脚架上垫上石棉网。 ②保持平稳
石棉网	由铁丝编成,涂上石棉层,有大小之分	承放受热容器,使加热均匀	①不要浸水或扭拉,以免损坏石棉。 ②石棉有致癌作用,现已逐渐被高温陶瓷代替
泥三角	由铁丝编成,上套有耐热瓷管,有大小之分	直接加热时用以承放坩埚或小蒸发皿	①灼烧后不要沾上冷水,保护瓷管。 ②选择泥三角的大小要使放在上面的坩埚露出上面的部分不超过本身高度的1/3
坩埚钳	用铁或铜合金制成,表面镀铬	夹取高温下的坩埚或坩埚盖	必须先预热再夹取
药匙	用牛角、塑料、不锈钢等材料制成	取固定试剂	①根据实际情况选用大小合适的药匙,取用量很少时,用小端。 ②用完后洗净擦干,再去取另外一种药品
毛刷	有试管刷、滴定管刷和烧杯刷等,规格以大小和用途表示	洗刷仪器	①刷毛不耐碱,不能浸在碱溶液中。 ②洗刷仪器时,小心顶端戳破仪器
漏斗架	木制,由螺丝可调节固定上板的位置	过滤时上面放置漏斗,下面放置承接滤液的容器	固定上板的螺丝必须拧紧
止水夹	有铁、铜制品,常用的有弹簧夹和螺旋夹两种	夹在胶管上以沟通、关闭流体的通路,或者控制调节流量	长久夹持的橡皮管可能老化,注意更换

续表

名称及图示	主要规格	一般用途	使用注意事项
十字夹 铁夹 铁圈 铁架台	铁架台用高度(mm)表示;铁圈以直径(mm)表示;铁夹又称自由夹,有十字夹、双钳、三钳、四钳等类型。铁夹也有的改用铝、铜制品	固定仪器或放置容器,铁圈可代替漏斗架使用	①固定仪器时,应使装置的重心落在铁架台底座中部,保证稳定。 ②夹持仪器不宜过紧或过松,以仪器刚好不转动为宜
试管夹	用木、钢丝制成	夹持试管加热	①在试管上部夹持。 ②手持夹子时,不要把拇指按在管夹的活动部分。 ③要从试管底部套上或取下
试管架	有木制、铝制或塑料制品,有不同形状和大小	放置试管	加热的试管应稍冷后放入架中,铝制试管架要防止酸碱腐蚀

项目2　无机及分析化学实训中的安全操作和事故处理

任务1　实训室规则和安全守则

(一) 无机及分析化学实训室规则

实训人员应该具有严肃、认真的工作态度,科学严谨、精密细致、实事求是的工作作风,整齐、清洁的实训习惯,并注意培养良好的职业道德。为了保证正常的实训环境和秩序,使实训顺利地进行并取得预期的效果,应严格遵守以下实训室规则:

(1) 遵守纪律,不迟到、不早退,保持实训室安静,遵守实训室规则,不做与实训无关的事情,不得嬉戏喧哗,实训时应思想集中,情态安定。

(2) 禁止穿背心、拖鞋进实训室,做实训时应穿白大褂,衣着应整洁,保持良好形象和秩序。

(3) 实训课前,应预习本实训内容,了解实训目的、原理、步骤和注意事项,并对所用的试剂和反应生成物的性能有大致了解,对所用仪器设备的操作有基本了解,做到胸有成竹,有条不紊,避免边做实训边翻书的“照方抓药”式的实训。

(4) 实训开始前，应清点所用玻璃仪器和实训设备，若有破损或缺少，则应报告指导教师。小心使用实训仪器，注意节约使用化学试剂、实训用蒸馏水和煤气等。如实训中损坏仪器，则应向指导教师报告，如实登记破损情况，按规定进行赔偿和补充。实训结束后，实训室的一切物品都不允许带出室外。

(5) 实训过程中，仔细观察实训现象，及时将实训现象和实训数据详细记录在实训记录本上，不能用小纸条或其他废纸记录实训数据，决不允许有伪造原始数据等行为，养成实事求是的科学态度和严谨的科学作风。遇到问题要深入分析，找出原因并采取有效措施解决。实训中若发生事故，则应沉着冷静、妥善处理，并如实报告指导教师。

(6) 实训时要遵守操作规程，对易燃、易爆、剧毒药品更应严格控制其使用量。用前应先熟悉药品的取用方法和防护知识。必须遵守实训室中一切电器、煤气的安全使用规则，以保证实训安全进行，防止事故发生。

(7) 爱护试剂，取用药品试剂后，要及时盖好瓶盖，并放回原处。不得将瓶盖盖错、滴管乱放，以免污染试剂。所有配制的试剂都要贴上标签，注明名称、浓度、日期及配制者姓名。

(8) 使用精密仪器时，应严格遵守操作规程，不得任意拆装和搬动。若发现仪器有故障，则应立即停止使用，并及时报告指导教师以排除故障。用毕应做好登记。

(9) 所用的仪器、药品摆放要合理、有序，实训台面要清洁、整齐，实训过程中要随时整理。实训中洒落在实训台上的试剂要及时清理干净，火柴梗、废纸片、碎玻璃等应投入废物箱中。清洗仪器或实训过程中的废酸、废碱等，应小心倒入废液缸内。切勿往水槽中乱抛杂物，以免堵塞和腐蚀水槽及水管。

(10) 实训结束，须将玻璃仪器洗涤干净，关闭仪器电源，罩好仪器，由值日生打扫和清理实训室及周边环境，检查并关好水、电、煤气和门窗，经指导教师允许后，方可离开实训室。

(二) 无机及分析化学实训室安全守则

为保证实训人员人身安全和实训工作的正常进行，应注意遵守以下实训室安全守则：

(1) 对于一切有毒药品(如氰化物、砷化物、汞盐、铅盐、钡盐、六价铬盐等)，使用时应格外小心，并采取必要的防护措施，严防进入口内或接触伤口。剩余的药品或废液切不可倒入下水道或废液桶中，要倒入回收瓶中，并及时加以处理。处理有毒药品时，应戴防护眼镜和橡皮手套。装过有毒、强腐蚀性、易燃、易爆物质的器皿，应由操作者亲自洗净。

(2) 强氧化剂(如氯酸钾)和某些混合物(如氯酸钾与红磷、碳和硫等的混合物)易发生爆炸，保存和使用这些药品时要注意安全；银氨溶液放久后会变成氮化银等而引起爆炸，用剩的银氨溶液必须酸化以便回收；钾、钠不要与水接触或暴露在空气中，应将其保存在煤油中，使用时用镊子取用；白磷在空气中能自燃，应保存在水中，使用时在水下切割，用镊子夹取；白磷还有剧毒，能灼伤皮肤，切勿与人体接触。

(3) 某些容易爆炸的试剂如浓高氯酸、有机过氧化物、芳香族化合物、多硝基化合物、硝酸酯、干燥的重氮盐等要防止受热和敲击，以防爆炸。

(4) 将玻璃棒、玻璃管、温度计插入(或拔出)胶塞或胶管时，应垫有垫布，且不可强行插入或拔出。切割玻璃管、玻璃棒，装配或拆卸玻璃仪器装置时，要防止被刺伤。

(5) 试剂瓶的磨口塞粘连打不开时，严禁用重物敲击，以防瓶子破裂。可将瓶塞在实训台边缘轻轻磕碰使其松动，或者用电吹风稍许加热瓶颈部分使其膨胀；也可在粘连的缝隙间加入几滴渗透力强的液体(如乙酸乙酯、煤油、稀盐酸、水等)，以便开启。

(6) 所有试剂均应贴有标签，绝不能用容器盛装与标签不相符的物质，严禁任意混合各种化学药品。对于有可能发生危险的实训，应在防护屏后面进行或使用防护眼镜、面罩和手套等防护用具。

(7) 倾注试剂，开启易挥发液体(如乙醚、丙酮、浓盐酸、硝酸、氨水等)的试剂瓶及加热液体时，不要俯视容器口，以防液体溅出或气体冲出伤人。夏天取用浓氨水时，应先将试剂瓶放在自来水中冷却数分钟后再开启。

(8) 加热试管中的液体时，切不可将管口对人。不可直接对着瓶口或试管口嗅闻气体的气味，而应用手把少量气体轻轻扇向鼻孔进行嗅闻。

(9) 使用浓酸、浓碱、溴、铬酸洗涤液等具有强腐蚀性的试剂时，切勿溅在皮肤和衣服上。若溅到身上应立即用水冲洗；溅到实训台上或地上时，应先用抹布或拖把擦净，再用水冲洗干净。

(10) 稀释浓硫酸时，必须在烧杯或耐热容器中进行，且只能将浓硫酸在不断搅拌的同时缓缓加入水中，温度过高时应冷却降温后再继续加入。配制氢氧化钠等浓溶液时，也必须在耐热容器中溶解。若需将浓酸或浓碱中和，则必须先进行稀释。

(11) 使用盐酸、硝酸、硫酸、高氯酸等浓酸的操作及能产生刺激性气体和有毒气体(如氰化氢、硫化氢、二氧化硫、氯、溴、二氧化氮、一氧化碳、氨等)的实训，均应在通风橱内进行。

(12) 使用易燃性有机试剂(如乙醇、乙醚、苯、丙酮等)时，要远离火源，用后盖紧瓶塞，置阴凉处保存。加热易燃试剂时，必须使用水浴、油浴、沙浴或电热套等。

(13) 使用电器设备时，要注意防止触电，不可用湿手或湿物接触电闸和电器开关。凡是漏电的仪器设备都不要使用，以免触电。使用完毕后应及时切断电源。

(14) 对于高压钢瓶、电器设备、精密仪器等，在使用前必须熟悉其使用方法和注意事项，严格按要求使用。

(15) 使用燃气灯时，应先将进气阀调小，然后开启燃气阀、点火并调节好火焰。燃气阀门应经常检查，燃气灯和橡皮管在使用前也要仔细检查，保持完好。禁止用火焰在燃气管道上查找漏气处，而应该用肥皂水检查。发现漏气时，应立即熄灭室内所有火源，打开门窗。

(16) 实训室内严禁饮食、吸烟或存放餐具，一切化学药品禁止入口，严禁将实训器皿用作餐具。

(17) 灼热的物品不能直接放置在实训台上，这些物品与各种电加热器及其他温度较高的容器都应放在隔热板上。

(18) 进行回流或蒸馏操作时，必须加入沸石或碎瓷片，以防液体暴沸而冲出伤人或引起火灾。要防止易燃有机物的蒸气外逸，切勿将易燃有机溶剂倒入废液缸中，更不能用开口容器(如烧杯等)盛放有机溶剂。

(19) 必须熟悉实训室中水阀、电闸、燃气的开关、消防器材、急救药箱等的位置和使用方法,一旦遇到意外事故,即可立即采取相应措施。进行实训时,不得擅自离开岗位。实训完毕要认真洗手。离开实训室时,要关好水、电、燃气阀门和实训室的门窗等。

任务 2 常见化学毒物

进行化学实训离不开化学试剂。化学试剂包括无机试剂和有机试剂,其中很多试剂有毒。在实训操作过程中,反应所产生的新的化学物质,包括某些气体或烟雾,也有许多是有毒的。这些毒物能通过呼吸道吸入、皮肤渗透及误食等途径进入人体而导致中毒。因此,对常见毒物应有一定的了解,以便做好中毒预防及环境保护工作。

化学实训室部分常见的我国优先控制的有毒化学品见表 1-14;国际癌症研究中心(IARC)公布的致癌化学物质见表 1-15。

表 1-14 化学实训室部分常见的我国优先控制的有毒化学品

序 号	名 称	序 号	名 称
1	汞	20	苯胺
2	三氯乙烯	21	丙酮
3	1,1,2-三氯乙烷	22	蒽
4	1,1-二氯乙烯	23	邻苯二甲酸二丁酯
5	甲苯	24	邻苯二甲酸二辛酯
6	二甲苯	25	溴甲烷
7	砷化合物	26	二硫化碳
8	氰化钠	27	氯苯
9	铅	28	4-硝基苯酚
10	氯乙烯	29	硝基苯
11	甲醛	30	萘
12	环氧乙烷	31	乙酸
13	三氯甲烷	32	镉
14	苯酚	33	1,2-二氯乙烷
15	苯	34	2,3-二硝基苯酚
16	甲醇	35	二氯甲烷
17	四氯化碳	36	乙苯
18	亚硝酸钠	37	乙醛
19	四氯乙烯	38	液氨

表 1-15　对人类致癌或可能致癌的化学物质

序　号	致癌的化学物质	序　号	可能致癌的化学物质
1	4-氨基联苯	1	黄曲霉毒素类
2	砷和某些砷化合物	2	苯丁酸氮芥
3	石棉	3	环磷酰胺
4	苯	4	三乙烯硫代膦酰胺(噻替哌)
5	联苯胺	5	丙烯腈
6	N,N-双(2-氯乙基)-2-萘胺(氯萘吖嗪)	6	阿米脱(氨基三唑)
7	双氯甲醚和工业品级氯甲醚	7	金胺
8	铬和某些铬化合物	8	铍和某些铍化合物
9	己烯雌酚	9	四氯化碳
10	米尔法兰(左旋苯丙氨酸氮芥)	10	二甲基氨基甲酰氯
11	芥子气	11	硫酸二甲酯
12	2-萘胺	12	环氧乙烷
13	烟炱、焦油和矿物油类	13	右旋糖酐铁
14	氯乙烯	15	康复龙
—	—	16	非那西汀
—	—	17	多氯联苯类

任务 3　无机及分析化学实训室安全防护

在无机与分析化学实训室的工作中，要接触到不少易燃、易爆、具有腐蚀性或毒性(甚至有剧毒)的化学危险品，还要使用燃气、各种易破碎的玻璃仪器与电器设备等。如果操作人员缺乏安全知识，实训室内缺少必备的防护设施，就极易引起中毒、着火、爆炸、触电、割伤、烫伤及仪器设备的损坏等各种事故。因此，实训人员应具备一定的安全防护知识，尽量避免事故的发生并熟悉各种事故的紧急处理措施，以减少伤害与损失。

(一) 意外事故的处置

实训过程中如不慎发生了意外事故，应及时采取救护措施，受伤严重者应立即送医院医治。以下是一些常见事故的现场处置方法。

1. 酸或碱溅到皮肤上

酸或碱溅到皮肤上，应立即用大量水冲洗，再用饱和碳酸氢钠溶液(或 2% 乙酸溶液)冲洗，然后用水冲洗，最后涂敷氧化锌软膏(或硼酸软膏)。

2. 酸或碱溅入眼内

酸或碱溅入眼内，应立即用大量水冲洗，再用 20 g/L 硼砂溶液(或 30 g/L 硼酸溶液)

冲洗眼睛,再用水冲洗。

3. 溴灼伤

溴灼伤后,先用乙醇或100 g/L硫代硫酸钠溶液洗涤伤口,再用水冲洗干净,然后涂敷甘油。

4. 白磷灼伤

白磷灼伤后,先用10 g/L硝酸银溶液、10 g/L硫酸铜溶液或高锰酸钾溶液洗涤伤口,然后用浸过硫酸铜溶液的绷带包扎。

5. 烫伤

烫伤是操作者身体直接触及高温、过冷物品(低温引起的冻伤,其性质与烫伤类似)所造成的。如皮肤被烫伤,切勿用水冲洗,更不要把烫起的水疱挑破。可在烫伤处用高锰酸钾溶液擦洗或涂上黄色的苦味酸溶液、烫伤膏或万花油。严重者应立即送医院治疗。

6. 误食毒物

误食毒物,应立即服用肥皂液、蓖麻油,或者服用一杯含0.25～0.5 g硫酸铜的温水,并用手指伸入咽喉部,以促使呕吐,然后立即送医院治疗。

7. 吸入刺激性气体或有毒气体

不慎吸入溴气、氯气、氯化氢等气体时,可吸入少量乙醇和乙醚的混合蒸气以解毒。若吸入了硫化氢、煤气而感到不适,就应立即到室外呼吸新鲜空气。

8. 玻璃割伤

若伤口内有玻璃碎片,应先取出,再用消毒棉棒擦净伤口,涂上红药水、紫药水或贴上创可贴,必要时撒上消炎粉或敷上消炎膏,并用纱布包扎。若伤口较大,就应立即就医。

9. 触电

不慎触电时,立即切断电源,必要时进行人工呼吸抢救。

10. 火灾

火灾发生时,应根据起火原因立即采取相应的灭火措施(详见防火与灭火常识)。

(二) 防火与灭火常识

消防工作应贯彻“以防为主,防消结合”的方针。“以防为主”就是要把防火工作放在首位,严格控制发生火灾的各种因素,堵塞可能引起火灾的漏洞,避免发生火灾。“防消结合”就是充分做好各种防范准备,在万一发生火灾时,能迅速将其扑灭,将损失减少到最低限度。

1. 引起火灾的原因

从消防角度讲,非正常的燃烧现象就是着火或称失火。一般火灾发生的原因很多,概括起来分为三种类型:①由于人们思想麻痹,缺乏防火知识,或者违反防火安全制度和操作规程而引起;②由物理的(温度、湿度、与空气接触等)、生物的和化学的作用引起;③纵火。

引起实训室火灾的主要原因有:①违章用火,如违章使用电器设备,不合理地使用明火;②违章用电,如电线老化,违章使用临时线,违章安装与使用照明、电热器具和用电设备；③违章操作；④因缺乏化学危险物品保管常识，将化学危险物品混存，如将有机氧化剂和无机氧化剂混存、可燃气体（物）与助燃气体（物）混存、点火器材与爆炸性物品混存；⑤某些化学危险物品因放置时间过长或遇潮湿、高温，或者通风不良等条件而自燃等。

2. 消防灭火

防火工作是消防工作的重要组成部分。事实证明，只要人们认识物质燃烧的基本规律和特点，认识火灾发生的原因，掌握防火防爆基本知识，有高度的防火防爆安全意识，火灾和爆炸事故是可以预防的。无机及分析化学实训室所用试剂很多是易燃或助燃的，实训中也经常要使用燃气和电器进行加热操作。因此，必须树立防火意识，采取必要的防火措施，并熟悉一些基本的灭火方法。

(1) 实训过程中使用或处理易燃试剂时，应远离明火。实训剩余的易挥发、易燃物质，不可随意乱倒，应专门回收处理。

(2) 不能用敞口容器盛放低沸点、易挥发、易燃的液体（如乙醇、乙醚、石油醚和苯等），更不能用明火直接加热。

(3) 某些易燃或可发生自燃的物质如红磷、五硫化磷、黄（白）磷及二硫化碳等，不宜在实训室内大量存放，少量的也要密闭存放于阴凉避光和通风处，并远离火源、电源和暖气等。

(4) 要注意偶然着火的可能性，准备适用于各种情况的灭火材料，包括消火沙、石棉布和各种灭火器。消火沙要保持干燥、干净。

(5) 衣服着火时，应立即将毯子或厚的外衣等，淋湿后蒙盖在着火者身上；较严重时，着火者应就地打滚（以免火焰烧向头部），同时用水冲淋。切忌惊慌失措、四处奔跑，否则气流会加强流向燃烧着的衣服，使火焰加大。

(6) 电线起火时，须立即关闭总电门，切断电流。再用四氯化碳灭火器熄灭已燃烧的电线，不可用水或泡沫灭火器熄灭燃烧的电线，还要及时通知电气管理人员。

(7) 实训过程中电器起火时，应立即用湿抹布或石棉布灭火，并拔去电器插头，关闭总电门。

(8) 易燃液体和固体有机物着火时，不能用水去浇，因为大多数有机物相对密度小于水。例如，燃着的油能浮在水面上继续燃烧并逐渐扩大面积。因此，除了小范围着火时可用湿抹布覆盖外，要立即用消火沙、泡沫灭火器或干粉灭火器扑灭。

(9) 精密仪器则应用四氯化碳灭火器灭火。

常用灭火器及适用范围见表 1-16。

表 1-16　常用灭火器及适用范围

类　型	药液主要成分	适用范围
酸碱式	硫酸、碳酸氢钠	适用于非油类及切断了电路的电器失火等一般火灾，不适用于忌酸性的化学药品（如氰化钠等）和忌水的化工产品（如钾、钠、镁、电石等）失火
泡沫式	硫酸铝、碳酸氢钠	适用于扑灭油类及苯、香蕉水、松香水等易燃液体的失火，而不适用于丙酮、甲醇、乙醇等易溶于水的液体失火

续表

类　型	药液主要成分	适用范围
高倍泡沫	脂肪醇、硫酸钠加稳定剂、抗烧剂	适用于火源集中，泡沫容易堆积等场合的火灾，大型油池、室内仓库、油类、木材纤维等失火
二氧化碳	液体二氧化碳	适用于电器(包括精密仪器、电子设备)失火
干粉	主要由碳酸氢钠、硬脂酸铝、云母粉、滑石粉、石英粉等混合配成	适用于扑救油类、可燃气体、电器设备、精密仪器、纸质文件和遇水燃烧等物品的初起火灾
1211	二氟一氯一溴甲烷	主要应用于油类有机溶剂、高压电气设备、精密仪器等失火，灭火效果好

任务 4　实训废弃物的无害化处理

化学实训中会产生各种有毒有害的废气、废液和废渣，其中有些是剧毒物质和致癌物质，如果直接排放，就会污染环境，造成公害，而且“三废”中的贵重和有用的成分也应回收利用。因此，尽管实训过程中产生的废液、废气、废渣少而且复杂，仍须经过无害化处理才能排放。实训室废弃物无害化处理的基本方法见表 1-17。

表 1-17　实训室废弃物无害化处理的基本方法

处理方法	操作步骤
溶解法	在水或其他溶剂中溶解度特别大或比较大的气体，只要找到合适的溶剂，就可以把它们完全或大部分溶解掉
稀释法	实训中产生的大量废液，其中大部分是无毒无害的，可采用稀释的方法处理
中和法	对于那些酸性或碱性较强的气体，可选用适当的碱或酸进行中和吸收。对于含酸或碱类物质的废液，若浓度较大，则可利用废碱或废酸相互中和，再用 pH 试纸检验，若废液的 pH 为 5.8～8.6，且其中不含其他有害物质，则可加水稀释至含盐浓度在 5%以下排出
蒸馏法	有机溶剂废液应尽可能采用蒸馏方法加以回收利用。若无法回收，可分批少量加以焚烧处理。切忌直接倒入实训室的水槽中
吸附法	选用适当的吸附剂，便可消除一些有害气体的外逸和释放。对于难以燃烧的有机废液，可选用具有良好吸附性的物质，使废液被充分吸收后，与吸附剂一起焚烧
沉淀法	这种方法一般用于处理含有害金属离子的无机废液。处理方法是：在废液中加入合适的试剂，使金属离子(特别是高价重金属离子要还原成低价重金属离子)转化为难溶性的沉淀物，然后进行过滤，将滤出的沉淀物妥善保存，检查滤液，确认其中不含有毒物质后，才可排放
燃烧法	部分有害的可燃性气体，只需在排放口点火燃烧即可消除污染。对于化学实训中废弃的有机溶剂，大部分可加以回收利用，少部分可以燃烧处理掉；某些在燃烧时可能产生有害气体的废物，必须用配有洗涤有害废气的装置燃烧

续表

处理方法	操作步骤
氧化法	一些具有还原性的物质，可选用适当的氧化剂进行处理
萃取法	对于含水的低浓度有机废液，用与水不相溶的正己烷之类挥发性溶剂进行萃取，分离出溶剂后，把有机废液进行焚烧
水解法	对于有机酸或无机酸的酯类，以及部分有机磷化物等容易发生水解的物质，可加入氢氧化钠或氢氧化钙，在室温或加热条件下进行水解。水解后，若废液无毒，则将废液中和，稀释后即可排放
分解法	含氰化物废液，可将废液调成碱性（pH>10）后，通入氯气或加入次氯酸钠（漂白粉），使氰化物分解成氮气和二氧化碳
离子交换法	对于某些无机类废液，可采用离子交换法处理。例如：含 Pb^{2+} 的废液，使用强酸性阳离子交换树脂，几乎能把 Pb^{2+} 完全除去；若要处理铁的含氰配合物废液，则也可采用离子交换法
生化法	对于含有乙醇、乙酸、动植物性油脂、蛋白质及淀粉等稀溶液，可用活性污泥之类物质并吹入空气进行处理。因为上述物质易被微生物分解，其稀溶液经加水稀释后即可排放

项目 3 无机及分析化学实训数据的处理及实训报告

任务 1 测量误差与有效数字

测量误差是指测量过程中测量值与真实值之间的差值，可用绝对误差或相对误差表示。

（一）误差产生的原因

（1）器具、仪器和试剂误差：由于仪器未校准或仪器的精确度、灵敏度不符合要求，试剂不合规格引起的误差。

（2）条件误差：分析环境如温度、湿度、气压、噪音、尘埃等直接影响引起的误差。

（3）方法误差：由于分析方法本身不完善所造成的误差，如重量分析中，沉淀溶解损失或吸附某些杂质。

（4）检验人员误差：由检验人员本身的一些主观因素造成的误差，如实训条件控制不严格、不按操作规程检验等。

（5）样品误差：取样不具代表性造成的误差。

（二）误差的分类

根据误差的特性，误差可分为系统误差、偶然误差及粗大误差三类。

1. 系统误差

系统误差又称可测误差,它是由某种经常性的原因所造成的比较恒定的误差,使测定结果经常性偏高或偏低,如分析方法、仪器、试剂、操作引起的误差。这种误差可以通过校正得到减免。

2. 偶然误差

偶然误差也称随机误差,它是由一些偶然的原因所引起的,如操作环境偶然变化、砝码沾污等。通过多次重复测量,按数理统计方法可对结果进行处理。

3. 粗大误差

粗大误差又称过失误差,它是由操作者粗心大意、操作不当造成的,如记录错误、计算错误、读错数据、看错砝码等。这种误差可以通过加强操作者工作责任心来避免。

(三) 提高检验结果的准确度

准确度是指检验值与真实值或参考值接近的程度。由于真实值通常不知道,可用多次检测结果的算术平均值来替代。检验过程存在误差,对误差产生的条件予以控制,使其缩小到最低限度,才能有效地提高检验结果的准确度。

1. 系统误差的消除

(1) 对照实验　对照实验是用来检验系统误差存在的有效方法,即用已知结果的标准品或试样与被检样品进行对照实验。若检验值符合误差,则说明检测可靠。

(2) 校正仪器　检验用器具应在鉴定合格后方可使用,处理检测数值时应采用校正值。

(3) 空白实验　试剂、水、器皿等带入杂质,用空白实验来测得空白值后,从样品的检验结果中扣除。

(4) 选择适当的检测方法　对随时间变化的误差及周期性变化误差,可通过改变测量方法进行消除。

2. 检验环境的控制

药品质量检验应在符合技术要求的实训室中进行,严格控制检验过程的检测条件。

3. 仪器的选择控制

检验手段的选择应考虑到检测的准确度和经济性,在满足准确度的前提下,选择相应的检测仪器和器皿。

4. 检验方法的选择

药品质量标准分析方法均要验证。修订检验方法时均要进行方法验证。

5. 提高学生的实训素质

减少检验误差,提高检验结果的准确度,关键在于人的素质。人是检验过程中最活跃、最富于创造性的因素,只有严格管理,提高检验人员的操作水平,才能高质量完成检验工作。

(四) 有效数字

有效数字是指所有确定的数再加上一位具有不确定性的数字,即有效数字是由全部准确的数字和最后一位可疑数字构成的。在测试工作中,有效数字就是实际能测量到的数字,它不仅表示一个数据的大小,还能说明测量的准确程度。因此,在记录测量数据时,要根据所用仪器的准确度使所保留的数字中只有最后一位是可疑的,并能够规范表示有效数字的位数。有效位数的判断见表 1-18。

表 1-18 有效位数的判断

数字	判断	示例
0	在数值中间时计位数; 在数值前面时不计位数; 按规范的书写法在数值后面时均计位数	20.2 有三位,10 063 有五位; 0.007 3 有两位,0.022 1 有三位; 6.000 与 3.520×10^{-2} 各有四位
1～9	在数值中任何位置均计位数	5.11 有三位,128.2 有四位
首位数大于或等于 8 的数字	可多计一位	8.8 有三位,99.8%有四位
对数值	只计小数部分	pH = 10.20,有两位;pK_a = 12.33,有两位
非测量的自然数、常数	无限多位	平行测定次数、电子转移数、1 L =1 000 mL 中的 1 和 1 000、e

任务 2 实训数据的记录与处理

(一) 实训数据记录

(1) 学生应有专门的实训记录本,并标上页码数,不得撕去其中任何一页,更不允许将实训结果记在单页纸片上或随意记在其他地方。

(2) 用钢笔或圆珠笔记录,文字应简单、明了、清晰、工整,尽可能采用表格形式。若记录有误,则应在记错的文字上画一条横线,并将正确的文字写在旁边,不得涂改、刀刮或补贴。

(3) 实训记录上要写明实训名称、日期、实训现象、实训结论、实训数据和其他与实训有关的信息。

(4) 实训过程中所得到的实训现象、数据与结论都应及时、准确、清楚地记录下来。要有严谨的科学态度,实事求是,切忌夹杂主观因素,不得随意拼凑和编造数据。

(5) 实训过程中涉及特殊仪器的型号和溶液的浓度、室温、气压等信息,也应及时、准确地记录下来。

(6) 实训过程中记录测量数据时,其数字的准确度应与分析仪器的准确度相一致。如用万分之一分析天平称量时,要求记录至 0.000 1 g;常量滴定管、移液管的读数应记录至 0.01 mL。

(7) 实训所得每一个数据都是测量的结果,平行测定中即使得到完全相同的数据也应如实记录下来。

(8) 实训结束后,应该对记录是否正确、合理、齐全,平行测定结果是否超差等进行核对,以决定是否需要重新实训。

(二) 实训数据处理

1. 实训数据运算规则

实训测得的数据在进行结果计算时,要正确运用有效数字的修约与运算规则。数值修约是指用修约后的数值代替修约前的数值,其基本要求在 GB/T 8170—2008《数值修约规则与极限数值的表示和判定》中有明确的规定。数值修约规则见表 1-19。

表 1-19 数值修约规则

<table>
<tr><th rowspan="2">修约规则</th><th colspan="2">修约示例</th><th rowspan="2" colspan="2">修约规则</th><th colspan="2">修约示例</th></tr>
<tr><th>修约前数值</th><th>修约后数值</th><th>修约前数值</th><th>修约后数值</th></tr>
<tr><td rowspan="2">四舍</td><td>6.811 2</td><td>6.811</td><td rowspan="4">五后零留双</td><td rowspan="2">前为偶数要舍去</td><td>6.814 50</td><td>6.814</td></tr>
<tr><td>6.811 4</td><td>6.811</td><td>6.822 5</td><td>6.822</td></tr>
<tr><td rowspan="2">六入</td><td>6.811 9</td><td>6.812</td><td rowspan="2">前为奇数须进一</td><td>6.813 50</td><td>6.814</td></tr>
<tr><td>6.811 6</td><td>6.812</td><td>6.853 5</td><td>6.854</td></tr>
<tr><td></td><td></td><td></td><td colspan="2" rowspan="2">五后非零入</td><td>6.811 51</td><td>6.812</td></tr>
<tr><td></td><td></td><td></td><td>6.811 509</td><td>6.812</td></tr>
</table>

注:修约示例所有数值均修约为四位。

有效数字运算规则的实质是计算结果准确度的确定,此规则见表 1-20。

表 1-20 有效数字运算规则

运　　算	有效数字位数的保留
加减法运算	以小数点后位数最少的(绝对误差最大)数值为准
乘除法运算	以有效数字位数最少的(相对误差最大)数值为准
乘方、开方运算	以有效数字位数最少的(相对误差最大)数值为准
对数运算	对数的尾数(小数)与真数有效数字位数相同
误差运算	一位,最多二位
化学平衡运算	二位或三位

按照规定,修约步骤一般是先修约(多保留一位),后计算,得到最后结果时再进行修约。计算配制的标准滴定溶液浓度时,要求先按测定的准确度暂多保留一位数字,报出结果时再进行修约。例如,测定的准确度为 0.2%,标定 HCl 溶液浓度 4 次所得的测定值为 0.200 48%、0.200 43%、0.200 49%、0.200 44%,其平均值为 0.200 46%,报出结果应写为 0.200 5%。

2. 测定值与极限数值的比较方法

在实际分析工作中，当判断分析数据是否符合标准要求时，将所得测定值与标准规定的极限数值进行比较的方法有如下两种。

(1) 修约值比较法　将测定值修约至与标准规定的极限数值书写位数一致，然后进行比较，以判定是否符合标准要求。

(2) 全数值比较法　测定值不经修约处理，而用其全部数字与标准规定的极限数值进行比较，只要超出规定的极限数值，都判定为不符合标准要求。

根据规定，标准中各种极限数值未加说明时，均指采用全数值比较法。测定值与极限数值的比较示例见表 1-21。

表 1-21　测定值与极限数值比较示例

项　　目	极限数值	测定值	修约值	是否符合标准要求	
				全数值比较法	修约值比较法
NaOH 含量/(%)	≥97.0	97.01	97.0	符合	符合
		96.96	97.0	不符	符合
		96.93	96.9	不符	不符
		97.00	97.0	符合	符合

3. 误差的表示

误差的表示方法主要有以下三种。

(1) 极差　极差是一组测定数据中最大值与最小值之差，常用符号 R 表示，计算公式为

$$R = x_{\max} - x_{\min}$$

式中：$x_{\max}$——一组数据中的最大值；

$x_{\min}$——一组数据中的最小值。

(2) 标准差　标准差又称均方差，反映一组测定数据的离散程度。其简写为 SD，常用符号 s 表示，计算公式为

$$s = \sqrt{\sum_{i=1}^{n} \frac{(x_i - \overline{x})^2}{n-1}}$$

式中：n——一组数的个数；

x_i——一组数的第 i 个数值；

$\overline{x}$——一组数的平均值。

(3) 相对标准差　由于测量数值的大小不同，只用标准差不能说明测定的精密情况，可用相对标准差来说明精密度。相对标准差也称变异系数(CV)，常用符号 RSD 表示，计算公式为

$$\mathrm{RSD} = \frac{s}{\overline{x}} \times 100\%$$

式中：$\bar{x}$——一组数的平均值；

s——标准差。

例 某标准溶液的3次标定结果为0.503 3 mol/L、0.503 4 mol/L、0.503 3 mol/L，计算该标准溶液浓度的平均值、极差、标准差和相对标准差。

解

$$\bar{x}=\frac{0.5033+0.5034+0.5033}{3}\text{ mol/L}=0.5033\text{ mol/L}$$

$$R=x_{\max}-x_{\min}=0.0001\text{ mol/L}$$

$$s=\sqrt{\sum_{i=1}^{n}\frac{(x_i-\bar{x})^2}{n-1}}=0.00006\text{ mol/L}$$

$$\text{RSD}=\frac{s}{\bar{x}}\times 100\%=\frac{0.00006}{0.5033}\times 100\%=0.01\%$$

任务3 实训报告

在实训完成后，应以原始记录的实训现象、有关物理量为依据，认真分析实训现象，处理实训数据，总结实训结果，并探讨实训中出现的问题。这些工作都需通过书写实训报告来训练和完成。独立地书写实训报告，是提高学生学习能力和信息加工能力的不可缺少的环节，也是一名实训人员必须具备的能力和基本功。

实训报告应内容准确、逻辑严密、文字简明、字迹工整、格式规范。由于实训类型的不同，对实训报告的要求也不尽相同，但基本内容大体如下：

(1) 实训名称。

(2) 实训日期。

(3) 实训目的。

(4) 实训原理。例如，滴定分析实训原理应包括反应式、滴定方式、测定条件、指示剂及其颜色变化等。

(5) 实训现象分析或数据处理。对于性质实训，要求根据观察到的实训现象归纳出实训结论；对于制备与合成类实训，要求有理论产量计算、实际产量及产率计算；对于滴定分析法和称量分析法实训，要求写出测定数据、计算公式和计算过程、计算结果平均值、平均偏差等；对于参数的测定，要有必要的计算公式和计算过程。

(6) 实训结果。根据实训现象分析或数据处理得出实训结论或实训结果。

(7) 实训问题及误差分析。对实训中遇到的问题、异常现象进行探讨，分析原因，提出解决办法；对实训结果进行误差计算和分析，对实训提出改进措施。

(8) 实训思考题。为促进学生对实训方法的理解掌握，培养其分析问题和解决问题的能力，对预习中思考的问题及教材中的思考题，要作出回答，并写入实训报告中。这也便于教师对学生学习情况进行了解，及时解决学习中出现的问题。

附:无机及分析化学实训报告

××××职业技术学院　　　　NO:

无机及分析化学实训报告

学科:__________指导教师:____________评分:________日　期:__________
班级:__________姓　　名:____________学号:________同组人:__________

实训名称	
目的要求	
仪器与药品	
基本原理/方法提要	
实训步骤	
现象/数据记录	
实训结果或结论	
问题讨论及误差分析	
实训小结	
指导教师评语	

模块二

无机及分析化学实训基本技能

知识目标

(1) 了解常用仪器的洗涤和干燥方法。

(2) 熟悉加热、溶解、结晶、沉淀，以及固、液分离等基本操作规程。

(3) 掌握液体试剂的配制原理和方法，以及固体和液体试剂的正确取用方法。

能力目标

(1) 了解天平、酸度计、分光光度计、滴定分析仪器等的构造和工作原理。

(2) 掌握天平、酸度计、分光光度计、滴定分析仪器等的使用方法，并能熟练使用这些仪器进行相应的无机及分析化学实训。

项目1 无机及分析化学实训基本操作规范

任务1 常用仪器的洗涤和干燥

在无机及分析化学实训中，常用仪器以玻璃仪器为主，按其用途分可分为容器类仪器、量器类仪器和其他仪器。

1. 常用玻璃仪器

(1) 容器类 在常温或加热条件下，容器类仪器主要作为化学物质的反应容器和储存容器，包括试管、烧杯、烧瓶、锥形瓶、细口瓶、广口瓶、分液漏斗和洗气瓶等。

(2) 量器类 量器类仪器主要用于度量溶液的体积，不可以用作容器和量取热溶液，也不可加热。量器类仪器主要有量筒、移液管、吸量管、容量瓶和滴定管等。

2. 仪器的洗涤

实训中经常使用各种玻璃仪器和瓷器。用不干净的仪器进行实训，往往由于污物和杂质的存在，而得不到准确的结果，甚至造成实训失败。因此，在进行实训时，必须先把仪器洗涤干净。

一般来说，附着在仪器上的污物有尘土和其他不溶性物质、可溶性物质、有机物和油垢。针对不同污物，可以选用下列方法进行洗涤：

(1) 用水洗　用水和试管刷刷洗，除去仪器上的尘土、不溶性物质和可溶性物质。

(2) 用去污粉、洗衣粉和合成洗涤剂洗　这些洗涤剂可以洗去油污和有机物。若油污和有机物仍然洗不干净，则可用热的碱液洗。

(3) 用洗液洗　坩埚、称量瓶、吸量管、滴定管等不宜用试管刷刷洗，可用铬酸洗液洗涤，必要时可加热洗液。铬酸洗液是浓硫酸与饱和重铬酸钾溶液的混合物，有很强的酸性和氧化性。使用洗液时，应避免引入大量的水和还原性物质(如某些有机物)，以免洗液被稀释或变绿而失效。铬酸洗液可反复使用，直至洗液完全变绿为止(CrO_4^{2-} 被还原成 Cr^{3+})。洗液具有很强的腐蚀性，用时必须注意。

铬酸洗液的配制：将 25 g 固体 $K_2Cr_2O_7$ 研细，在加热条件下溶于 50 mL 水中，然后向溶液中加入 450 mL 浓硫酸，边加边搅拌(注意切勿将 $K_2Cr_2O_7$ 溶液加到浓硫酸中)。

(4) 用特殊的试剂洗　特殊的沾污应选用特殊试剂洗涤。如仪器上沾有较多 MnO_2，用酸性硫酸亚铁溶液洗涤，效果会更好些。

已洗净的仪器壁上，不应附着不溶物、油垢，这样的仪器可以被水完全湿润。把仪器倒转过来，如果水沿仪器壁流下，器壁上只留下一层既薄又均匀的水膜，而不挂水珠，则表示仪器已经洗净，如图 2-1 所示。

(a) 洗净：水均匀分布(不挂水珠)

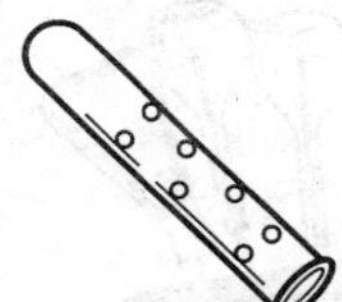
(b) 未洗净：器壁附着水珠(挂水珠)

图 2-1　洗净标准

已洗净的仪器不能再用布或纸擦，因为布或纸上的纤维会留在器壁上而弄脏仪器。

在实训中洗涤仪器的方法，要根据实训的要求、脏物的性质、弄脏的程度来选择。在定性、定量实训中，由于杂质的引入会影响实训的准确性，对仪器洗净的要求比较高，除一定要求器壁上不挂水珠外，还要用蒸馏水荡洗三次。在有些情况下，如一般无机物制备，仪器的洗净要求可低一些，只要没有明显的脏物存在就可以了。

3. 仪器的干燥

可根据不同的情况，采用适宜方法将已洗净的仪器进行干燥。

(1) 晾干　实训结束后，可将洗净的仪器倒置在干燥的实训柜内(倒置后不稳定的仪器应平放)或在仪器架上晾干，以供下次实训使用，如图 2-2(a)所示。

(2) 烤干　烧杯和蒸发皿可以放在石棉网上用小火烤干。试管外壁擦干后用试管夹夹住，直接在酒精灯上小火烤干，操作时应将管口稍向下倾斜，并不时来回移动试管使受热均匀，待水珠消失后，将管口朝上，以方便水汽逸出，如图 2-2(b)所示。

(3) 吹干　将烧杯或试管口稍向下倾斜，然后用电吹风的热风将烧杯或试管吹干，如

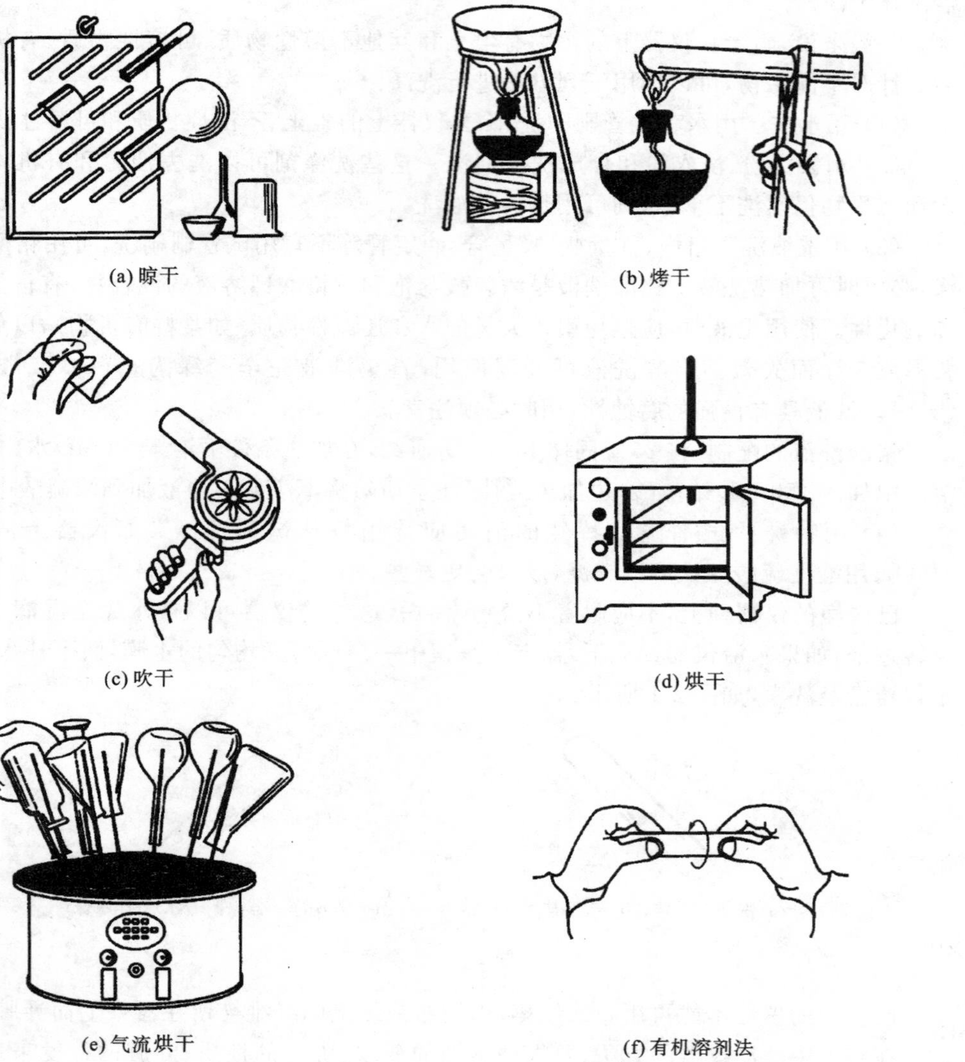

(a) 晾干

(b) 烤干

(c) 吹干

(d) 烘干

(e) 气流烘干

(f) 有机溶剂法

图 2-2 仪器的干燥

图 2-2(c)所示。

(4) 烘干 先把玻璃仪器内的水沥干，再将洗净的仪器放进烘箱中烘干(控温在 105 ℃)，放置仪器时，仪器的口应朝下倾斜，如图 2-2(d)所示。

(5) 气流烘干 将洗净的仪器倒挂在气流烘干器排气管上，通过气流烘干器产生的热气流，将仪器内壁所带水分蒸发掉，如图 2-2(e)所示。

(6) 有机溶剂法 在洗净仪器内加入少量有机溶剂(最常用的是乙醇和丙酮)，转动仪器使其中的水与有机溶剂混合，倾出混合液(回收)，晾干或用电吹风将仪器吹干(不能放入烘箱内干燥)，如图 2-2(f)所示。

容器类仪器可以使用上述各种干燥方法；量器类仪器不能用加热的方法进行干燥(见图 2-2 的(b)、(c)、(d)和(e))，一般可采用晾干或有机溶剂法干燥，用电吹风吹干时宜用冷风。

任务 2 基本度量仪器的使用

(一) 液体体积的度量仪器

1. 量筒

量筒是用来量取液体体积的仪器。读数时应使视线和量筒内弯月面的最低点保持在同一条水平线上(见图 2-3)。

在进行某些实训时,如果不需要准确地量取液体试剂,不必每次都用量筒,可以根据在日常操作中所积累的经验来估量液体的体积。如普通试管容量是 20 mL,则 4 mL 液体占试管总容量的 1/5;又如滴管每滴出 20 滴约为 1 mL,可以用计算滴数的方法估计所取试剂的体积。

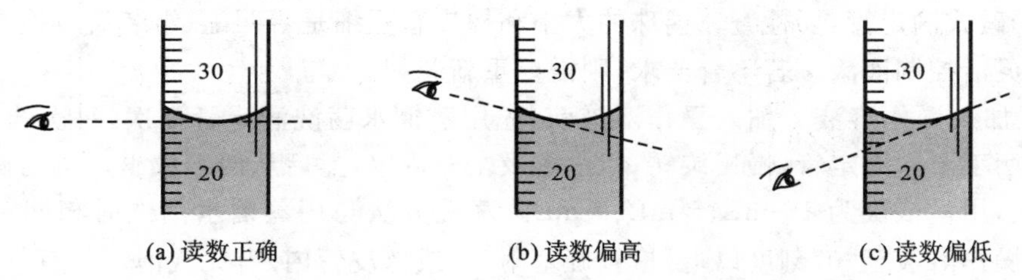

(a) 读数正确　(b) 读数偏高　(c) 读数偏低

图 2-3 量筒的读数方法

2. 滴定管

滴定管是在滴定过程中,用于准确测量滴定溶液体积的一类玻璃量器。常量分析的滴定管容积有 50 mL 和 25 mL 两种,最小刻度为 0.1 mL,读数可估计到 0.01 mL。滴定管一般分成酸式滴定管(见图 2-4(a))和碱式滴定管(见图 2-4(b))两种。酸式滴定管的刻度管和下端的尖嘴玻璃管通过玻璃活塞相连,适于盛酸性或氧化性的溶液,不宜盛碱性溶液。碱式滴定管的刻度管与尖嘴玻璃管之间通过橡皮管相连,在橡皮管中装有一颗玻璃珠(见图 2-4(c)),用以控制溶液的流出速度。碱式滴定管用于盛碱性溶液或还原性溶液,不能用来放置强氧化性的高锰酸钾溶液、碘溶液及硝酸银溶液等能与橡皮起作用的溶液。

(1) 洗涤　滴定管可用自来水冲洗或先用滴定管刷蘸肥皂水或其他洗涤剂刷洗(但不能用去污粉),而后再用自来水冲洗。如有油污,酸式滴定管可直接在管中加入洗液浸泡,而碱式滴定管则先要去掉橡皮管,接上一小段塞有短玻璃棒的橡皮管,然后用洗液浸泡。总之,为了尽快而方便地洗净滴定管,可根据脏物的性质、弄脏的程度选择合适的洗涤剂和洗涤方

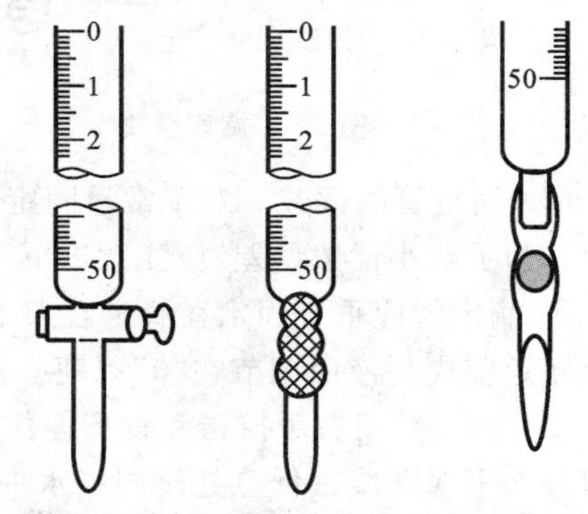

(a) 酸式滴定管　(b) 碱式滴定管　(c) 碱式滴定管下端

图 2-4 酸式、碱式滴定管

法。脏物去除后,需用自来水多次冲洗。把水放掉以后,其内壁应该均匀地润上一薄层水。如管壁上还挂有水珠,说明未洗净,必须重洗。

(2) 涂凡士林　使用酸式滴定管时,如果旋塞转动不灵活或漏水,就必须将滴定管平放于实训台上,取下旋塞,用吸水纸将旋塞和塞槽内的水擦干,然后用右手指取少许凡士林,在左手掌心上抹开后,用手指沾上少许凡士林,在旋塞孔的两边沿圆周涂上一薄层。注意不要把凡士林涂到旋塞孔的近旁,以免堵塞旋塞孔。把涂好凡士林的旋塞插进塞槽里,单方向地旋转旋塞,直到旋塞与塞槽接触处全部透明为止(见图 2-5)。涂好的旋塞转动要灵活,而且不漏水。把装好旋塞的滴定管平放在桌上,让旋塞的小头朝上,然后在小头上套上一小橡皮圈(可从橡皮管上剪下一小圈)以防旋塞脱落。

(3) 检漏　检查滴定管是否漏水时,可将滴定管内装水至"0"刻度左右,并将其夹在滴定管架上,直立约 6 min,观察旋塞两端和尖嘴口有无水渗出;将旋塞旋转 180°后,再放置 2 min,若前后两次均无漏水现象,即可使用。

对于碱式滴定管,要检查玻璃珠的大小和橡皮管粗细是否匹配,组装后应检查是否漏水,能否灵活控制液滴。若不合要求,则需要重新装配。

(4) 加入操作溶液　加入操作溶液前,先用蒸馏水荡洗滴定管 3 次,每次约 10 mL。荡洗时,两手平端滴定管,慢慢旋转,让水遍及全管内壁,然后从两端放出。再用操作溶液荡洗 3 次,用量依次为 10 mL、5 mL、5 mL。荡洗方法与用蒸馏水荡洗时相同。荡洗完毕,装入操作溶液至"0"刻度以上,检查旋塞附近(或橡皮管内)有无气泡。如有气泡,应将其排出。排出气泡时,对于酸式滴定管,可用右手拿住滴定管无刻度处使它倾斜约 30°,左手迅速将旋塞打开到最大,使溶液快速冲出,将气泡赶掉;对于碱式滴定管,可将橡皮管向上弯曲,出口上斜,挤捏玻璃珠右上方的橡皮,使溶液从尖嘴快速冲出,气泡即随溶液排出(见图 2-6)。

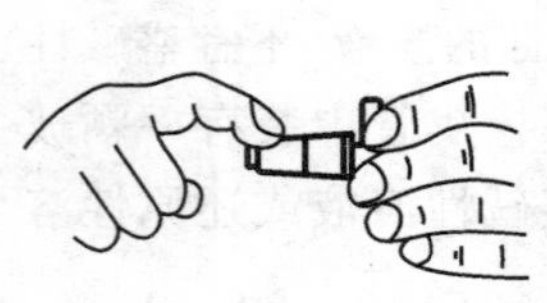

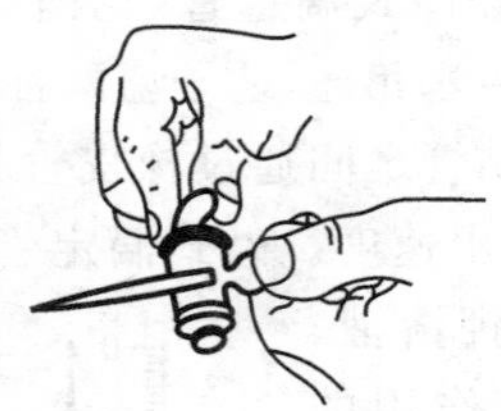

图 2-5　旋塞涂油

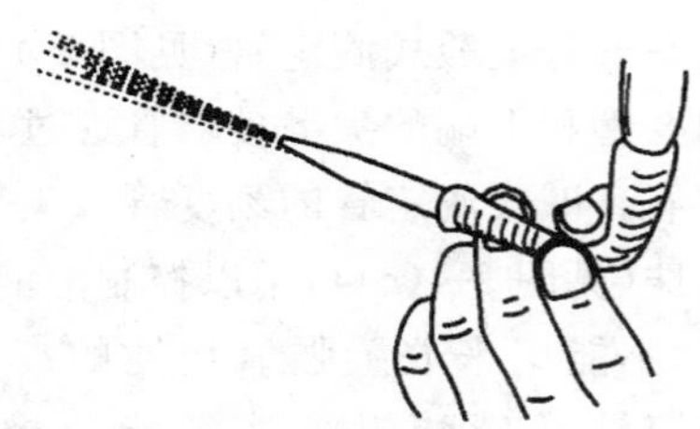

图 2-6　碱式滴定管排出气泡

(5) 滴定管的读数　对于常量滴定管,读数时应读至小数点后第二位(即精确至 0.01 mL)。为了减小读数误差,应注意以下事项:

① 滴定管应垂直固定在滴定管架上,注入或放出溶液后需静置 1 min 左右再读数。每次滴定前应将液面调节在"0"刻度或稍下的位置。

② 读数前,用右手拇指和食指捏住滴定管上方无溶液处,让滴定管自然下垂;视线应与弯月面下缘实线最低点处于同一水平面上,对无色(或浅色)溶液应读取溶液弯月面最低点处所对应的刻度,如图 2-7(a)所示。而对于弯月面看不清的有色溶液,可读液面两侧的最高点处,如图 2-7(b)所示。初读数与终读数必须按同一方法读数。

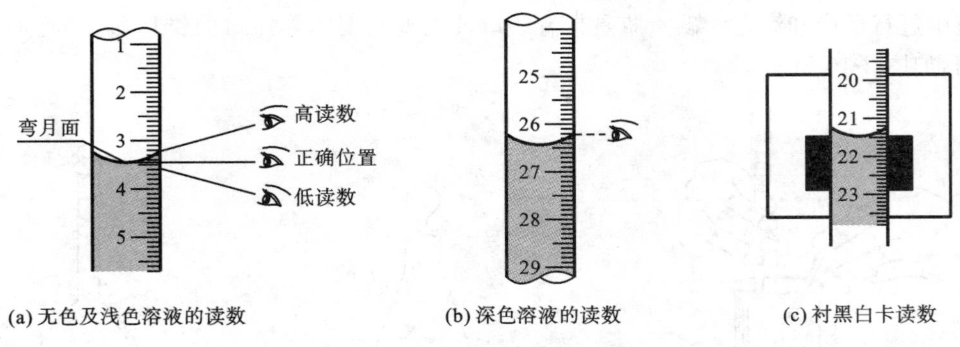

图 2-7 滴定管读数

③ 对于乳白板蓝线衬背的滴定管，无色溶液面的读数应以两个弯月面相交的最尖部分为准。深色溶液也是读取液面两侧的最高点。

④ 为了使弯月面显得更清晰，可借助于读数卡。将黑、白两色的卡片紧贴在滴定管的后面，黑色部分放在弯月面下约 1 mm 处，即可见到弯月面的最下缘映成的黑色。读取黑色弯月面的最低点，如图 2-7(c)所示。

(6) 滴定　滴定前须去掉滴定管尖端悬挂的残余液滴，读取初读数，立即将滴定管尖端插入锥形瓶口内 1 cm 处。使用酸式滴定管时(见图 2-8(a))，应用左手控制滴定管旋塞，轻轻向内扣住旋塞，手心空握，以免使旋塞松动甚至顶出旋塞。右手握持锥形瓶，边滴边向同一方向旋转，而不是前后振动，以免溶液溅出。滴定速度为每秒 3～4 滴。临近终点时，应一滴或半滴地加入，以免超过滴定终点。接近终点时，改为每加一滴摇匀，最后每加半滴摇匀。半滴的加入方法：首先要缓慢转动活塞，使尖端挂有液滴，但是悬而未落，然后关闭活塞，用锥形瓶内壁将液滴沾落，再用洗瓶吹少量蒸馏水将附着于锥形瓶内壁上的溶液冲下去。

使用碱式滴定管时(见图 2-8(b))，左手拇指、食指捏住橡皮管中玻璃珠的所在部位稍上处，用手捏挤橡皮管，使其与玻璃珠之间形成一条缝隙，溶液随之流出。

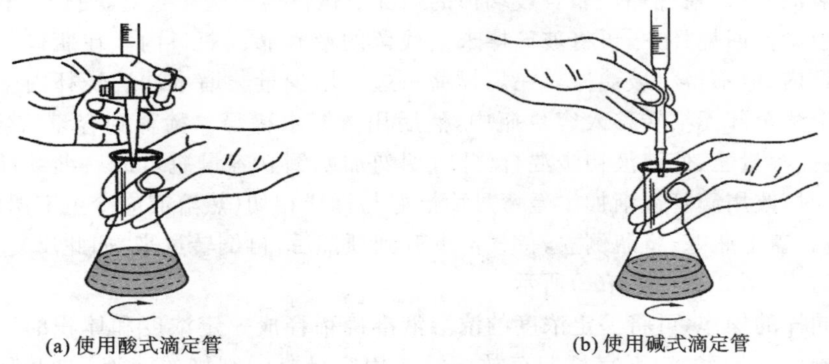

(a) 使用酸式滴定管　　(b) 使用碱式滴定管

图 2-8 滴定操作

滴定通常是在锥形瓶中进行，必要时也可以在烧杯中进行，如图 2-9 所示。在烧杯中滴定时，必须用玻璃棒碰接悬挂的半滴溶液，然后将玻璃棒插入溶液中搅拌。终点前，需用蒸馏水冲洗杯壁或瓶壁，再继续滴到终点。对于用碘量法或间接碘量法滴定，则需在碘

量瓶中进行反应和滴定。碘量瓶是带有磨口玻璃塞与喇叭形瓶口的锥形瓶,并且加一水封槽,如图 2-10 所示。

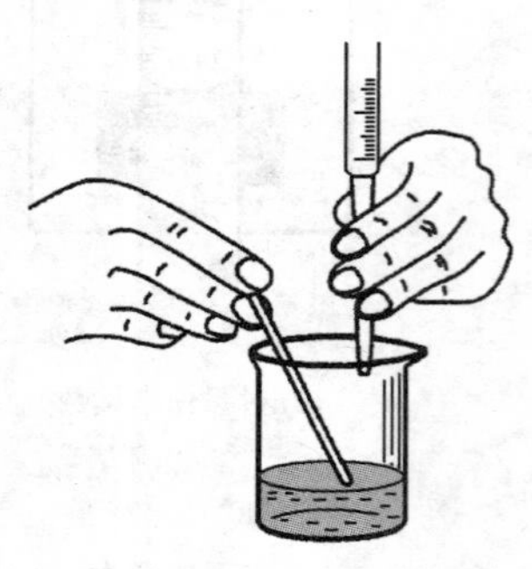

图 2-9 在烧杯中滴定

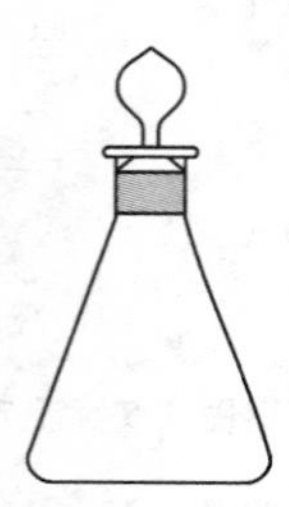

图 2-10 碘量瓶

图 2-11 容量瓶

实训完毕后,将滴定管中的剩余溶液倒掉,洗净后再在滴定管中装满蒸馏水,垂直夹在滴定管架上,上管口罩上滴定管盖。

3. 容量瓶

容量瓶主要用来将精密称量的物质配制成准确浓度的溶液或是将准确体积及浓度的浓溶液稀释成准确浓度及体积的稀溶液。常用的容量瓶的规格有 25 mL、50 mL、100 mL、250 mL、500 mL、1 000 mL 等,如图 2-11 所示。

容量瓶使用前,必须检查是否漏水。检漏时,在瓶中加水至标线附近。盖好瓶塞,用左手食指按住瓶塞,右手托住瓶底,将瓶倒立 2 min,观察瓶塞周围是否渗水,然后将瓶直立,把瓶塞转动 180°后再盖紧,再倒立,若仍不渗水,即可使用。

欲将固体物质准确配成一定体积的溶液时,需先把准确称量的固体物质置于小烧杯中,加入适量的水,搅拌溶解,然后定量转移到预先洗净的容量瓶中。转移时一手拿着玻璃棒,一手拿着烧杯,在瓶口上慢慢将玻璃棒从烧杯中取出,并将它插入瓶口(但不要与瓶口接触),再让烧杯嘴贴紧玻璃棒,慢慢倾斜烧杯,使溶液沿着玻璃棒流下,如图 2-12(a)所示。当溶液流完后,在烧杯仍靠着玻璃棒的情况下慢慢地将烧杯直立,使烧杯和玻璃棒之间附着的液滴流回烧杯中,再将玻璃棒末端残留的液滴靠入瓶口内。在瓶口上方将玻璃棒放回烧杯内,但不得将玻璃棒靠在烧杯嘴一边。用少量蒸馏水冲洗烧杯内壁 3~4 次,洗出液按上法全部无损转移入容量瓶中,然后用蒸馏水稀释。稀释到容量瓶容积的 2/3 时,直立旋摇容量瓶,使溶液初步混合(此时切勿加塞倒立容量瓶),最后继续稀释至离标线约 1 cm 时,改用滴管逐渐加水至弯月面恰好与标线相切(热溶液应冷至室温后,才能稀释至标线)。盖上瓶塞,将瓶倒立,待气泡上升到顶部后,再倒转过来,如此反复多次,使溶液充分混匀,如图 2-12(b)和(c)所示。

按照同样的操作,可将一定浓度的浓溶液准确稀释成一定浓度和体积的稀溶液。容量瓶是量器而不是容器,不宜长期存放溶液。用容量瓶配制好的溶液,如需保存一段时间,应将溶液转移到试剂瓶中储存,为保证该溶液浓度不变,试剂瓶应先用该溶液涮洗2~3 次。

4. 移液管和吸量管

移液管和吸量管也是用来准确移取一定体积液体的量出式的玻璃仪器。移液管是中

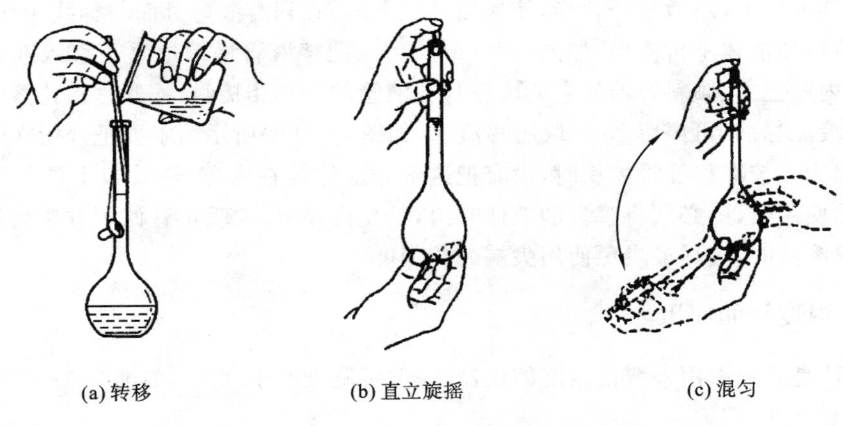

(a) 转移　　(b) 直立旋摇　　(c) 混匀

图 2-12　容量瓶的使用

间有膨大部分的玻璃管，上管颈有一条标线，亦称为单标线吸管，如图 2-13(a)所示。常用的移液管有 2 mL、5 mL、10 mL、25 mL、50 mL 等规格。吸量管是带有分刻度的玻璃管，如图 2-13(b)所示，用以移取不同体积的溶液。常用的吸量管有 1 mL、2 mL、5 mL、10 mL 等规格。

用移液管或吸量管吸取溶液之前，首先应该用洗液洗净内壁，经自来水冲洗和蒸馏水荡洗 3 次后，还必须用少量待吸的溶液荡洗内壁 3 次，以保证溶液吸取后的浓度不变。

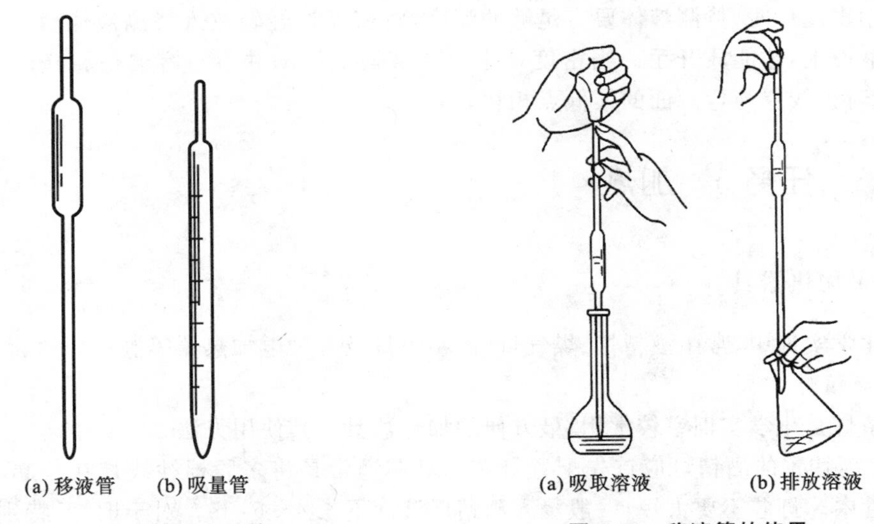

(a) 移液管　　(b) 吸量管

图 2-13　移液管和吸量管

(a) 吸取溶液　　(b) 排放溶液

图 2-14　移液管的使用

用移液管吸取溶液时，一般应先用滤纸将管尖端内外的水吸干，然后用待吸溶液涮洗 2～3 次，以免待吸溶液被稀释。吸取时，左手拿洗耳球，右手拇指及中指拿住管颈标线以上的地方，管尖插入液面以下 1～2 mm，防止吸空。先将洗耳球内空气压出，然后将洗耳球的尖端接在移液管的上管口，慢慢松开洗耳球将溶液吸入管内。当溶液上升到标线以上时，迅速拿开洗耳球，用右手食指紧按上管口，将移液管取出液面。管的末端仍靠在盛溶液的容器内壁上，略微松开食指，使液面平稳下降，直到溶液弯月面与标线相切时，再次按紧上管口，使液体不再流出，如图 2-14(a)所示。把移液管慢慢地垂直移入准备接收溶液的容器内壁上方，倾斜容器使它的内壁与移液管的尖端相接触，松开食指让溶液自由流下。待溶液流尽后，再停留 15 s，取出移液管，如图 2-14(b)所示。不要把残留在管尖的液体吹出，因为在校准移液管体积时，没有把这部分液体算在内(对于管口上注有“吹”字样的吸量管，使用时，则必须将管尖的液体吹出，不允许保留)。吸量管使用方法类似于移液管，但移取溶液时，应尽最避免使用尖端处的刻度。

(二) 温度计的使用

温度计是实训中用来测量温度的仪器，一般可测准至 0.1 ℃，刻度为 1/10 ℃的温度计可测准至 0.02 ℃。

测温度时，使温度计在液体内处于适中的位置，不能使水银球接触容器的底部或壁上，不能将温度计当搅拌棒使用，以免把水银球碰破。刚测量过高温物体的温度计不能立即用冷水冲洗，以免水银球炸裂。

如果要测量高温，就可使用热电偶和高温计。

(三) 密度计的使用

密度计是测量液体密度的仪器。用于测定密度大于 1 g/mL 的液体的密度计称为重表，用于测定密度小于 1 g/mL 的液体的密度计称为轻表。

使用密度计时，待测液体要有足够的深度，将密度计轻轻放入待测液体后，等它平稳地浮在液面上，才能放开手。当密度计不再在液面上摇动并不与容器壁相碰时，开始读数，读数时视线要与弯月面的最低点相切。

任务 3　加热

(一) 加热器具

在化学实训中，常用酒精灯、煤气灯、酒精喷灯及各种电加热器等进行加热。

1. 酒精灯

酒精灯是化学实训室较常用、最方便的加热器具。其使用方法如下：

(1) 新购置的酒精灯应首先配置灯芯。灯芯通常是将多股棉纱线拧在一起，插进灯芯瓷套管中。灯芯不要太短，一般浸入酒精后液面下长 4～5 cm。对于旧灯，特别是长时间未用的灯，在取下灯帽后，应提起灯芯瓷套管，用洗耳球或嘴轻轻地向灯内吹一下，以赶走其中聚集的酒精蒸气。再放下套管检查灯芯，若灯芯不齐或烧焦，都应用剪刀修整为平头等长。

(2) 灯壶内酒精少于其容积的 1/2 时应添加酒精。酒精不能装得太满，以不超过灯壶容积的 2/3 为宜(酒精量太少则灯壶中酒精蒸气过多，易引起爆燃；酒精量太多则受热膨胀，易使酒精溢出，发生事故)。添加酒精时一定要借助小漏斗，以免将酒精洒出。决不允许燃着时加酒精，否则，很容易着火，造成事故。若需添加酒精，必须先熄灭火焰。

(3) 新灯加完酒精后须将新灯芯放入酒精中浸泡，而且移动灯芯套管使每端灯芯都浸透，然后调好其长度，才能点燃。因为未浸过酒精的灯芯，一经点燃就会烧焦。

(4) 点燃酒精灯时要用燃着的火柴，决不可用燃着的酒精灯点火，否则易将酒精洒出，引起火灾。

(5) 若无特殊要求，一般用温度最高的外焰来加热器具。加热的器具与灯焰的距离要合适，过高或过低都不正确。与灯焰的距离通常用灯的垫木或铁环的高低来调节。被加热的器具必须放在支撑物(三脚架、铁环等)上或用坩埚钳、试管夹夹持，决不允许手拿仪器加热。

(6) 加热完毕或要添加酒精需熄灭灯焰时，可用灯帽将其盖灭，盖灭后需重盖一次，让空气进入，免得冷却后盖内造成负压使盖打不开。决不允许用嘴吹灭。不用的酒精灯必须将灯帽罩上，以免酒精挥发。

(7) 酒精灯不用时，应盖上灯帽。如长期不用，灯内的酒精应倒出，以免挥发；同时应在灯帽与灯颈之间夹小纸条，以防粘连。

2. 煤气灯

煤气灯是化学实训室最常用的加热器具，使用者应掌握正确的使用方法。

(1) 煤气灯的构造　煤气灯的构造如图 2-15 所示。拔去灯管可以看到煤气的入口，空气通过铁环的通气口进入管中，转动铁环，利用孔隙的大小调节空气的输入量。

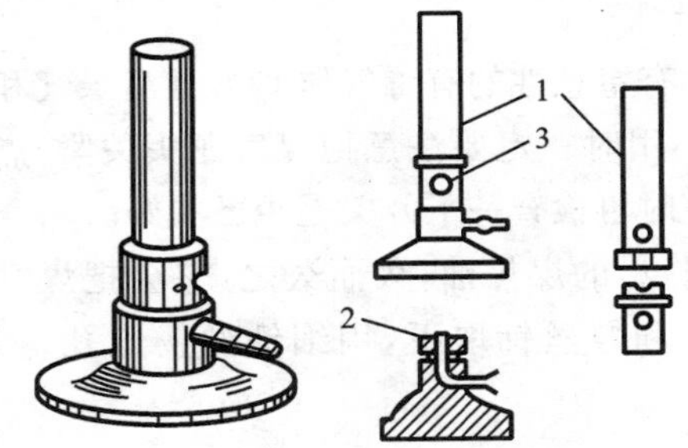

图 2-15　煤气灯的构造

1—灯管；2—煤气入口；3—空气入口

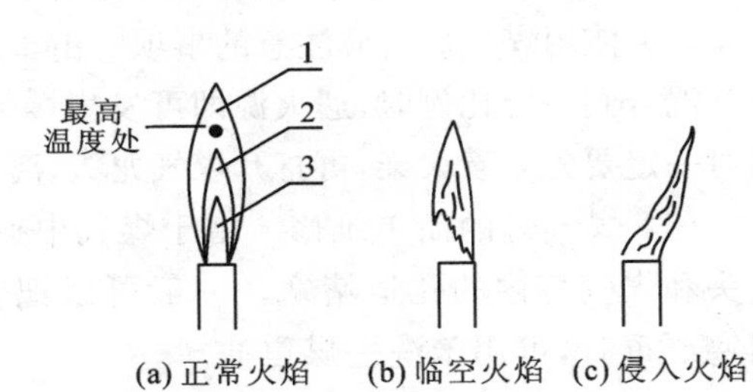

图 2-16　三种灯焰

1—氧化焰；2—还原焰；3—焰心

(2) 火焰的调节　当煤气完全燃烧时，可以得到最大的热量，这时生成无光的火焰，这种火焰称为正常火焰。当空气不足时，煤气燃烧不完全，有炭析出，形成光亮的火焰，温度不高，这种火焰称为还原焰。

煤气完全燃烧时，正常火焰可以分为三个锥形区域，如图 2-16(a)所示。表 2-1 所示为煤气火焰各部分温度分布及特征。

表 2-1　煤气火焰各部分温度分布及特征

区　域	名　称	火焰颜色	温　度	燃烧反应
1	氧化焰	淡紫色	最高	燃烧完全；由于有过剩的氧气，这部分火焰具有氧化性

续表

区域	名称	火焰颜色	温度	燃烧反应
2	还原焰(内焰)	淡蓝色	较高	燃烧不完全;由于煤气分解为含碳的产物,这部分火焰具有还原性
3	焰心	黑色	低温	煤气和空气混合,未燃烧

实训中一般用氧化焰(800~900 ℃)加热。温度的高低可由调节火焰的大小来控制。

点燃煤气灯具体步骤如下:先旋转铁环把通气孔关小,划着火柴,打开煤气龙头,在接近灯管口处,把煤气灯点着,然后旋转铁环,调节空气进入量至火焰成为正常火焰(见图2-16(a))。

煤气和空气的进入量调节得不合适时,会发生不正常的火焰。

当火焰脱离金属灯管的管口而临空燃烧产生临空火焰时(见图 2-16(b)),说明空气的进入量太大或煤气和空气的进入量都很大,需要重新调节。一般可将煤气开关开小一点,或者将空气进入量调小一些。

有时煤气在金属灯管内燃烧,在管内有细长火焰,并常常带绿色(如灯管是铜的),并听到一种"嘘唏"的声响,这种火焰称为侵入火焰(见图 2-16(c))。这是在空气的进入量较大,而煤气的进入量很小或者中途煤气供应突然减少时引发的。侵入火焰常将金属灯管烧得很热,并有未燃烧完全的煤气臭。如果发生这种现象,就应立即将煤气关闭,重新进行调节。此时灯管一般很烫,调节时应防止烫伤手指。

(3) 使用煤气灯时应注意的事项　由于煤气中含有窒息性的有毒气体 CO,且当煤气和空气混合到一定比例时,遇火源即可发生爆炸,所以不用时一定要注意把煤气龙头关紧;点燃时一定要先划着火柴,再打开煤气龙头;离开实训室时再检查一下开关是否已关好。

(4) 煤气灯的简单维修　由于煤气中夹带有未除尽的煤焦油,久而久之,它会把煤气龙头和煤气灯内的孔道堵塞。一般可以把金属灯管和螺丝针取下,用细铁丝畅通孔道。堵塞严重时,可用苯洗去煤焦油。

3. 酒精喷灯

(1) 酒精喷灯按构造可分为座式和挂式,如图 2-17 所示。

(2) 使用方法如下。

① 添加酒精　先关好挂式酒精喷灯下口开关,拧开盖子(座式为铜帽),插入一支玻璃漏斗,将烧杯中的酒精加入酒精贮罐内。座式喷灯内酒精贮量不能超过酒精壶容量的2/3。

② 预热　先在预热盘中加入少量酒精,将灯管预热,可多次试点。若两次都不出气,则必须在火焰熄灭后,再加酒精,并用捅针疏通酒精蒸气出口后,方可再预热。

③ 调节　通过旋转空气调节器来控制风门的大小,调节空气流入量,达到控制火焰的目的。

④ 熄灭　既可以盖灭,也可通过旋转空气调节器来熄灭。

需要注意的是:座式喷灯不能连续使用超过半小时,如果要超过半小时,就必须暂时先熄灭喷灯,冷却,添加酒精后再继续使用;挂式喷灯用完后,酒精贮罐的下口开关必须

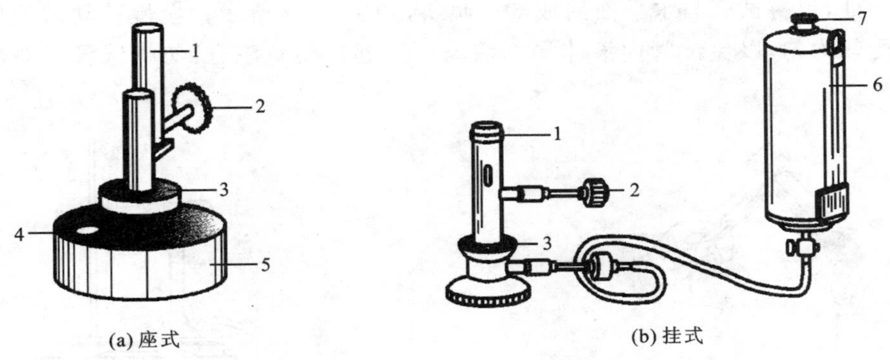

(a) 座式　　(b) 挂式

图 2-17　酒精喷灯的类型和构造

1—灯管；2—空气调节器；3—预热盘；4—铜帽；
5—酒精壶；6—酒精贮罐；7—盖子

关好。

4. 电加热器

根据需要，实训室还需用电炉（见图 2-18(a)）、管式炉（见图 2-18(b)）和马弗炉（见图 2-18(c)）等多种电加热器进行加热。管式炉和马弗炉一般可以加热到 1 000 ℃以上，并且适宜于某一温度下长时间恒温。

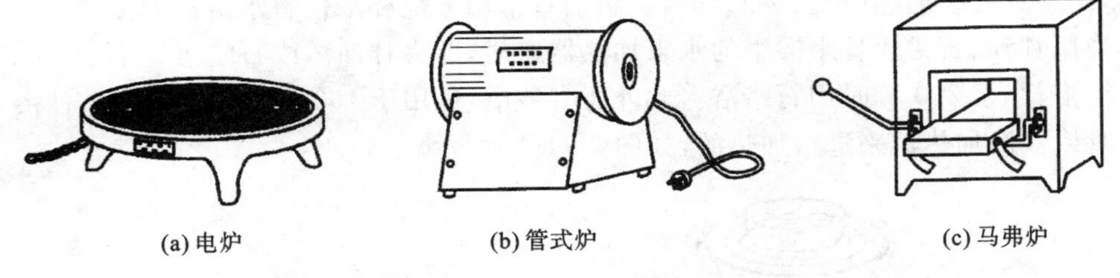
(a) 电炉　　(b) 管式炉　　(c) 马弗炉

图 2-18　常用的电加热器

5. *磁力加热搅拌器*

为了加速试剂溶解或沉淀生成，或为某一反应提供适宜的反应条件，可以借助兼具加热控温和搅拌功能的磁力加热搅拌器。将表面覆盖有聚四氟乙烯塑料的软铁做成的搅拌子，放在装有反应液的容器内，该容器放在磁力加热搅拌器可加热控温的磁场盘上，盘下有一个电驱动的旋转磁铁，使用时可根据转动控温和调速旋钮，使搅拌子在容器内以一定速度转动，并使容器内的试液达到一定温度或恒定于某一温度。磁力加热搅拌器特别适用于需要长时间加热和搅拌的反应。

（二）加热操作

1. 直接加热

当被加热的液体性质稳定，而又无着火危险时，可以将盛有液体的容器放在石棉网上用煤气灯或酒精喷灯直接加热。对于只有少量的液体或固体试样，可以直接放在试管中加热。

用试管进行加热时，液体一般可直接在火焰中加热。加热时，用试管夹夹住试管距

管口 1/3 处，保持试管与水平面约成 60° 倾斜，如图 2-19 所示。慢慢移动试管使液体各部分受热均匀，以免试管内液体局部沸腾而引起烫伤。注意：勿将试管口对着自己或别人。

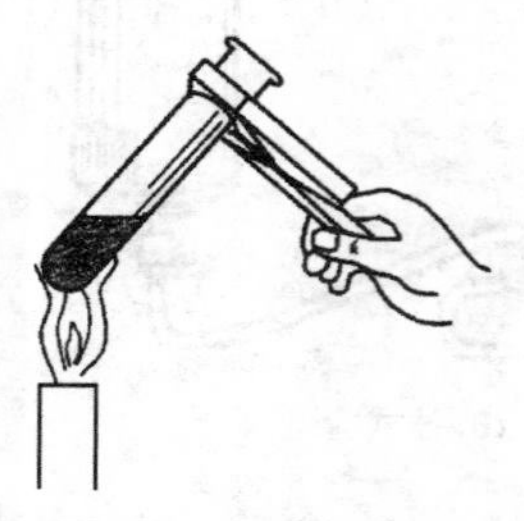

图 2-19　试管中的液体加热

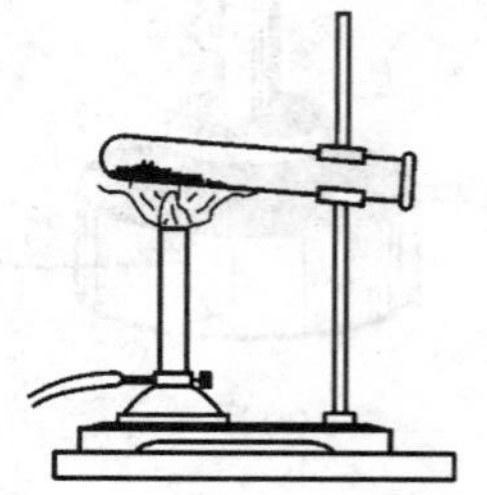

图 2-20　试管中的固体加热

对少量的固体试剂进行加热时，可先将试管放平，然后用长柄药匙或纸槽将药品送入试管底部，平铺在底部，将试管固定在铁架台上，管口略向下倾斜(见图 2-20)，以免冷凝的水倒流使试管破裂。先预热试管，然后再在有药品的部位加强热。

2. 间接加热

当受热物质需受热均匀而温度要控制在一定范围时，可用特定热浴间接加热。当控制温度小于 100 ℃时，可用水浴加热。先将水浴锅中的水煮沸(锅内水不超过容积的 2/3)，用水蒸气来加热(见图 2-21(a))。实训室常用大烧杯来代替水浴锅加热。

当用甘油、石蜡代替水浴中的水来加热器皿时，即为甘油浴或石蜡浴。小于 150 ℃时用甘油浴，小于 200 ℃时用石蜡浴。此外还有沙浴，适用于 400 ℃以下的加热。沙浴是用沙浴盘或沙浴加热器来进行加热的，如图 2-21(b)所示。

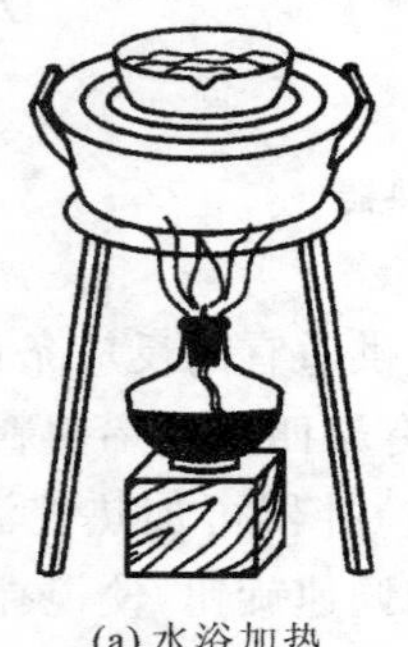

(a) 水浴加热

(b) 沙浴加热

图 2-21　间接加热

3. 固体物质的灼烧

当固体物质需要在高温下加热时，可先将固体放入坩埚中，再将坩埚置于泥三角上，用煤气灯的氧化焰进行灼烧。开始时用小火加热，使坩埚受热均匀。然后加大火焰，根据实训的实际要求来控制加热的温度和时间。在重量法实训中，用马弗炉来灼烧 $BaSO_4$ 沉淀。

任务4　液体试剂的配制和取用

根据节约的原则，按照实训的具体要求来选用试剂，不要以为试剂越纯越好。级别不同的试剂价格相差很大，在要求不是很高的实训中使用较高纯度的试剂，就会造成很大的浪费。

固体试剂应装在广口瓶内，液体试剂盛放在细口瓶或滴瓶内，见光易分解的试剂装在棕色瓶内。盛碱液的试剂瓶要用橡皮塞。每个试剂瓶上都要贴上标签，标明试剂的名称、浓度和纯度。

（一）液体试剂的配制

根据所配制液体试剂的浓度和体积精确度的不同，可分为粗略配制和准确配制两种。而根据试样来源又可分为如下两种。

1. 由固体试剂配制溶液

（1）粗略配制　先由相关的公式计算出配制一定浓度和体积溶液所需溶质（固体试剂）的量，再用托盘天平称取所需固体试剂，转移至带刻度的烧杯中，加入少量蒸馏水搅拌以加速溶解，然后用蒸馏水稀释至刻度，即得所需浓度的溶液。最后将溶液移入细口试剂瓶中，贴上标签，备用。

（2）准确配制　先计算出配制给定体积准确浓度溶液所需固体试剂的用量，然后在分析天平上准确称量出所需固体试剂，将该固体试剂放在洁净烧杯中，加入适量的蒸馏水使其完全溶解。将溶液转移入相应体积的容量瓶中，用少量的蒸馏水洗涤烧杯和玻璃棒2～3次，冲洗液也无损地转移至容量瓶中，再滴加蒸馏水直至标线处，盖上瓶塞，翻转摇动容量瓶，将溶液摇匀即成所需浓度的溶液，最后把溶液移入试剂瓶，贴上标签，备用。

2. 由液体（或浓溶液）试剂配制溶液

（1）粗略配制　先由液体（或浓溶液）试剂的浓度，根据有关的公式计算出配制一定浓度的溶液所需液体（或浓溶液）用量，用量筒量取所需的液体（或浓溶液），倒入装有少量水的有刻度烧杯中混合，如果溶液发热，就需待冷却至室温后，再用水稀释至刻度。搅动使其均匀，最后移至细口瓶中，贴上标签，备用。

（2）准确配制　当用已知准确浓度的较浓的溶液配制较稀准确浓度的溶液时，先计算所需浓溶液的体积，然后用处理好的移液管或吸量管吸取所需溶液，注入给定体积的洁净的容量瓶中，再加蒸馏水至标线处，摇匀后，倒入洁净、干燥的试剂瓶中，贴上标签，备用。

（二）试剂的取用

1. 液体试剂的取用

（1）从滴瓶中取液体试剂时，必须注意保持滴管垂直，避免倾斜，忌倒立，防止试剂流入橡皮头内而将试剂弄脏。滴加试剂时，滴管的尖端不可接触容器内壁，应在容器口上方将试剂滴入(见图 2-22)。也不得把滴管放在原滴瓶以外的任何地方,以免被杂质沾污。

(2) 用倾注法取液体试剂时,取出瓶盖倒放在桌上,绝不可将它横置桌上,以免沾污。右手握住瓶子,使试剂瓶上的标签朝向手心,以瓶口靠住容器壁,缓缓倾出所需液体,让液体沿着杯壁往下流。若所用容器为烧杯,则倾注液体时可用玻璃棒引入,如图 2-23 所示。用完后,立即将瓶盖盖上。

加入反应器内所有液体的总量不得超过总容量的 2/3,如用试管则不能超过总容量的 1/2(见图 2-23)。

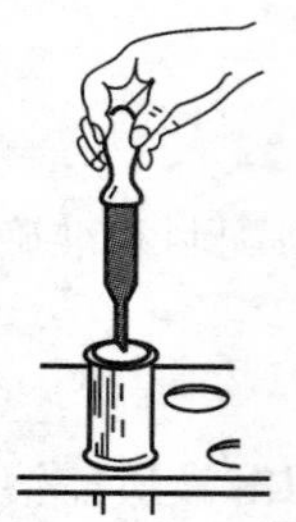
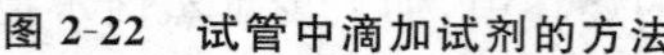

图 2-22 试管中滴加试剂的方法

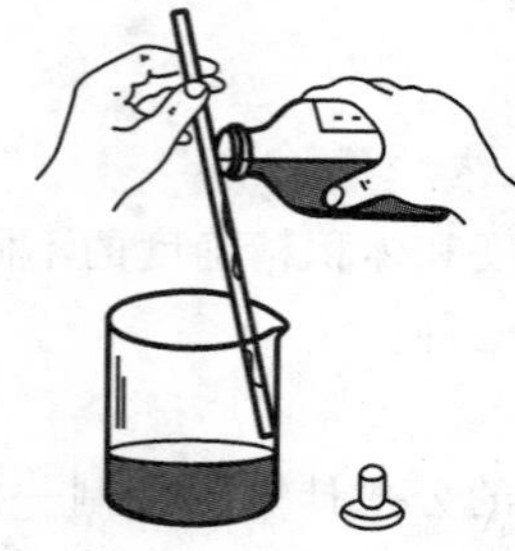
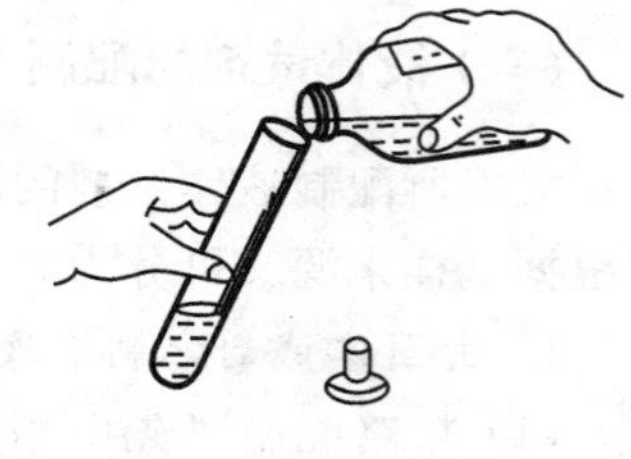

图 2-23 倾注法

2. 固体试剂的取用

(1) 固体试剂要用干净的药匙取用。

(2) 药匙两端分别为大、小匙。取较多的试剂时用大匙,取少量试剂时用小匙。取试剂前首先应该用吸水纸将药匙擦拭干净,取出试剂后,一定要把瓶塞盖严并将试剂瓶放回原处,再次将药匙洗净和擦干。

(3) 要求取一定质量的固体时,可把固体放在纸上或表面皿上,再在托盘天平上称量。具有腐蚀性或易潮解的固体不能放在纸上,而应放在玻璃容器内进行称量。要求准确称取一定质量的固体时,可在分析天平上用直接法或减量法称取。

(4) 往试管(特别是湿试管)中加入固体粉末状试剂时,可用药匙或将取出的药品放纸槽上,伸进试管约 2/3 处(见图 2-24 和图2-25),然后将试管竖起,使固体粉末到达试管底部。加入块状固体时,应将试管倾斜,使其沿着试管内壁慢慢滑下(见图 2-26),避免撞破试管底部。

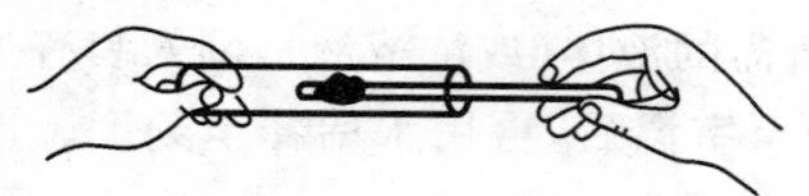

图 2-24 用药匙往试管里送入固体试剂

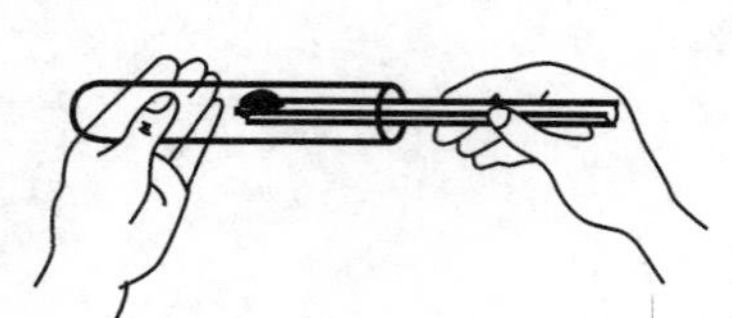

图 2-25 用纸槽往试管里送入固体试剂

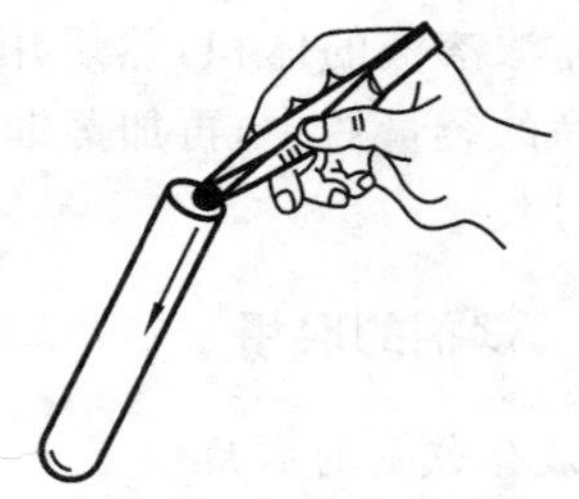

图 2-26 块状固体沿管壁慢慢滑下

任务5 分析试样的采集与制备

在无机及分析化学实训中，定量分析的任务就是确定样品中有关组分的含量。而要完成一项定量分析任务，一般需要经过以下步骤。

1. 取样和分样

所谓样品或试样，是指在分析工作中被用来进行分析的物质体系，它可以是固体、液体或气体。分析化学对试样的基本要求是其在组成和含量上具有客观性和代表性。合理取样是分析结果是否准确可靠的基础。否则，实训结果即使再精确，也没有实际意义。采取有代表性的试样必须采取特定的方法或程序。

一般来说，要想使试样具有客观性和代表性，就必须进行多点取样（指不同部位、深度），再将各点取得的样品粉碎之后混合均匀，然后按四分法（即将试样铺成正方形，按对角线法分成四份，取其中的一份，丢掉另外三份；再将取出的一份仍按上述方法分样，直至留下的样品合适为止）进行分样，最后再从分取好的样品中取少量物质作为试样进行分析。

2. 试样的制备

定量分析一般以湿法分析为最常用。所谓湿法分析，是将试样分解后转入溶液中，即将试样分解制备成待测液，然后进行测定。分解试样的方法很多，主要有酸溶法、碱溶法和熔融法。具体操作时可根据试样的性质和分析的要求选用适当的分解方法。最后将试样制备成待测溶液以备用。

3. 试样的测定

根据分析要求及试样的性质选择合适的方法进行定性和定量测定。

任务6 溶解和结晶

（一）试样的溶解

当用溶剂溶解试样，加入溶剂时，应先把烧杯适当倾斜，然后把量筒嘴靠近烧杯壁，让溶剂慢慢顺着烧杯壁流入，或者通过玻璃棒使溶剂沿玻璃棒慢慢流入，以防烧杯内溶液溅出而损失。加入溶剂后，用玻璃棒搅拌，使试样完全溶解。对于溶解时会产生气体的试样，应先用少量水将其润湿成糊状，用表面皿将烧杯盖好，然后用滴管将试剂自烧杯嘴逐滴加入，以防生成的气体将粉状的试样带出。对于需要加热溶解的试样，加热时要盖上表面皿，以防止溶液剧烈沸腾和迸溅。加热后要用蒸馏水冲洗表面皿和烧杯内壁，冲洗时也应使水顺烧杯壁流下。

在实训的整个过程中，盛放试样的烧杯要用表面皿盖上，以防脏物落入。放在烧杯中的玻璃棒，不要随意取出，以免溶液损失。

(二)结晶

1. 蒸发浓缩

蒸发浓缩视溶质的性质可分别采用直接加热法或水浴加热法。对于固态时带有结晶水或低温受热易分解的物质,由它们形成的溶液的蒸发浓缩,一般只能在水浴上进行。常用的蒸发容器是蒸发皿。蒸发皿内所盛液体的量不应超过其容量的 2/3。随着水分的蒸发,溶液逐渐浓缩,浓缩的程度取决于溶质溶解度的大小及对晶粒大小的要求,一般浓缩到表面出现晶体膜,冷却后,即可结晶出大部分溶质。

2. 重结晶

重结晶是使不纯物质通过重新结晶而获得纯化的过程,它是提纯固体的重要方法之一。把待提纯的物质溶解在适当的溶剂中,滤去不溶物后进行蒸发浓缩,浓缩到一定浓度的溶液,经冷却就会析出溶质的晶体。当结晶一次所得物质的纯度不合要求时,可以重新加入尽可能少的溶剂溶解晶体,经蒸发后再进行结晶。

任务 7　沉淀及沉淀与溶液的分离

(一)沉淀剂的加入

加入沉淀剂的浓度、体积、温度及速度应根据沉淀类型而定。如果是一次性加入的,就应沿烧杯内壁或沿玻璃棒加到溶液中,以免溶液溅出。加入沉淀剂时通常是左手用滴管逐滴加入,右手用玻璃棒轻轻搅拌溶液,使沉淀剂不至于局部过浓。

(二)沉淀与溶液的分离

沉淀与溶液的分离方法有三种:倾注法、离心分离法和过滤法。

1. 倾注法

当沉淀的相对密度较大或结晶的颗粒较大,静置后能沉降至容器底部时,可用倾注法进行沉淀的分离和洗涤。把沉淀上部的清溶液倾入另一容器内,然后加入少量洗涤液(如蒸馏水)洗涤沉淀,充分搅拌沉降,倾去洗涤液。如此重复操作三遍以上,即可洗净沉淀。

2. 离心分离法

如定性分析实训中,少量沉淀与溶液进行分离时,可采用离心分离法进行分离。实训室中常用的离心仪器是电动离心机,如图 2-27 所示。使用时应注意下列事项:

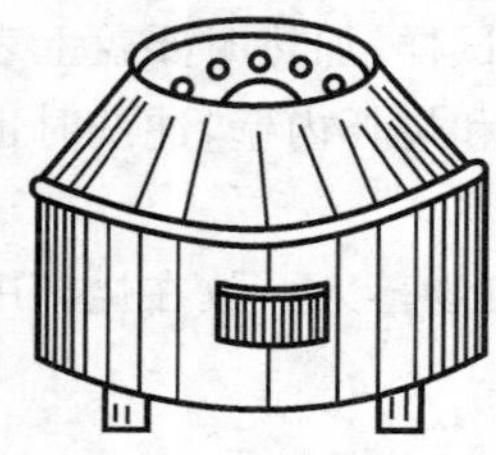

图 2-27　电动离心机

(1) 离心管放入金属套管中,位置要对称,质量要平衡,否则易损坏离心机的轴。若只有一支离心管的沉淀需要进行分离,则可取另一支空的离心管,盛以相应质量的水,然后把两支离心管分别装入离心机的对称套管中,以保持平衡。

(2) 打开旋钮,逐渐旋转变阻器,使离心机转速由小到大。数分钟后慢慢恢复变阻器到原来的位置,让其自行停止。

(3) 离心时间和转速根据沉淀的性质决定。结晶形的紧密沉淀，转速为 1 000 r/min，1～2 min 后即可停止。无定形的疏松沉淀，沉降时间要长些，转速可提高到 2 000 r/min。若经 3～4 min 后仍不能使其分离，则应设法（如加入电解质或加热等）促使沉淀沉降，然后再进行离心分离。

离心分离操作步骤如下：

(1) 沉淀　在溶液中边搅拌边加沉淀剂，等反应完全后，离心沉降。在上层清液中再加试剂一滴，如清液不变混浊，即表示沉淀完全。否则，必须再加沉淀剂直至沉淀完全，离心分离。

(2) 溶液的转移　离心沉降后，用胶头滴管把清液与沉淀分开（见图 2-28）。其方法是，先用手指捏紧滴管上的橡皮头，排除空气，然后将滴管轻轻插入清液（切勿在插入清液以后再捏橡皮头），慢慢放松橡皮头，则溶液慢慢进入滴管中，随试管中溶液的减少，将滴管逐渐下移至全部溶液吸入滴管内为止。滴管尖端接近沉淀时要特别小心，勿使其触及沉淀。

(3) 沉淀的洗涤　如果要将沉淀溶解后再做鉴定，就必须在溶解之前，将沉淀洗涤干净。常用的洗涤剂是蒸馏水。加洗涤剂后，用搅拌棒充分搅拌，离心分离，清液用滴管吸出。必要时可重复洗几次。

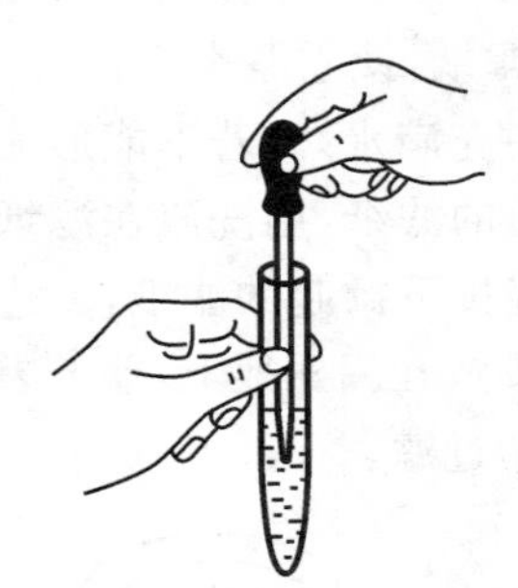

图 2-28　用胶头滴管吸出上层清液

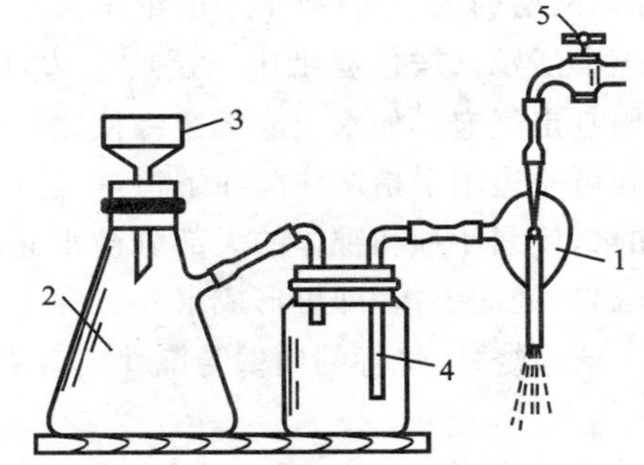

图 2-29　减压过滤的装置

1—水泵；2—吸滤瓶；3—布式漏斗；4—安全瓶；5—自来水龙头

3. 过滤法

过滤是常用的分离方法之一。当沉淀与溶液经过过滤器时，沉淀留在过滤器上，溶液经过过滤器进入容器中，所得的溶液称为滤液。

常用的过滤方法有减压过滤（吸滤）、常压过滤（普通过滤）和热过滤。

(1) 减压过滤　减压可以加速过滤，还可以把沉淀抽吸得比较干燥（见图 2-29）。它的原理是水泵处有一窄口，当水流急剧流经水泵处时，水即把空气带出而使吸滤瓶内的压力减小。减压过滤操作过程如下。

① 吸滤操作步骤如下：

A. 按图 2-29 安装好仪器后，先剪好一张比布氏漏斗底部内径略小，但又能把全部孔都盖住的圆形滤纸。

B. 把滤纸放入漏斗内，用少量水润湿滤纸。微开水龙头，把装置连好（注意漏斗端的斜口应对着吸滤瓶的吸气嘴），滤纸便紧贴在漏斗上。

C. 过滤时,将溶液沿着玻璃棒流入漏斗(注意:溶液不要超过漏斗总容量的 2/3),然后将水龙头开大,待溶液滤下后,转移沉淀,并将其平铺在漏斗中,继续抽吸,至沉淀比较干燥为止。在吸滤时,吸滤瓶中滤液高度不得超过支管口。吸滤过程中,不得突然关闭水泵,以免自来水倒灌。

D. 当过滤完毕时,要记住先拔掉连接水泵和吸滤瓶的橡皮管,再关水龙头,以防由于吸滤瓶内压力低于外界压力而使自来水进入吸滤瓶,把滤液沾污(这一现象称为倒吸)。为了防止倒吸而使滤液沾污,也可在吸滤瓶与抽气水泵之间装一个安全瓶。

② 沉淀洗涤的操作如下:洗涤沉淀时拔掉橡皮管,关掉水龙头,加入洗涤液湿润沉淀。再微开水龙头接上橡皮管,让洗涤液慢慢透过全部沉淀。最后开大水龙头抽干。如沉淀需洗涤多次,则重复以上操作,直至达到要求为止。

(2) 常压过滤　这是定量分析中常用的过滤方法,下面按定量分析的要求介绍常压过滤的步骤。

① 过滤前的准备。把滤纸对折再对折(暂不折死),如图 2-30(a)、(b)所示;然后展开成圆锥体,如图 2-30(c)所示,放入漏斗中,若滤纸圆锥体与漏斗不密合,可改变滤纸折叠的角度,直到与漏斗密合为止(这时可把滤纸折死);为了使滤纸三层的那边能紧贴漏斗,常把这三层的外面两层撕去一角(撕下来的纸角保存起来,以备为擦烧杯或漏斗中残留的沉淀用),如图 2-30(d)所示。按住滤纸中三层的一边,以少量的水润湿滤纸,使它紧贴在漏斗壁上。轻压滤纸,赶走气泡。加水至滤纸边缘使之形成水柱(漏斗颈中充满水)。若不能形成完整的水柱,则可一边用手指堵住漏斗下口,一边稍掀起三层那一边的滤纸,用洗瓶在滤纸和漏斗之间加水,使漏斗颈和锥体的大部分被水充满,然后一边轻轻按下掀起的滤纸,一边断续放开堵在出口处的手指,即可形成水柱。将这种准备好的漏斗安放在漏斗架上,盖上表面玻璃,下接一洁净烧杯,烧杯的内壁与漏斗出口尖处接触,然后开始过滤。

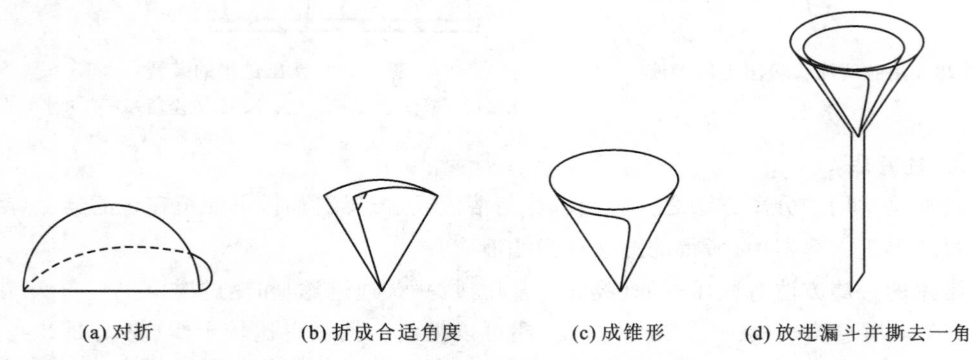

(a) 对折　(b) 折成合适角度　(c) 成锥形　(d) 放进漏斗并撕去一角

图 2-30　滤纸的折叠与放置

② 过滤操作。过滤分成三步。

A. 把清液倾入滤纸中。在漏斗上将玻璃棒从烧杯中慢慢取出并直立于漏斗中,下端对着三层滤纸的那一边并尽可能靠近,但不要碰到滤纸,如图 2-31 所示。将上层清液沿着玻璃棒倾入漏斗,漏斗中的液面至少要比滤纸边缘低 5 mm,以免部分沉淀可能由于毛细管作用越过滤纸上缘而损失。当上层清液过滤完后,用 15 mL 左右洗涤液吹洗玻璃棒和烧杯壁并进行搅拌,澄清后,再按上述方法滤去清液。当倾析暂停时,要小心把烧杯扶正，玻璃棒不离烧杯嘴，到最后一液滴流完后，将玻璃棒收回放入烧杯中(此时玻璃棒不要靠在烧杯嘴处，因为烧杯嘴处可能沾有少量的沉淀)，然后将烧杯从漏斗上移开。如此反复用洗涤液洗 2～3 次，使黏附在烧杯壁的沉淀洗下，并将烧杯中的沉淀进行初步洗涤。

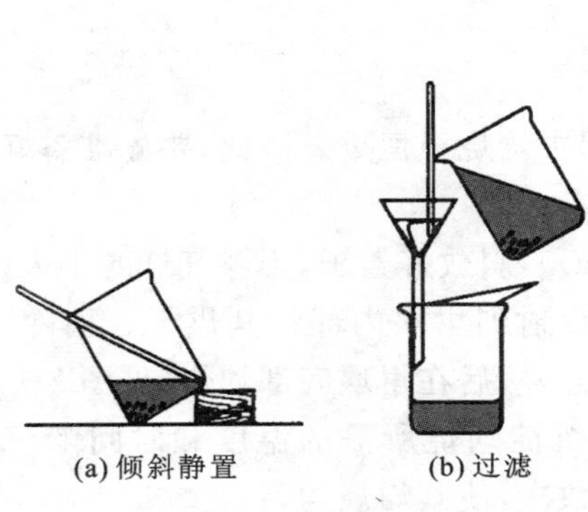

图 2-31　沉淀的过滤

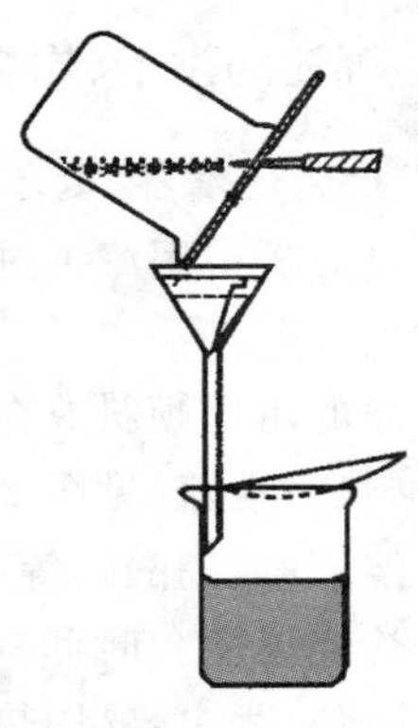

图 2-32　沉淀的转移

B. 把沉淀转移到滤纸上。先用洗涤液冲下烧杯壁和玻璃棒上的沉淀，再把沉淀搅起，将悬浮液小心转移到滤纸上，每次加入的悬浮液的量不得超过滤纸锥体高度的 2/3。如此反复几次，尽可能地将沉淀转移到滤纸上。烧杯中残留的少量沉淀，则可用左手将烧杯倾斜放在漏斗上方，烧杯嘴朝向漏斗。用左手食指按住架在烧杯嘴上的玻璃棒上方，其余手指拿住烧杯，烧杯底略朝上，玻璃棒下端对准三层滤纸处，右手拿洗瓶冲洗烧杯壁上所黏附的沉淀，如图 2-32 所示，使沉淀和洗液一起顺着玻璃棒流入漏斗中(注意：勿使溶液溅出)。

C. 洗涤烧杯和洗涤沉淀。黏着在烧杯壁和玻璃棒上的沉淀可用沉淀帚自上而下刷至杯底，再转移到滤纸上。最后在滤纸上将沉淀洗至无杂质。洗涤时，应使洗瓶出口管充满液体后，用细小、缓慢的洗涤液流从滤纸上部沿漏斗壁螺旋向下吹洗(见图 2-33)，绝不可骤然浇在沉淀上。待上一次洗液流完后，再进行下一次洗涤。在滤纸上洗涤沉淀主要是洗去杂质并将黏附在滤纸上部的沉淀冲洗至下部。

(3) 热过滤　某些溶质的溶解度随温度的降低而急剧减小，当溶液的温度降低时，易呈晶体析出，为了滤去这类溶液中所含的其他难溶性杂质，通常使用热滤漏斗进行热过滤(见图 2-34)，可防止溶质结晶析出。在过滤时，先把玻璃漏斗放在铜质(或铝质)的热滤

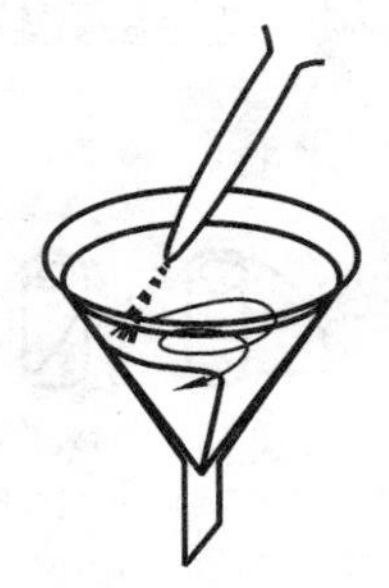

图 2-33　沉淀的洗涤

图 2-34　热过滤

漏斗内，热滤漏斗内装有热水(水不要太满，以免水加热至沸后溢出)，以维持过滤时溶液的温度。也可事先把玻璃漏斗在水浴上用蒸汽加热，再使用。热滤漏斗选用的玻璃漏斗颈越短越好，因漏斗颈过长而露出热滤漏斗外，造成溶液温度降低而析出溶质晶体。

(三) 沉淀的烘干、灼烧及恒重

1. 瓷坩埚的准备

在定量分析中用滤纸过滤的沉淀，须在瓷坩埚中灼烧至恒重。因此，要先准备好已知质量的坩埚。

将洗净的坩埚倾斜放在泥三角上(见图 2-35(a))，斜放好盖子，用煤气灯的小火(氧化焰)小心加热坩埚盖(见图 2-35(b))，使热空气流反射到坩埚内部将其烘干。稍冷，用硫酸亚铁铵溶液(或硝酸钴等溶液)在坩埚和盖上编号，然后在坩埚底部灼烧(见图 2-35(c))至恒重。灼烧温度和时间应与灼烧沉淀时相同(沉淀灼烧所需的温度和时间随沉淀而异)。在灼烧过程中，要用热坩埚钳慢慢转动坩埚数次，使其灼烧均匀。

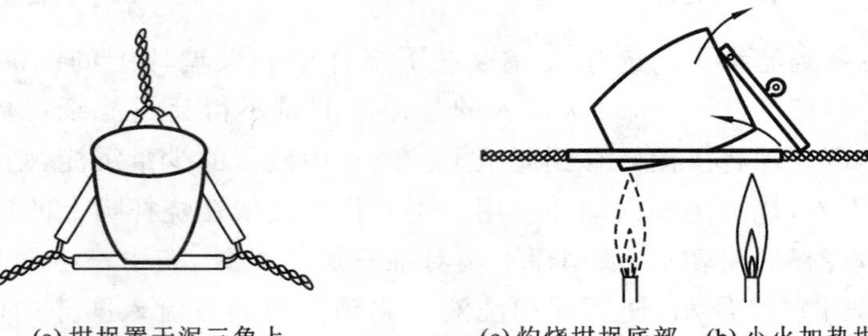

图 2-35　坩埚(沉淀)的烘干和灼烧

空坩埚第一次灼烧 30 min 后，停止加热，稍冷却(红热退去，再冷却 1 min 左右)，用热坩埚钳夹取放入干燥器内冷却 45～50 min，然后称量(称量前 10 min 应将干燥器拿到天平室)。第二次灼烧 15 min，冷却，称量(每次冷却时间要相同)，直至两次称量相差不超过 0.2 mg，即为恒重。将恒重后的坩埚放在干燥器中备用。

2. 沉淀的包裹

晶形沉淀一般体积较小，可按图 2-36 所示，用清洁的玻璃棒将滤纸的三层部分挑起，用洗净的手将带沉淀的滤纸取出，打开成半圆形，自右边半径的 1/3 处向左折叠，再从上边向下折，然后自右向左卷成小卷，最后将滤纸放入已恒重的坩埚中，包卷层数较多的一面应朝上，以便于炭化和灰化。

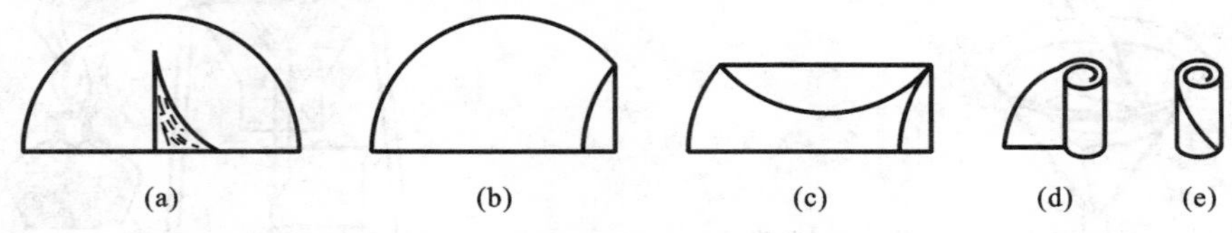

图 2-36　沉淀包裹方法

对于胶状沉淀，由于体积一般较大，不宜用上述包裹方法，而应用玻璃棒将滤纸边挑起（三层边先挑），向中间折叠（单层边先折叠）将沉淀全部盖住，再用玻璃棒将滤纸转移到已恒重的瓷坩埚中（锥体的尖头朝上）。

3. 烘干、灼烧及恒重

将装有沉淀的坩埚放好，小心地用小火把滤纸和沉淀烘干直至滤纸全部炭化。炭化时，如果着火，就可用坩埚盖盖住，并停止加热使火焰熄灭（切不可吹灭，以免沉淀飞扬而损失）。炭化后，将煤气灯移至坩埚底部，逐渐升高温度，使滤纸灰化（将碳素氧化成二氧化碳而沉淀留下的过程）。滤纸全部灰化后，沉淀在与灼烧空坩埚相同的条件下进行灼烧、冷却，直至恒重。

使用马弗炉煅烧沉淀时，可用上述方法灰化，然后，再将坩埚放入马弗炉烧至恒重。

（四）用玻璃砂坩埚减压过滤、烘干与恒重

只要经过烘干即可称量的沉淀通常用玻璃砂坩埚过滤。使用坩埚前先用稀盐酸、稀硝酸或氨水等溶剂泡洗（不能用去污粉，以免堵塞孔隙），然后通过橡皮垫圈与吸滤瓶接上抽气泵，先后用自来水和蒸馏水抽洗。洗净的坩埚在烘干沉淀的条件下（沉淀烘干的温度和时间根据沉淀的种类而定）烘干，然后放在干燥器中冷却（约需 0.5 h），称量。重复烘干、冷却、称量，直至两次称量质量的差不大于 0.2 mg。

用玻璃砂坩埚过滤沉淀时，把经过恒重的坩埚装在吸滤瓶上，先用倾析法过滤。经初步洗涤后，把沉淀全都转移到坩埚中，再将烧杯和沉淀用洗涤液洗净后，把装有沉淀的坩埚放好，置于烘箱中，在与空坩埚相同的条件下烘干、冷却、称量，直至恒重。

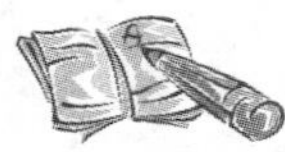

任务 8　干燥器的使用

干燥器是存放干燥物品、防止吸湿的玻璃仪器。干燥器带有磨口盖子，磨口涂有凡士林，使其有更好的密封性，以防止水汽进入。干燥器的下部盛有干燥剂（常用变色硅胶或无水氯化钙），上搁一个带孔的圆形瓷板，以便放置坩埚和称量瓶等，如图 2-37 所示。

准备干燥器时，要用洁净、干燥的抹布将内壁和瓷板擦干净，一般不用水洗，以防不能迅速干燥。按图 2-38 所示的方法装入干燥剂，但不要太满，以免沾污坩埚。

开启（或关闭）干燥器时，应用左手朝里（或朝外）按住干燥器下部，用右手握住盖上的圆顶朝外（或朝里）平推器盖，如图 2-39 所示。盖取下后，应将其放置在安全处。放入待

图 2-37　干燥器

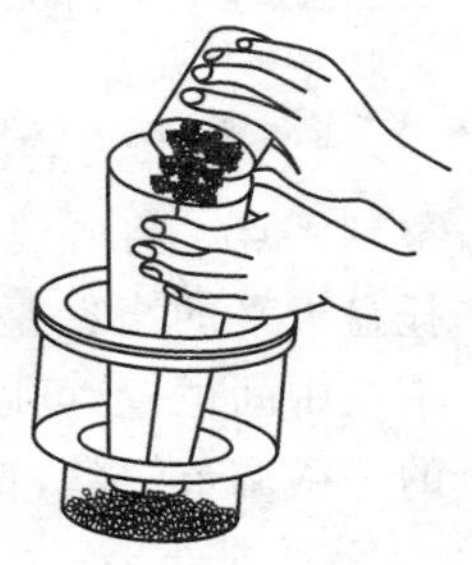

图 2-38　装干燥剂

图 2-39　启盖方法

干燥物时,应及时加盖。当放入热坩埚时,为防止产生负压而打不开盖子,应将盖前后推动稍稍打开 2～3 次。在搬动干燥器时,双手捧着下部,而双手拇指应同时按住盖子,以防盖子滑落摔碎。

使用干燥器时应注意下列事项:

(1) 干燥器应注意保持清洁,不得存放潮湿的物品。

(2) 干燥器只在存放或取出物品时打开,取出或放入物品后,应立即盖上。

(3) 放在底部的干燥剂,不能高于底部高度的 1/2 处,以防沾污存放的物品。干燥剂失效后,要及时更换。

项目 2　无机及分析化学实训常用仪器的介绍及操作

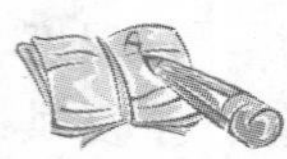

任务 1　天平

在进行化学实训时,天平是不可缺少的重要的称量仪器。由于对质量准确度的要求不同,需要使用不同类型的天平进行称量。常用的天平种类很多,如托盘天平、电光分析天平、单盘天平等。它们都是根据杠杆原理设计而制成的。20 世纪 90 年代开始使用的电子天平,则是根据电磁力平衡理论设计而制成的。它能精确地用电磁力平衡样品的重力,从而测得样品精确的质量(一般可精确到 0.1 mg)。

(一) 托盘天平

托盘天平(又称台秤或台天平)常用于一般称量。它能迅速地称量物体的质量,但精确度不高。最大称重范围为 200 g 的托盘天平的精密度为±0.2 g,最大称重范围为500 g 的托盘天平能称准至 0.5 g。

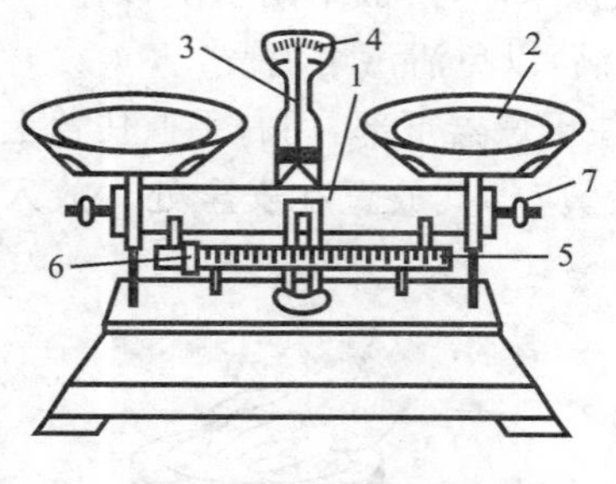

图 2-40　托盘天平

1—横梁;2—托盘;3—指针;4—刻度盘;5—游码标尺;6—游码;7—平衡调节螺丝

(1) 托盘天平的构造　如图 2-40 所示,托盘天平的横梁架在托盘天平座上。横梁的左右有两个托盘。横左右梁的中部有指针与刻度盘相对,根据指针在刻度盘左右摆动情况,就可以看出托盘天平是否处于平衡状态。

(2) 称量　在称量物体之前,要先将托盘天平调整到零点。将游码移动至游码标尺的"0"位处,检查托盘天平的指针是否停在刻度盘的中间位置。如果不在中间位置,可以通过调节托盘天平右边托盘下侧的平衡调节螺丝,直到平衡为止。当指针在刻度盘的中间左右摆动的幅度大致相等时,托盘天平即处于平衡状态,此时指针即能停在刻度盘的中间位置,将此中间位置称为托盘天平的零点。

在称量时，先将称量物放在左盘，再将砝码放在右盘。砝码要用镊子镊取，而不能用手直接拿取；若称量物的质量在 5 g 以下时，可移动游码标尺上的游码。当添加砝码到托盘天平的指针停在刻度盘的中间位置时，托盘天平就处于平衡状态。此时指针所停的位置称为停点。零点与停点相符时(零点与停点之间允许偏差 1 小格以内)，砝码的质量加游码标尺上的读数就等于称量物的质量。

(3) 注意事项　称量时应注意以下几点：

① 不能直接称量热的物品。

② 化学药品不能直接放在托盘上，应根据具体情况，先将称量物放在已称量的洁净表面皿、烧杯或光洁的称量纸上，然后放在托盘上。

③ 称量完毕，应将砝码放回砝码盒中，再将游码拨到左侧"0"位处，并将托盘放在一侧，或者用橡皮圈架起，以免托盘天平指针左右摆动。

④ 要保持托盘天平清洁、干燥。

(二) 分析天平

分析天平是利用杠杆原理制成的一种衡量用的精密仪器，即用已知质量的砝码来衡量被称物体的质量。常用的分析天平有双盘(等臂)天平(半机械加码分析天平和全机械加码分析天平)、单盘(不等臂、等臂)天平等。

1. 双盘天平

对等臂天平而言，当杠杆处于水平平衡状态时，支点两边的力矩也相等。即当等臂天平处于平衡状态时，被称物体的质量等于砝码的质量，这就是等臂天平的称量原理(见图 2-41)，原理公式如下。

$$Q \cdot L_1 = P \cdot L_2$$

因为 $L_1 = L_2$，　$Q = m_q \cdot g$，　$P = m_p \cdot g$

所以

$$m_q = m_p$$

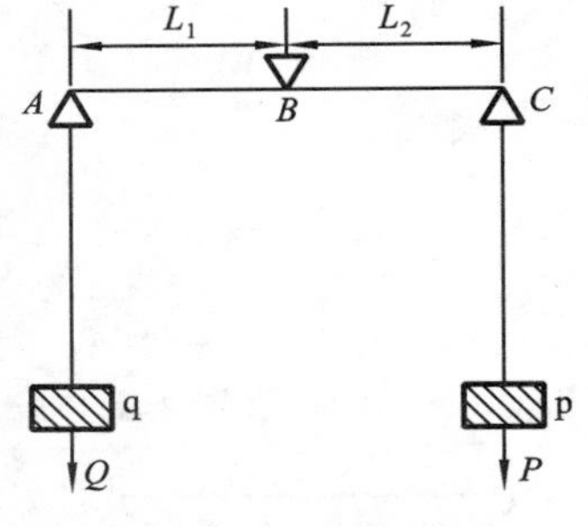

图 2-41　等臂天平原理

各种型号和规格的双盘等臂天平，其构造和使用方法大同小异，现以 TG-328B 型半机械加码电光天平和 TG-328A 型全机械加码电光天平为例，来介绍双盘等臂天平的构造和使用方法。

1) 半机械加码分析天平

TG-328B 型半机械加码电光天平的外形和结构如图 2-42 所示。

(1) 天平横梁　天平横梁通常称横梁(见图 2-43)，是天平的主要构件，一般由铝合金制成。三个玛瑙刀(图 2-43 中 A、B、C 分别表示三个玛瑙刀)等距安装在梁上；三个刀口位于同一水平面上；在梁的两边各有一个平衡螺丝，用来调整横梁的平衡位置(即粗调零点)；梁的中间安装有垂直的指针，用以指示平衡位置。支点刀的后上方装有重心螺丝，通过调节重心的高低来调整天平的灵敏度。

(2) 立柱和折叶　天平正中是立柱，是由金属制作的中空圆柱，安装在天平底板上。立柱的上方嵌有一块玛瑙平板，与支点刀口相接触。柱的上部装有能升降的折叶，关闭天平时它托住天平横梁，使刀口脱离接触，以减少磨损，保持天平的灵敏度。立柱的中部装

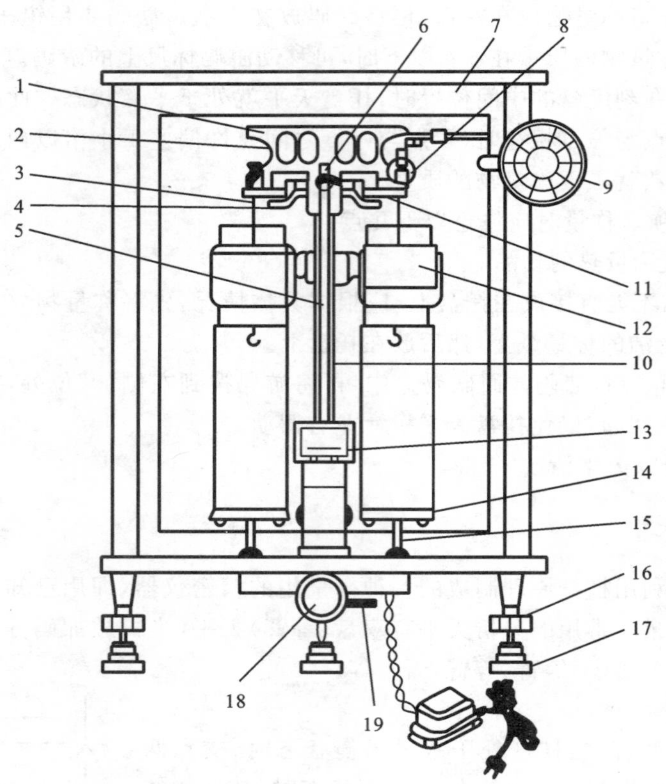

图 2-42 TG-328B 型半机械加码电光天平

1—横梁;2—平衡铊;3—吊耳;4—翼子板;5—指针;6—支点刀;7—框罩;8—圈码;9—指数盘;10—立柱;11—折叶;12—阻尼器内筒;13—投影屏;14—秤盘;15—盘托;16—螺旋脚;17—脚垫;18—升降旋钮;19—投影屏调节杆

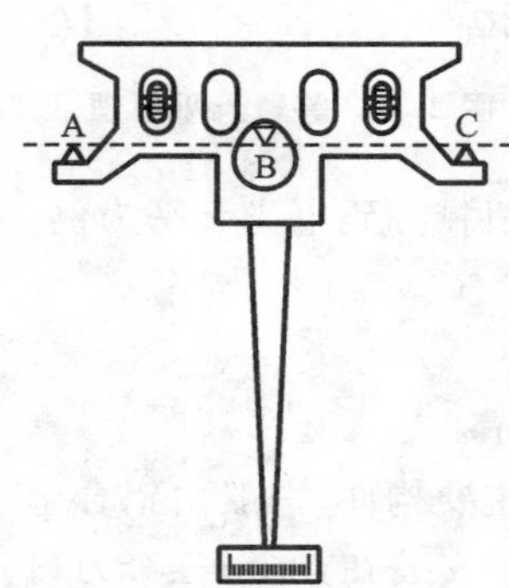

图 2-43 等臂天平横梁

有空气阻尼器的外筒。天平立柱的后上方装有气泡水平仪,用来指示天平的水平位置(气泡处于圆圈中央时,天平处于水平位置)。

(3) 悬挂系统 ①吊耳:在横梁两端的承重刀上各悬挂一个吊耳,吊耳的平板下面嵌有光面玛瑙平板,与支点刀口相接触,使吊钩及秤盘、阻尼器内筒能自由摆动。②空气阻尼器:由两个特制的铝合金圆筒构成,阻尼器外筒固定在立柱上,阻尼器内筒挂在吊耳上;两筒间隙均匀,没有摩擦,开启天平后,内筒能自由上下运动,由于筒内空气阻力的作用,天平横梁很快停摆而达到平衡。③秤盘:两个秤盘分别挂在吊耳上,左盘(称量盘)放被称物,右盘(砝码盘)放砝码。

吊耳、阻尼器内筒和秤盘上一般刻有"1""2"的数字标记,安装时要分左右配套使用。

(4) 读数系统 指针下端装有缩分标尺,光源通过光学系统将缩分标尺上的分度线放大,再反射到投影屏上。从屏上(光幕)可看到标尺的投影,中间为零,左侧为负,右侧为正。投影屏的中央有一条垂直标线，标尺投影与该线重合处即为天平的平衡位置。天平箱下方的投影屏调节杆可将光屏在小范围内左右移动，用于细调天平零点。

(5) 天平升降旋钮　天平升降旋钮位于天平底板正中，它连接折叶、盘托和光源开关。开启天平时，顺时针旋转升降旋钮，折叶即下降，横梁上的三个刀口与相应的玛瑙平板接触，吊耳及秤盘可以自由摆动，同时也接通了光源，屏幕上显示出标尺的投影，天平已进入工作状态。停止称量时，关闭升降旋钮，则横梁、吊耳及秤盘被托住，刀口与玛瑙平板离开，光源切断，屏幕无显示，天平进入停止状态。为了保护天平的玛瑙刀口与使用方便，在秤盘的下方的底板上装有盘托。

(6) 天平箱　为了保护天平，天平箱装有三个可以移动的门。前门可上下移动，只有在安装、调试天平时，才打开，平时不打开；两边的侧门供取放砝码和称量物之用。天平箱下装有三只脚，前面的两只脚带有旋钮，可使底板升降，用以调节天平的水平位置，三只脚都放在脚垫中。

(7) 机械加码器　转动圈码指数盘，可使天平横梁右端吊耳上加 10～990 mg 圈码(圈形砝码)。指数盘上刻有圈码的质量值，内层为 10～90 mg 组，外层为 100～900 mg 组。

(8) 砝码　每台天平都附有一盒配套使用的砝码，为了便于称量，砝码的大小有一定的规律。盒内装有 1 g、2 g、2 g、5 g、10 g、20 g、20 g、50 g、100 g 的三等砝码共 9 个。标称值相同的砝码，其实际质量可能有微小的差异，所以分别用单点号“·”或单星号“*”、双点号“··”或双星号“**”做标记以示区别。

2) 全机械加码分析天平

TG-328A 型全机械加码电光天平是一种全机械加码分析天平，如图 2-44 所示。这种分析天平(如 TG-328A 型)的结构与半机械加码分析天平基本相似，不同之处在于所有的砝码都是用机械加码装置(一般设置在天平左侧)添加的。全部砝码分三组(从上至下依次为 10～990 mg，1～9 g，10 g 以上)，装在三个机械加砝码转盘的挂钩上，10 mg 以下也是从光幕标尺直接读数。目前，工厂实训室多用这种天平。这种天平使用简便，称量速度快，但学生操作时易发生加码器故障。

3) 双盘等臂天平的使用方法

分析天平是精密仪器，使用前要预先熟悉使用方法，使用时要仔细、认真，否则容易出错，进而造成称量不准确或损坏天平部件。

(1) 检查　拿下防尘罩，叠好后放在天平箱上方。检查天平是否正常，如：天平是否水平(可通过前面两只螺旋脚进行调节，直到气泡水平仪的气泡处于圆圈中央为止)；秤盘是否洁净；圈码指数盘是否在“000”位置；圈码有无脱位；吊耳是否错位等。

(2) 调节零点　分析天平的零点是指天平空载时，微分标尺上的“0”刻度与投影屏上的标线相重合的平衡位置。接通电源，打开升降旋钮，此时在光屏上可以看到标尺的投影在移动，当标尺稳定后，如果屏幕中央的刻线与标尺上的“0.00”位置不重合，可拨动投影屏调节杆，移动屏的位置，直到零点。若屏的位置已移到尽头仍调不到零点，则需关闭天平开关，调节横梁上的平衡螺丝(这一操作由教师进行)后，再开启天平，继续拨动投影屏调节杆，直至调定零点。然后关闭天平开关，准备称量。

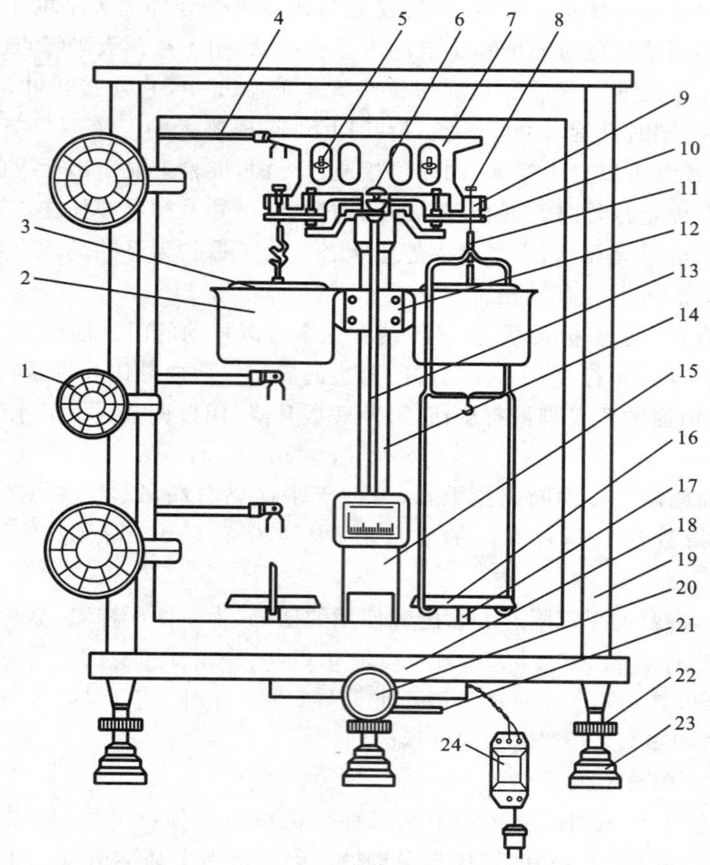

图 2-44 TG-328A **型全机械加码电光天平**

1—指数盘;2—阻尼器外筒;3—阻尼器内筒;4—加码杆;5—平衡螺丝;6—中刀;
7—横梁;8—吊耳;9—边刀盒;10—托翼;11—挂钩;12—阻尼架;13—指针;
14—立柱;15—投影屏座;16—秤盘;17—盘托;18—底座;19—框罩;
20—开关旋钮;21—投影屏调节杆;22—螺旋脚;23—脚垫;24—变压器

(3) 称量 将称量物先在托盘天平上进行粗称,然后放到分析天平左盘中心。根据粗称的数据在分析天平右盘上加砝码至克位。微微旋动开关,观察标尺移动方向或指针倾斜方向(标尺的投影向哪边移动,即表示哪边重)以判断所加砝码是否合适及如何调整。待砝码调好后,再转动指数盘,来依次调整百毫克组和十毫克组圈码,每次均从中间量(500 mg 或 50 mg)开始调节,以保证尽快达到平衡。调节圈码至 10 mg 位后,再完全开启天平,准备读数。

加减砝码应遵循"由大到小,折半加入,逐级尝试"的原则。砝码未完全调定时不可完全开启天平,以免横梁过度倾斜,造成错位或吊耳脱落。

(4) 读数 砝码调定,关闭天平门,待标尺停稳后即可读数,称量物的质量等于砝码总量加标尺读数(均以克计)。读数应记录在实训记录本上,以免遗失。

(5) 复原 称量、记录完毕,随即关闭天平开关,打开两边的侧门,取出称量物,将砝码夹回盒内，圈码指数盘退回到“0”位，关闭两侧门，盖上防尘罩。

还需指出的是：双盘半机械加码分析天平的缩微标尺的灵敏度是每增加 10 mg 砝码，天平指针应偏转 98～102 小格，准确地说是偏转 100 小格，因此其分度值为

$$s=\frac{10\ \text{mg}}{100\ \text{格}}=0.1\ \text{mg/格}$$

分度值为 0.1 mg/格的天平，称为万分之一分析天平，TG-328B 型半机械加码电光天平即属此类。

分析化学实训中用的天平，其最大荷载多为 200 g，分度值为 0.1 mg/格，故分度数 $n=200/0.0001=2\times10^6$，故此类天平级别为 3 级。

2. 单盘天平

1）称量原理

单盘天平分为等臂和不等臂两种类型。单盘天平只有一个秤盘，天平承载的全部砝码都悬挂在秤盘的上部，而横梁的另一端装有配重锤和阻尼器与秤盘平衡，并隐藏在顶罩内后部。为减小天平的外观尺寸，承重臂设计的长度一般短于配重力臂，故市售的单盘天平多为不等臂的。图 2-45 所示的是 DT-100 型不等臂横梁、全机械加码、单盘减码式电光天平主体部件示意图。

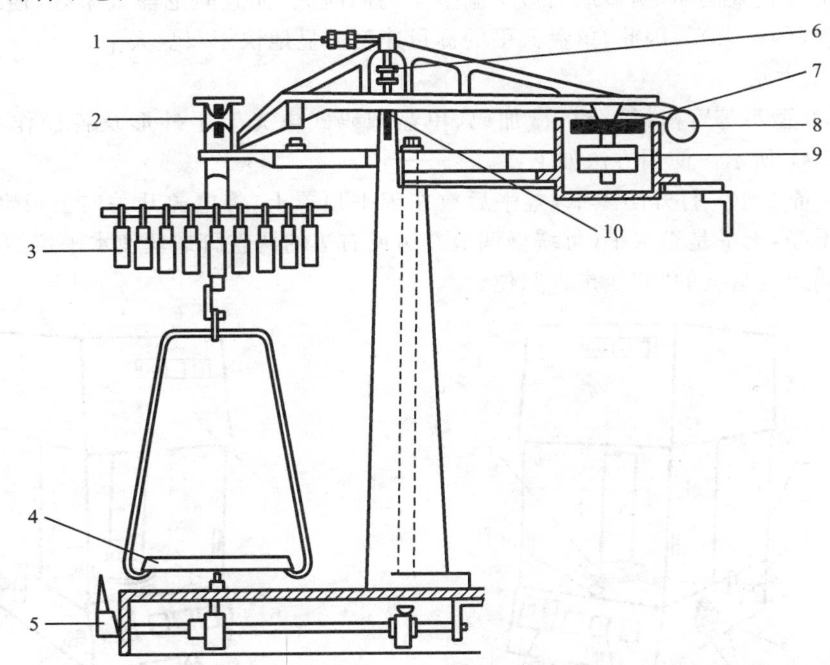

图 2-45 DT-100 型不等臂横梁、全机械加码、单盘减码式电光天平主体部件示意图

1—调平衡螺丝；2—补偿挂钩；3—砝码；4—秤盘；5—停动手钮；

6—调重心螺丝；7—空气阻尼片；8—微分标尺；9—配重锤；10—支点刀及刀承

这种不等臂单盘天平只有两个刀口：一个是支点刀；另一个是承重刀，用来承载悬挂系统，内含的砝码及秤盘都在同一悬挂系统中。横梁的另一端挂有配重锤和微分标尺。

天平空载时，砝码都在悬挂系统中的砝码架上；开启天平后，合适的配重锤使天平横

梁处于平衡状态。称量时,将称量物放在盘中,悬挂系统由于增加了质量而下沉,横梁失去了原有的平衡,此时必须减去一定质量的砝码,使天平达到新的平衡。即用称量物替代了悬挂系统中的内含砝码,所减去的砝码的质量即为称量物的质量,这就是不等臂单盘天平的称量原理。这种天平的称量方法相当于"替代称量法"。

2) 性能特点

上述单盘天平的精度等级为 4 级,最大荷载为 100 g,最小分度值为 0.1 mg,机械减码范围为 0.1~99 g,标尺显示范围为 -15~+110 mg。毫克组砝码的组合误差不大于 0.2 mg,克组及全量砝码的组合误差不大于 0.5 mg。

单盘天平的性能优于双盘天平。单盘天平主要有以下特点:

(1) 灵敏度(或感量)恒定　由于称量物与砝码都在同一盘上称量,不受臂长不等的影响,在称量过程中其横梁的载荷是基本恒定的,因此单盘天平的灵敏度也是基本不变的。

(2) 没有不等臂性误差　双盘天平的两臂长度不一定完全相等,因此往往存在一定的不等臂性误差。而单盘天平的砝码与称量物处在同一个悬挂系统中,承重刀与支点刀的距离是一定的,因此不存在不等臂性误差。所以单盘天平是一种比较精密的天平。

(3) 称量速度快　单盘天平因设有半开机构,可以在半开状态下调整砝码。横梁在半开状态下可轻微摆动,明显地缩短了调整砝码的时间,而且阻尼器效果好,使缩微标尺平衡速度快(约 15 s)。因此,单盘天平的称量速度明显地快于双盘天平。

3) 使用方法

DT-100 型不等臂横梁、全机械加码、单盘减码式电光天平外形及各操作部件如图 2-46和图 2-47 所示。使用方法如下:

(1) 准备工作　打开防尘罩,叠平后放在天平顶罩上;将电源开关向上扳动;检查天平盘是否干净,天平是否水平(可缓慢调节左边或右边的调整脚螺丝使水平仪的水泡位于中心),微调刻度盘上的"0"线是否归位。

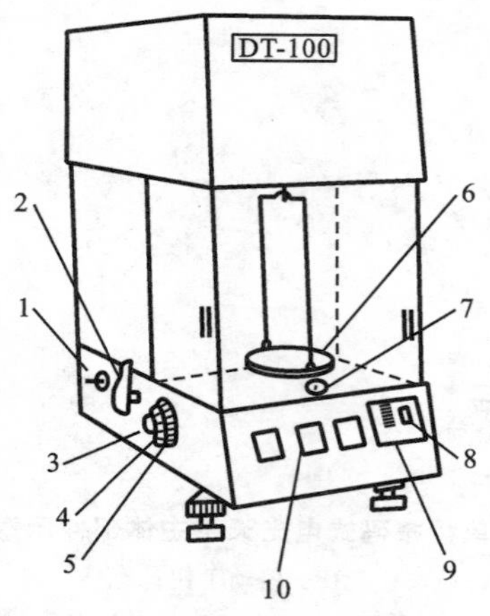

图 2-46　DT-100 型天平左侧外形

1—电源开关;2—停动手钮;3—0.1~0.9 g 减码手轮;4—1~9 g 减码手轮;5—10~90 g 减码手轮;6—秤盘;7—圆水平仪;8—微读数字窗口;9—投影屏;10—减码数字窗口

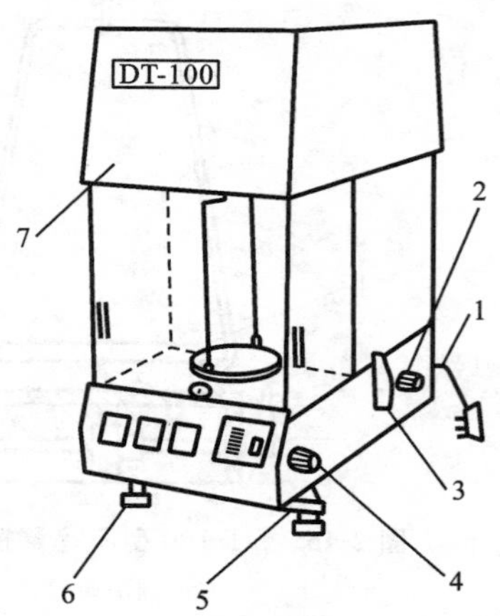

图 2-47　DT-100 型天平右侧外形

1—外接电源线;2—调零手钮;3—停动手钮;4—微读手钮;5—调整脚螺丝;6—减震脚垫;7—顶罩

(2) 校正天平零点　停动手钮是天平的总开关,它控制托梁架和光源的微动开关。停动手钮位于垂直状态时,天平处于关闭状态。将停动手钮缓缓向前转动 90°(即其尖端指向操作者),天平即处于开启状态,旋动调零手钮,使标尺上的"00"线位与投影屏右边的标线重叠,即可完成调定零点,关闭天平。

(3) 称量　先推开天平侧门,将称量物放于秤盘中心,再关上侧门;然后将停动手钮向后转动,转动约 30°(有一停点,勿再用力),此时天平处于"半开"状态,横梁可摆动 15 个分度左右,半开状态仅可调整砝码;调整砝码时遵循"由大到小"的原则,先调整 10～90 g 砝码组,再依次调整 1～9 g 组和 0.1～0.9 g 组砝码;将停动手钮缓缓向前转动至水平状态(天平由半开状态经关闭至全开),待标尺停稳后,即可读数。读数记录之后,随即关闭天平。

(4) 复原　取出称量物,关上侧门,将各数字窗口均恢复为"0"位;关闭电源,盖上防尘罩。

(三) 电子天平

1. 称量原理

电子天平是从 20 世纪 90 年代发展起来的最新一代的天平,目前应用的电子天平主要是顶部承载式(吊挂单盘式)和底部承重式(上皿式)两种。尽管不同类型的电子天平的控制方式和电路不同,但电子天平大都依据电磁力补偿工作原理,采用石英管制得。

通电导线在磁场中会产生电磁力,当磁场强度不变时,力的大小与流过线圈的电流成正比。称量物的重力方向向下,如果使电磁力的方向向上,与重力相平衡,就使通过导线的电流与称量物的质量成正比。电子天平(上皿式)结构示意图如图2-48所示。

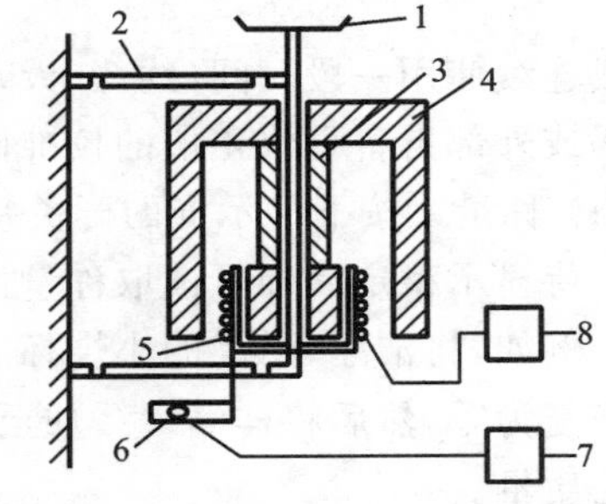

图 2-48　电子天平(上皿式)结构示意图

1—秤盘;2—簧片;3—磁钢;4—磁回路体;
5—线圈及线圈架;6—位移传感器;
7—放大器;8—电流控制电路

秤盘通过支架连杆与线圈相连,将线圈置于磁场中。秤盘及称量物的重力通过支架连杆作用于线圈上,方向向下。电流通过线圈产生一个向上作用的电磁力,与秤盘重力方向相反、大小相等。位移传感器处于预定的中心位置,在进行称量时,秤盘上的物体质量发生改变,位移传感器就能检测出位移信号,然后经调节器和放大器改变线圈的电流直至线圈回到中心位置为止,通过数字直接显示出称量物的质量。

2. 性能特点

(1) 电子天平使用寿命长、性能稳定、灵敏度高、操作方便。

(2) 电子天平显示读数快,精度高。它是高智能化的仪器,可在全量程范围内实现去皮、累加、超载显示、故障报警等。

(3) 分析及半微量电子天平一般具有内部校准功能。天平内部装有标准砝码,使用校准功能时,标准砝码被启用,可以获得正确的称量数据。

(4) 电子天平具有电信号输出接口,可以直接与打印机、计算机等设备连接,实现称量、记录和计算的自动化。

3. 安装和使用方法

电子天平的工作原理是利用电磁力平衡,因此应使天平远离带有磁性或能产生磁场的物体和设备。

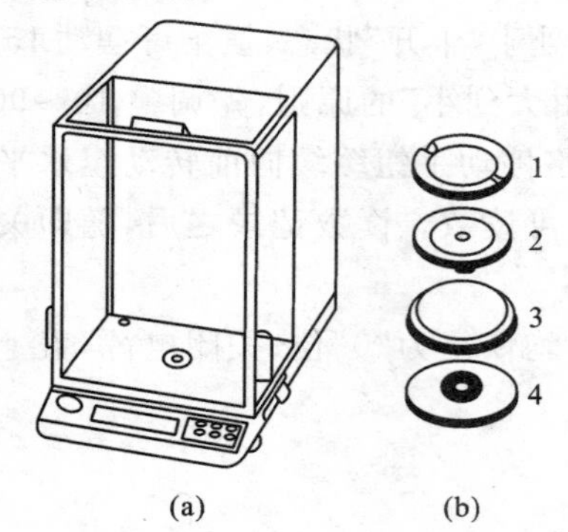

图 2-49 ES-J 系列电子天平外形及相关部件

1—秤盘;2—盘托;3—防风环;4—防尘隔板

电子天平的安装较简单,一般按说明书的要求进行安装即可。图 2-49 所示为 ES-J 系列电子天平的外形及相关部件。清洁天平各部件后,将天平放在实训工作台上,先调节水平,再依次将防尘隔板、防风环、盘托、秤盘装上,最后连接电源线即可使用。

电子天平的使用方法如下。

(1) 调平　天平使用前要检查是否水平,水平调定后,不能再移动电子天平。

(2) 预热　称量前,先接通电源使天平预热 30 min。

(3) 校准　首次使用天平必须先校准;天平移动后或连续使用一段时间(约 30 天)后,应对天平重新校准。校准时,按说明书用内装标准砝码或外部自备有修正值的校准砝码进行。

(4) 称量　按下显示屏的开关键,显示稳定的零点后,将称量物放到秤盘上,关上防风门。待显示稳定后即可读取称量值。通过相应的按键可以实现去皮、增重、减重等称量功能。例如,将洁净、干燥的小烧杯放在秤盘中央时,待显示数字稳定后再按“去皮”键,显示即恢复为零,然后将样品缓缓加至显示出所需样品的质量时,停止加样,直接记录称取样品的质量。

注意,短时间(如 2 h)内暂不使用天平,可不关闭天平电源开关,以免再使用时重新通电预热。

(四) 天平的称量方法

根据称量对象的不同,可采用相应的称量方法。对机械天平而言,常用的称量方法大致有以下三种。

1. 直接法

天平零点调定后,将称量物直接放在秤盘上,按从大到小的顺序依次加减砝码和圈码,使天平达到平衡,所得读数即为称量物的质量。这种称量方法适用于称量洁净、干燥的器皿或在空气中性质稳定的物质。

注意:不得用手直接取放称量物,可采用垫纸条、镊子或钳子取放等方法。

2. 减量法(差减法)

有些试样在空气中不稳定(如吸水返潮),同时对称出样品的质量不要求固定值,只要在称量范围内即可,这时可用差减法称取。这种称量方法适用于一般的颗粒状、粉末状试剂或试样及液体试样。

取适量待称样品，置于一干燥、洁净的容器（称量瓶、纸簸箕、小滴瓶等）中，在天平上准确称量后，质量为 m_1；取出欲称取量的样品置于实训器皿中，再次准确称量，质量为 m_2；两次称量读数之差 m_1-m_2，即为所称得样品的质量。如此重复操作，可连续称取若干份样品。

称量瓶的使用方法：称量瓶（见图 2-50）是减量法称量粉末状、颗粒状样品最常用的容器。用纸条套住瓶身中部，用手指捏紧纸条进行操作，这样可避免手汗和体温对称量的影响。先将称量瓶及待取试样放在托盘天平上粗称，然后拿到分析天平上准确称量并记录读数。拿出称量瓶，在盛接样品的容器上方打开瓶盖，将称量瓶倾斜，并用瓶盖的下面轻敲称量瓶口的上部，使样品缓缓倾入容器（见图 2-51）。当倒出的样品接近所需质量时，边敲瓶口边将瓶身扶正，盖好瓶盖后方可离开容器的上方，再进行准确称量。该法可连续称取多份试样。

$$第一份试样质量=m_1-m_2$$
$$第二份试样质量=m_2-m_3$$
$$第三份试样质量=m_3-m_4$$

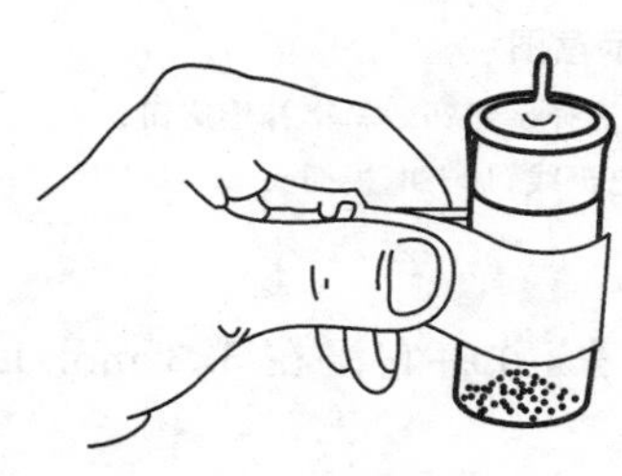

图 2-50　称量瓶

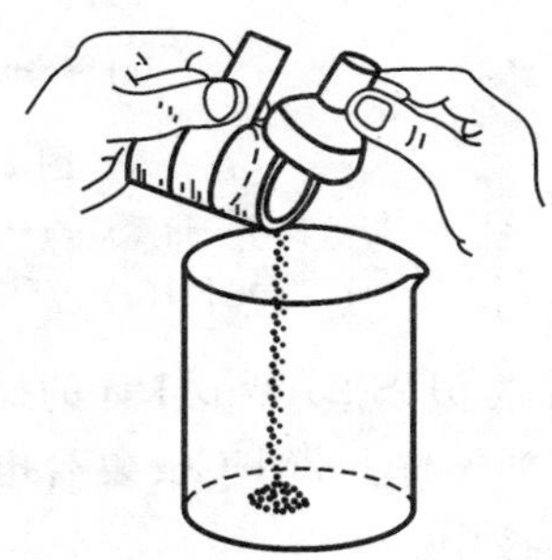

图 2-51　倾出试样的操作

3. 固定质量称量法（增量法）

直接用基准物质配制标准溶液时，有时需要配成一定浓度值的溶液，这就要求所称基准物质的质量必须是一定的。例如，配制 100 mL 浓度为 0.010 00 mol/L 的 $K_2Cr_2O_7$ 标准溶液，必须准确称取 0.294 2 g $K_2Cr_2O_7$ 基准试剂。称量方法是：准确称量一个洁净、干燥的小烧杯（50 mL 或 100 mL），读数后再适当调整砝码，在天平半开状态下，小心缓慢地向烧杯中加入 $K_2Cr_2O_7$ 试剂，直至天平读数正好增加 0.294 2 g 为止。这种称量操作的速度很慢，适用于不易吸潮的粉末状或小颗粒（最大颗粒应小于 0.1 mg，否则不能准确称量）样品。

任务 2　酸度计（pH 计）

酸度计既可以用来进行电位、酸碱度、离子浓度等测定，也可用于酸碱、氧化还原、沉淀和配位滴定。常用的酸度计有雷磁 pHS-25 型 pH 计、pHS-2 型 pH 计、pHS-3 型精密数显酸度计、821 型袖珍数字式 pH 离子计等。下面简单介绍两种。

1. 雷磁 pHS-25 型 pH 计

雷磁 pHS-25 型 pH 计是一种通过测量浸在水溶液中一对电极之间的电势差并换算成该溶液 pH 的仪器,如图 2-52(a)所示。该 pH 计的测量范围为 0～14,测量精度是0.1。它使用 E-201-C-g 复合电极进行测量,如图 2-52(b)所示,即将测量电极和参比电极组合成一支电极。用复合电极进行测量比分立电极更方便、响应更快,所以雷磁 pHS-25 型 pH 计均用复合电极测 pH。

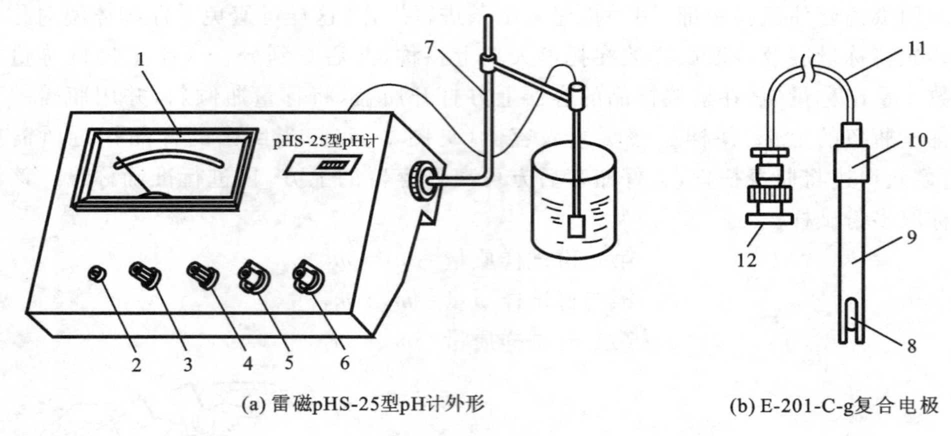

(a) 雷磁pHS-25型pH计外形　　(b) E-201-C-g复合电极

图 2-52　雷磁 pHS-25 型 pH 计示意图

1—指示表;2—指示灯;3—温度补偿旋钮;4—定位旋钮;5—选择旋钮;6—斜率补偿旋钮;
7—电极杆;8—球泡;9—玻璃管;10—电极帽;11—电极线;12—电极插头

雷磁 pHS-25 型 pH 计的操作步骤如下:

(1) 先将 E-201-C-g 复合电极端部的塑料保护套拔去,并将它浸在 3.3 mol/L 的氯化钾溶液中。

(2) 接通电源前,检查电流表指针是否指在“7.0”处,如不指在“7.0”处,可通过调节电流表上的机械零点使指针指向“7.0”。

(3) 接通电源,打开电源开关(指示灯亮),预热 10 min。

(4) 先将短路插口接在电极插口上,再调节仪器零点,即 pH＝7.0。

(5) 拆下短路插口后,将 E-201-C-g 电极插头接在电极插口上。

(6) 对仪器进行定位。

① 将温度补偿旋钮调到被测溶液的温度值。

② 将选择开关置于“pH”挡。

③ 选择预先配制好的标准缓冲溶液作为校正溶液,选择的原则是:被测溶液的 pH 尽量接近所选择缓冲溶液的标准 pH(例如现成标准缓冲溶液有 pH4.00、6.86、9.18 等),以免造成较大的测量误差。

④ 用蒸馏水冲洗复合电极,再用滤纸条吸干,把电极插入相应的标准缓冲溶液中。

⑤ 将斜率补偿旋钮置于与缓冲溶液相应的 pH 范围(“0～7”挡或“7～14”挡)。

⑥ 调节定位旋钮,使指针的读数与该温度下标准缓冲溶液的 pH 相同。

⑦ 拔去电极插头,再接上短路插口,指针应回到 pH7.0 处,如有变动,再重复(4)、

(5)、(6)的操作，直到完全达到要求为止。

至此，仪器已定位好，在下面测量中，斜率补偿旋钮和定位旋钮不得再转动，否则，会影响测量结果。

(7) 测量。取出复合电极，用蒸馏水冲洗干净，并用滤纸条吸干，再将电极插头插入仪器电极插口上，并把电极浸入待测溶液中，指针所指的数值就是该溶液的实际 pH。

当待测溶液的温度和定位的温度不同时，可将温度补偿旋钮旋到该溶液的温度值，然后就可测量了。

测量完毕，先拆下复合电极，插上短路插口，再移走电极并用水进行冲洗，然后将电极浸在 3.3 mol/L 氯化钾溶液中备用。若较长时间不用，应将电极的塑料保护套内装上适量 3.3 mol/L 氯化钾溶液，再将电极插入保护套内保存。

2. 精密数显酸度计

精密数显酸度计由转换放大器和测定电极组成。利用电极对被测溶液中不同的酸度产生不同的直流电势，通过电路 A/D 转换器，将被测直流电势转换成数字直接显示出 pH。因此，此类仪器要比雷磁 pHS-25 型及 pHS-2 型 pH 计使用更简便、更快捷，如雷磁 pHS-3 型。雷磁 pHS-3 型精密数显酸度计的正、背面示意图如图 2-53 所示。仪器测量 pH 的范围是 0～14，测量精度为 0.01。

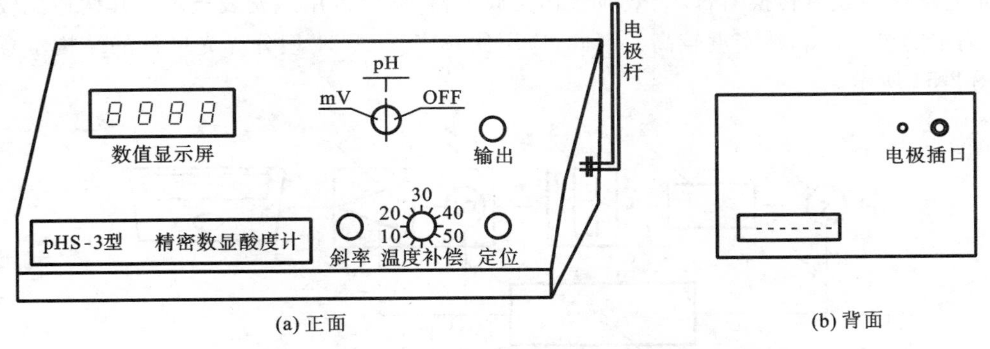

图 2-53 雷磁 pHS-3 型精密数显酸度计

操作步骤如下：

(1) 先测定待测溶液温度，再将仪器上的温度补偿旋钮调至待测溶液温度上，斜率定在最右端(即调到最大)。

(2) 将电极固定在电极夹上，并将电极插头插入电极插口中，要求接触牢靠。

(3) 插上电源，将仪器上的电源开关由“OFF”拨至“pH”，此时数值显示屏变亮。

(4) 定位。将电极轻轻插入已知 pH 的标准缓冲溶液中，1 min 后，转动定位旋钮，使数值显示屏上的显示值等于该已知标准缓冲溶液的 pH(如 pH=4.003)。

(5) 测量。电极测量完一种溶液取出后，应用蒸馏水冲洗(冲洗时下面放一烧杯)，用滤纸条吸干电极上的水，才能再插入待测溶液中(以免改变待测溶液的浓度)。如果待测溶液的温度与标定时的标准缓冲溶液温度一致，那么此时仪器的显示值即为待测溶液的 pH。重复测定一次。

测定完毕，取出电极并用水进行冲洗，然后将电极浸在 3.3 mol/L 氯化钾溶液中备用。若较长时间不用，则应将电极的塑料保护套内装上适量的 3.3 mol/L 氯化钾溶液，再将电极插入保护套内保存。

任务 3　分光光度计

分光光度计的基本工作原理是物质对光(不同波长的光)的吸收具有选择性，不同的物质都有各自的吸收光带，所以当光色散后的光谱通过某一溶液时，其中某些波长的光线就会被溶液吸收。在一定的波长下，溶液中物质的浓度与光能量减弱的程度有一定的比例关系，即符合朗伯-比尔定律。当入射光、吸收系数和溶液厚度一定时，透光率是根据溶液的浓度而变化的。

(一) 721 型分光光度计

1. 721 型分光光度计的构造

721 型分光光度计是在可见光谱区域内使用的一种单光束型仪器，其工作波长范围为 360～800 nm，以钨丝白炽灯为光源，以棱镜为单色器，采用自准式光路，将 GD-7 型真空光电管作为光电转换器，以场效应管作为放大器，微电流用微安表显示。其构造比较简单，测定的灵敏度和精密度较高。因此，应用比较广泛。721 型分光光度计的结构示意图如图 2-54 所示。

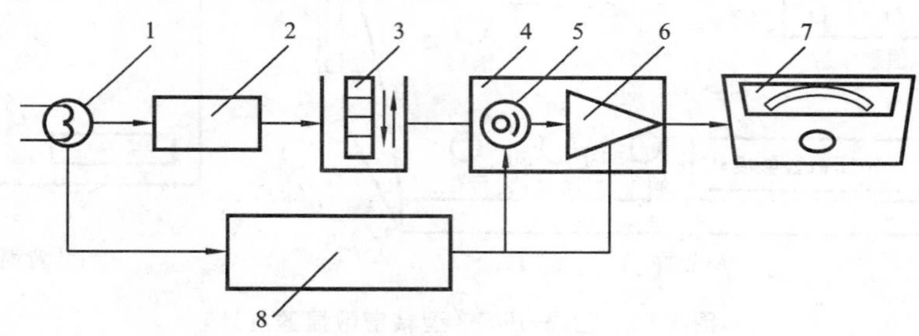

图 2-54　721 型分光光度计结构示意图

1—光源；2—单色器；3—吸收池；4—光电管暗盒；5—光电管；
6—放大器；7—微安表；8—稳压器

从光源发出的连续辐射光线，射到聚光透镜会聚后，再经过平面镜转 90°角，反射至入射狭缝，由此连续辐射光线入射到单色器内。狭缝正好位于球面准直物镜的焦面上，当入射光线经过准直物镜反射后，就以一束平行光射向棱镜。光线进入棱镜后，发生色散。色散后反射回来的光线经过准直镜反射会聚在出光狭缝上，再通过聚光镜后进入吸收池，光线的一部分被吸收，另一部分透过的光进入光电管，产生相应的光电流，经放大后可在微安表上读出。

721 型分光光度计面板功能图如图 2-55 所示。

2. 721 型分光光度计的使用方法

(1) 检查微安表指针是否指向“0”位，若不在“0”位可调节零点校正螺丝，使指针位于

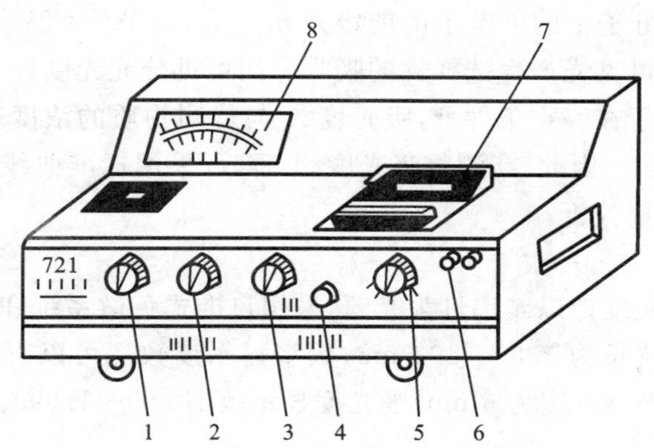

图 2-55　721 型分光光度计面板功能图

1—波长调节旋钮；2—调"0"旋钮；3—光量调节旋钮；4—吸收池座架拉杆；5—灵敏度选择钮；6—电源开关；7—试样室盖；8—微安表

"0"刻线上。

(2) 接通电源，打开电源开关，指示灯亮，再打开试样室盖，预热 20 min。

(3) 转动波长调节旋钮，选择所需的单色光波长，用灵敏度选择钮选择所需的灵敏度挡。旋转调"0"旋钮调零，使微安表指针指向透射比"0"处。

(4) 将吸收池放入吸收池座架，轻轻合上试样室盖，即打开光闸；推进吸收池座架拉杆，使参比吸收池处于空白校正位置；使光电管见光，旋转光量调节旋钮，使微安表指针准确处于"100%"。按上述方法连续几次调整"0"位和"100%"位，直到稳定不变，即可进行测定工作。

(5) 将待测溶液推入光路，即可在微安表上直接读出溶液的吸光度或透射比。

3. 721 型分光光度计使用和维护中的注意事项

(1) 连续使用仪器的时间不应超过 2 h，最好是间歇 0.5 h 后，再继续使用。

(2) 吸收池每次使用完毕后，要用去离子水洗净并倒置晾干，存放在吸收池盒内。在日常使用中应注意保护吸收池的透光面，使之不受损坏或不产生划痕，以免影响透光率。

(3) 仪器不能受潮。在日常使用中，应经常注意单色器上的防潮硅胶(在仪器的底部)是否变色，如硅胶已变红，应立即取出烘干或更换。

(4) 在托运或移动仪器时，应小心轻放。

(二) 722 型光栅分光光度计

722 型光栅分光光度计采用光栅分光，具有良好的光学性能；使用低功耗光源，大大降低了工作温度，减少了温度升高对测量的影响；应用了性能优良的 A/D 转换器，使用过程中不需要为对数变换进行校正。本设备是一种实用性非常强、测试准确、操作简便的通用分析仪器，它广泛应用于冶金、机械、化工、医疗卫生、生物化学、环境保护、食品、材料等领域的生产、教学和科研工作中，特别适合对各种物质进行定量及定性分析。

1. 原理

当一束单色光照射待测物质的溶液时，某一定频率(或波长)的可见光所具有的能量

($h\nu$)恰好与待测物质分子中的价电子的能级差相适应(即 $\Delta E = E_2 - E_1 = h\nu$)时,待测物将对该频率(波长)的可见光产生选择性的吸收。用可见分光光度计可以测量和记录其吸收程度(吸光度)。由于在一定条件下,吸光度 A 与待测物质的浓度 c 及吸收池长度 l 的乘积成正比,即 $A = kcl$。因此,在测得吸光度 A 后,可采用标准曲线法、比较法以及标准加入法等方法进行定量分析。

2. 性能与结构

722 型光栅分光光度计以碘钨灯为光源,采用自准式色散系统和单光束结构,色散元件为衍射光栅,使用波长为 330 ～800 nm,数字显示读数还可以直接测定溶液的浓度。波长精度为±2 nm,光谱带宽为 6 nm,吸光度显示范围为 0～1.999。仪器的光学系统示意图如图 2-56 所示。

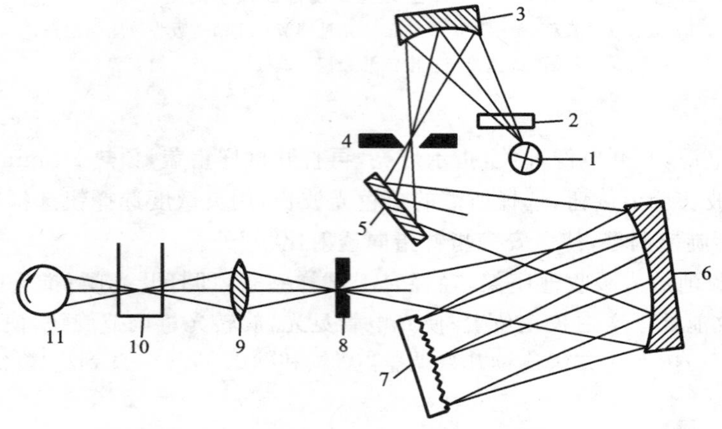

图 2-56　722 型光栅分光光度计的光学系统示意图

1—碘钨灯;2—滤光片;3—聚光镜;4—入射狭缝;5—反射镜;6—凹面镜;
7—光栅;8—出射狭缝;9—聚光透镜;10—吸收池;11—光电管

碘钨灯发出的连续光谱经过滤光片的选择(消除二级光谱)和聚光透镜聚焦后,投向单色器的入射狭缝,再经过平面反射镜反射到凹面镜的准直部分;凹面镜的准直部分使光线变为平行光后射向光栅,通过光栅色散将光按一定波长顺序排列成单色光谱,光谱再经凹面镜聚焦成像在出射狭缝上。通过控制波长调节器可获得所需带宽的单色光,透镜再将单色光聚焦在待测溶液中心,透过光经过光门射到端窗式光电管上,所产生的电流经放大后,再由数字显示器直接读出吸光度 A 或透射比 T。722 型光栅分光光度计结构示意图如图 2-57 所示。

722 型光栅分光光度计由光源室、单色器、试样室、光电管暗盒、电子系统及数字显示器等部件组成。仪器的面板功能如图 2-58 所示。

3. 使用方法

(1) 在接通电源前,应对仪器的安全性进行检查,然后接通电源。将灵敏度调节钮调至“1”挡(放大率最小)。调整波长调节器获得所需波长。

(2) 开启电源开关,指示灯亮,调节 100% T 旋钮,使透射比在 70%左右,预热 20 min。

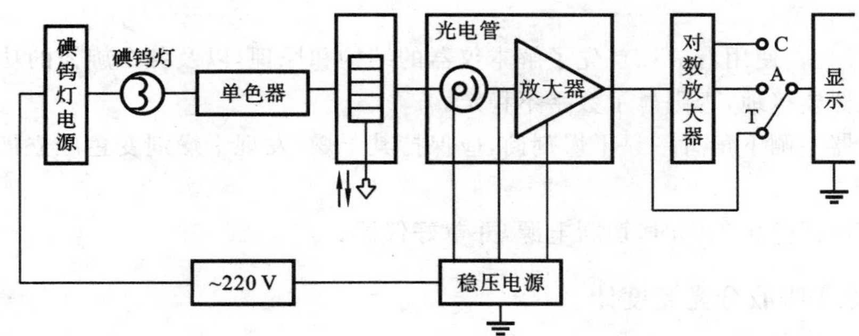

图 2-57 722 型光栅分光光度计结构示意图

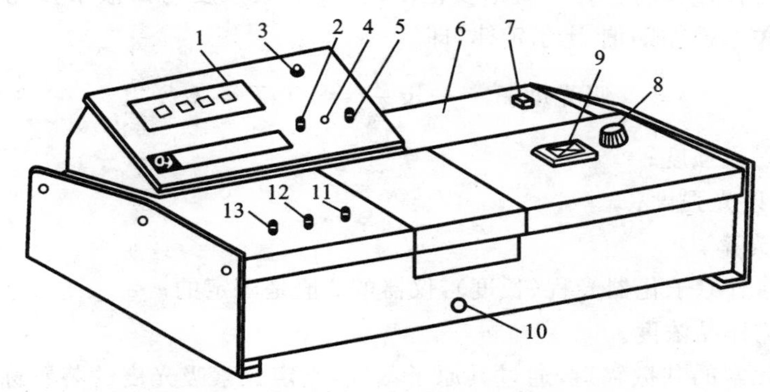

图 2-58 722 型光栅分光光度计面板功能图

1—数字显示器；2—吸光度调零旋钮；3—选择开关；4—斜率电位器；5—浓度旋钮；
6—光源室；7—电源开关；8—波长旋钮；9—波长刻度盘；10—吸收池座架拉杆；
11—100%T 旋钮；12—0%T 旋钮；13—灵敏度调节钮

(3) 打开试样室盖(光门自动关闭)，调节 0% T 旋钮，使数字显示为“00.0”；盖上试样室盖，将参比溶液置于光路，使光电管受光，调节 100% T 旋钮，使数字显示为“100.0”。

(4) 若数字显示不到“100.0”，则可适当增加电流放大器灵敏度挡数，但应尽可能使用低挡数，这样仪器将有更高的稳定性。当改变灵敏度后，必须按操作(3)重新校正“00.0”和“100.0”。

(5) 重复操作(3)和(4)，直至显示稳定。

(6) 将选择开关置于“A”挡(即吸光度)，调节吸光度调零旋钮，使数字显示为“0.00”。然后将待测溶液推入光路，显示值即为待测样品的吸光度值 A。

(7) 浓度 c 的测量。选择开关由“A”旋至“C”，将标准溶液推入光路，调节浓度旋钮，使得数字显示值为已知标准溶液浓度数值。将待测样品溶液推入光路，即可读出待测样品的浓度值。

(8) 当大幅度改变测试波长时，在调整“00.0”和“100.0”后稍等片刻，当重新稳定后，再重新调整“00.0”和“100.0”即可工作。

(9) 测量完毕，打开试样室盖，取出吸收池，洗净擦干。然后关闭仪器电源，待仪器冷却后，盖上试样室盖，罩上仪器罩。

4. 注意事项

(1) 使用前,使用者应该首先了解本仪器的结构和原理,以及各个旋钮的功能。

(2) 仪器要接地,否则显示数字不稳定。

(3) 仪器左侧下角有一只干燥剂筒,应保持其干燥,发现干燥剂变色应立即更新或烘干后再使用。

(4) 当仪器停止工作时,切断电源,并罩好仪器。

(三) 原子吸收分光光度计

元素在热解石墨炉中被加热原子化,成为基态原子蒸气,从而对空心阴极灯发射的特征性辐射进行选择性吸收。在一定浓度范围内,其吸收强度与试液中被测样品的含量成正比。其定量关系遵循朗伯-比尔定律,即

$$\text{吸光度}\ A = -\lg\frac{I}{I_0} = -\lg T = kcl$$

式中:I——透射光强度;

I_0——入射光强度;

T——透光率;

l——光通过原子化器光程(长度),仪器的 l 值是固定的;

c——被测样品浓度。

利用待测元素的共振辐射,通过其原子蒸气,测定元素吸光度的装置称为原子吸收分光光度计。它有单光束、双光束,双波道、多波道等结构形式。原子吸收分光光度计的基本结构包括光源、原子化器、光学系统和检测系统。它主要用于痕量元素杂质的分析,具有灵敏度高及选择性好这两大主要优点,广泛应用于特种气体、金属有机化合物、金属醇盐中微量元素的分析。但是测定每种元素均需要相应的空心阴极灯,这为检测工作带来不便。

原子吸收分光光度计种类较多,下面简要介绍两种。

1. GGX-1 型原子吸收分光光度计

1) 性能与结构

GGX-1 型原子吸收分光光度计是单道单光束型。它结构简单,操作方便,能满足一般分析的基本要求。该仪器主要由锐线光源、火焰原子化器、分光器和检测器这四部分组成。GGX-1 型原子吸收分光光度计面板功能图如图 2-59 所示。

2) 仪器操作步骤

(1) 打开稳压电源后,再安装与待测元素相应的空心阴极灯。

(2) 打开主机电源,然后打开灯电源开关对待测元素空心阴极灯通电,通过灯电流粗、细调旋钮来调节所需的灯电流。

(3) 将透射比选择开关(T%)按下,再调节狭缝宽度。转动电动波长调节旋钮,调至元素分析线波长附近,再用手动波长调节旋钮进行细调,然后采用能量峰值法,找到待测元素示值波长的准确值。

(4) 采用能量峰值法,将空心阴极灯调节至最佳位置,即调整外光路。

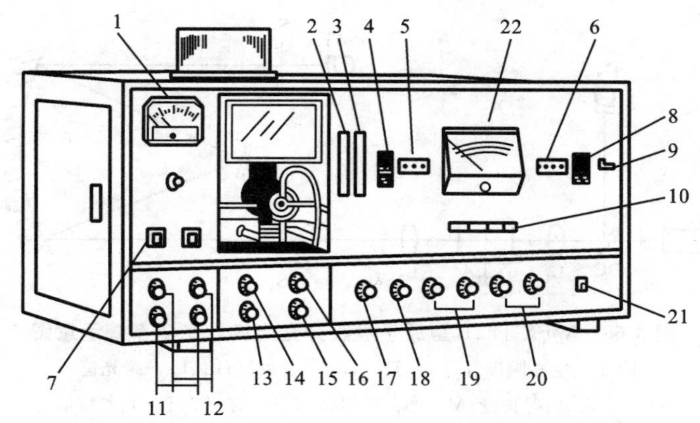

图 2-59 GGX-1 **型原子吸收分光光度计面板功能图**

1—灯电流表；2—助燃气流量计；3—燃气流量计；4—狭缝调节；5—狭缝宽度指示；6—波长指示；7—灯电源开关；8—手动波长调节；9—电动波长调节；10—"A/T"测量选择开关；11、12—灯电流粗、细调节；13—助燃气转换开关；14～16—气体调节；17—光电倍增管负高压调节；18—调零；19—曲线校直；20—标尺扩展；21—主机电源开关；22—读数表头

(5) 检查并调节燃烧器高度。打开空气压缩机，调节好出口压力。打开乙炔钢瓶总阀，将出口压力调节为 7.84×10^4 Pa 左右。左手开启乙炔气阀门，右手点火。

(6) 按下吸光度测量开关。喷入空白溶液后，调节光电倍增管负高压(即灵敏度调节)，将吸光度调至零。

(7) 依次喷入标准系列溶液及试样溶液，分别测定其 T 值，记录测定数据。

(8) 测定结束后，用去离子水喷雾清洗 2～3 min。

(9) 关机时，首先关乙炔钢瓶压力调节阀，再关空气压缩机，然后关闭空心阴极灯电源开关。将仪器的各个旋钮进行复位，断开光电倍增管负高压电源，最后关闭仪器总电源开关。

(10) 将各种容器清洗干净，摆放在初始位置备用。填写好仪器的使用记录。

2. WFX-1F2B 型原子吸收分光光度计

1) 性能与结构

WFX-1F2B 型原子吸收分光光度计是单道双光束型。有 1F2B 型和 1F2B2 型两种类型。WFX-1F2B 型原子吸收分光光度计采用氘灯背景校正及自吸效应背景校正技术，能通过计算机进行数据实时处理，由 CRT 显示吸光度、浓度、标准偏差和相对标准偏差，并能显示及打印工作曲线和瞬时信号图形。该仪器可用作火焰、石墨炉原子吸收分析。WFX-1F2B 型原子吸收分光光度计光学系统示意图如图 2-60 所示。

2) 仪器操作步骤

WFX-1F2B 型原子吸收分光光度计主机的面板功能简图如图 2-61 所示。操作步骤以火焰原子吸收法为例。

(1) 实训前，先熟悉微机键盘各功能键的作用。某个功能键或某几个功能键配合，形成组合键，用于执行某项特定功能。将系统盘插入驱动器，开启稳压电源，待电压稳定，打开主机和打印机电源开关。

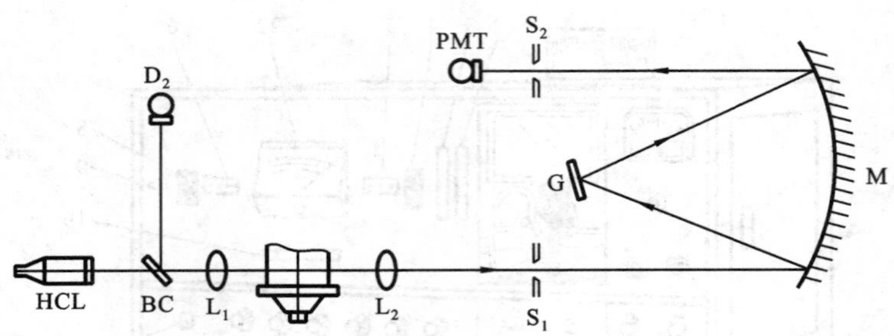

图 2-60　WFX-1F2B 型原子吸收分光光度计光学系统示意图

HCL—空心阴极灯;D_2—氘灯;BC—合束器;L_1、L_2—聚光镜;

S_1、S_2—入、出射狭缝;M—凹面反射镜;G—光栅;PMT—光电倍增管

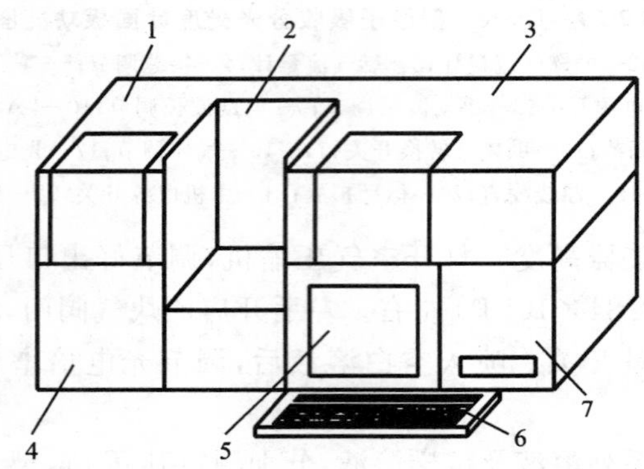

图 2-61　WFX-1F2B 型原子吸收分光光度计主机面板功能简图

1—光源室;2—火焰或石墨炉原子化器室;3—分光系统;

4—主机电学系统;5—显示屏;6—键盘;7—微机系统

(2) 待显示器屏幕显示出时间、型号、页面后,在键盘上按"F1"键后,屏幕上会显示出元素选择页面,选择相应的待测元素。再按"F2"键,荧光屏会显示出调整的页面。然后依次选择:测量方式,原子化方式,元素谱线波长,狭缝宽度,空心阴极灯宽(W)、窄(n)脉冲电流,氘灯工作电流,调整光电倍增管高压即调整增益。

(3) 将波长、灯位调好后,按"Shift+F2"组合键,显示能量平衡页面,仪器会自动地调节空心阴极灯和氘灯辐射能量达到平衡。再按"F3"键,显示仪器参数页面,移动光标选择好所需的各种参数。然后按"F4"键,当显示出标准曲线参数页面后,按顺序依次进行各参数的选择。

(4) 上述工作准备完毕后,打开空气压缩机开关和乙炔钢瓶总阀。按说明书上所给定的火焰测试参数,调好燃气压力及流量、空气压力及流量,燃烧器高度等;然后按自动点火按钮进行点火。

(5) 待火焰稳定后,按"Shift+F7"组合键,会显示出信号采集页面。先吸入去离子水,按"Z"键进行调零。按"S"键及待测标样号,吸入相应标样。采集数据,显示信号图形及数据。同样操作测定其他标样。

(6) 按"F7"键,显示曲线拟合页面,观察标准曲线,可按"P"键打印出标准曲线。当标准曲线符合要求后，再按"Shift＋F7"组合键，又回到信号采集页面，吸入去离子水，调零后，按"S"键，吸入待测试样，采集数据并显示信号和图形。

(7) 按"F8"键，显示出测量结果页面；再按"O"键，选择打印出结果或将结果存盘。

(8) 关机操作：测试完毕，要使火焰继续燃烧，吸喷去离子水 3～5 min；先关闭乙炔钢瓶总阀，待管路内乙炔余气燃尽，关闭乙炔气通阀；关空气压缩机；将宽、窄脉冲灯电流及高压调节至最小，并关闭各电源开关，最后关闭主机及打印机电源。

3) 注意事项

(1) 应特别注意保护好仪器所配置的系统盘，以保证仪器能正常使用。

(2) 仪器总电源关闭后，若需开机再使用，应在断电 5 min 后再开机，否则磁盘不能正常显示各页面。

(3) 在使用氘灯校正背景时，不要长时间看氘灯，以免强紫外光损伤眼睛。

(4) 仪器计算机发生故障要检修时，应特别注意，若要拔掉计算机硬件系统内插件，不能带电进行插拔（必须先断电，后拔掉插件）！

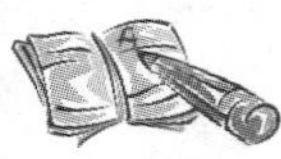

任务 4　滴定分析仪器的使用

在无机及分析化学实训中，一般来说，酸碱滴定、配位滴定、氧化还原滴定及沉淀滴定等滴定分析都是以某种指示剂来指示滴定的终点，但这些滴定分析实训也可用某些仪器来指示滴定终点，即仪器分析法。滴定分析仪器种类较多，如酸度计、自动电位滴定仪、极谱仪等。下面就这些仪器的使用进行简单的介绍。

（一）ZD-2 型自动电位滴定仪

自动电位滴定仪的工作原理是通过测量电极电位变化来测量离子浓度。首先选用适当的指示电极和参比电极，与待测溶液组成一个工作电池，然后加入滴定剂。在滴定过程中，由于发生化学反应，待测离子的浓度不断发生变化，因而指示电极的电位随之变化。在滴定终点附近，待测离子的浓度发生突变，引起电极电位的突跃，因此，根据电极电位的突跃可确定滴定终点，并给出测定结果。

ZD-2 型自动电位滴定仪整机结构如图 2-62 所示，它由 ZD-2 型电位滴定计和 DZ-1 型滴定装置两部分组成。

1. 准备工作

把 ZD-2 型电位滴定计和 DZ-1 型滴定装置按图 2-62 装配，仪器后面用双头插塞线连接。玻璃电极接图 2-62 中的插孔 2，甘汞电极接插孔 3。滴定管内倒入滴定剂，将滴定管的下端与电磁阀的橡皮管上端相连接，而橡皮管的下端再与玻璃毛细管连接。注意：毛细管出口的高度应比指示电极（如玻璃电极）要略高些，使滴出液可以从毛细管中流出。

(1) pH 滴定的校正　把 2 个电极浸在标准缓冲溶液中，将温度补偿调节器置于实际温度（即溶液温度）位置，打开搅拌器开关，再按下读数开关。转动校正器，使指针刚好指在校正温度下的标准缓冲溶液的 pH（如 pH 为 4.00 的标准缓冲溶液）位置上，再次按下读数开关，使之松开，此时指针应退回至 pH 为"7"处。

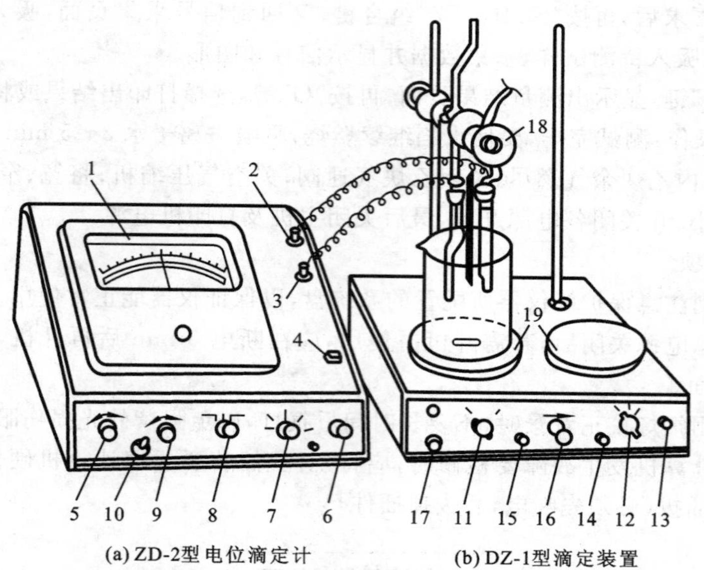

(a) ZD-2型电位滴定计　　　　(b) DZ-1型滴定装置

图 2-62　ZD-2 型自动电位滴定仪整机结构

1—指示电表；2—玻璃电极插孔(－)；3—甘汞电极接线柱(＋)；4—读数开关；5—预控制调节器；6—校正器；7—温度补偿调节；8—选择器；9—预定终点调节器；10—滴液开关；11—电磁阀选择开关；12—工作开关；13—滴定开始按键；14—终点指示灯；15—滴定指示灯；16—搅拌转速调节器；17—搅拌开关及指示灯；18—电磁阀；19—磁力搅拌器

(2) 电位(mV)滴定的校正　松开玻璃电极，按下读数开关，根据测量范围－700～＋700 mV或－1 400～＋1 400 mV 的不同要求，用校正器调节电表指针在“700 mV”或“0 mV”处。校正后，不得再旋转校正器，以免造成误差。

2. 手动滴定

(1) 把烧杯放在左边电磁阀下，把 DZ-1 型的电磁阀选择开关扳向“1”挡。

(2) 把 DZ-1 型工作开关扳向“手动”挡。

(3) 把 ZD-2 型的选择器转向“测量 mV”或“测量 pH”挡。在按下 ZD-2 型的读数开关后，此时指针的位置即表示待测液的起始电位或起始 pH。

(4) 先读取滴定剂起始体积，再按下读数开关，将工作开关指向“滴定”挡，按下滴定开关，终点指示灯亮，而滴定指示灯会亮或时亮时暗。当放开滴定开关后，则标准溶液停止流入待测液，终点、滴定两指示灯也都会熄灭。

(5) 每当加入一定体积的标准溶液时，都要记录一次体积与电位或体积与 pH 的数值，直到超过化学计量点为止。

3. 自动滴定

(1) 若要进行自动滴定，则把工作开关指向“滴定”。把选择器旋至“终点”处，按下读数开关，旋转终点调节器，使指针指向终点电位或终点 pH 上。

(2) 将选择器旋向“pH 滴定”或“mV 滴定”挡，此时指针所指示的值即为起始 pH 或起始电位值。

(3) 比较起始电位(或 pH)与终点电位(或 pH)的大小，若前者小于后者，滴液开关会指向“－”，否则，就会指向“＋”。

(4) 按下滴定开始键约 2 s，终点指示灯变亮，而滴定指示灯会时熄时亮，表示滴定正在自动进行。滴液速度可由预控制调节器调节，向左转动滴速加快，向右旋动则变慢。

(5) 当电表指针到终点值时，滴定指示灯灭，随即终点指示灯也熄灭，表示滴定结束。

最后，放开读数开关，把电极从待测溶液中取出。关闭全部电路开关，放松电磁阀的支头螺丝，实训完毕。

(二) 883 型极谱仪

极谱仪是根据物质电解时所得到的电流-电压曲线，对电解质溶液中不同离子含量进行定性分析及定量分析的一种电化学式分析仪器。它的测试结果是一条极谱曲线(或称极谱图)。在极谱图上，对应各物质的半波电位是定性分析的依据，波高(代表极限扩散电流)则是定量分析的依据。883 型极谱仪面板功能图如图 2-63 所示。

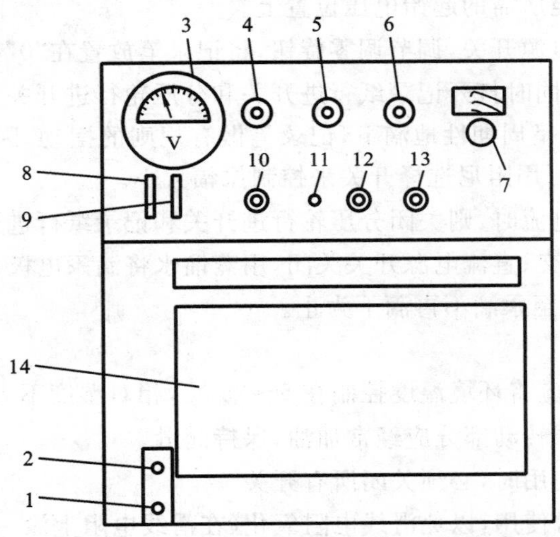

图 2-63　883 型极谱仪面板功能图

1—记录纸行进开关；2—记录仪电源开关；3—电压表；4—阻尼选择钮；5—灵敏度选择钮；
6—电压范围选择；7—分压轮；8—分压轮行进开关；9—电源总开关及补偿开关；10—直流电压调节；
11—标准电池按钮；12—残余电流补偿选择；13—调零及前期电流补偿调节；14—电流记录器

1. 操作步骤

实训之前按图 2-64 安装好仪器，操作步骤如下。

(1) 将极谱仪总机开关扳下，接通电源，预热 10～15 min。

(2) 接通直流稳压电源，将电压调至“6 V”，将电压选择范围旋至“0～－2 V”挡，转动直流电压调节使电压表上的指针指在“2 V”处。

(3) 将贮汞瓶升高，滴汞电极和甘汞电极分别连接在(－)极和(＋)极。将滴汞电极和甘汞电极都插入电解池中。

(4) 根据待测溶液浓度，调节灵敏度选择钮至适当的灵敏度范围。如 $c=10^{-4}$ mol/L 时，灵敏度范围为 2～10 μA。

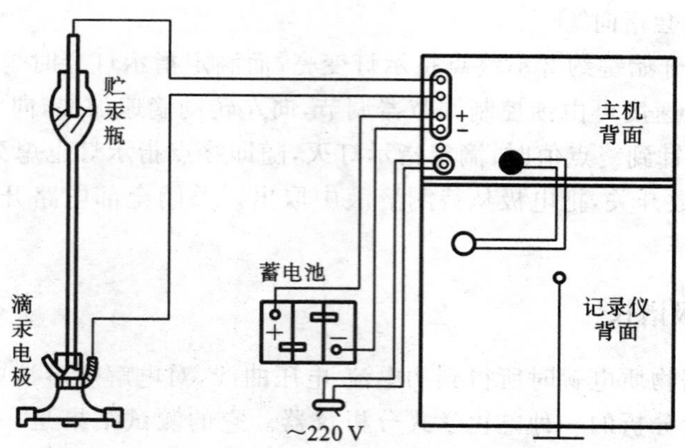

图 2-64　仪器安装接线示意图

(5) 旋转分压轮至所需的起始电压位置上。

(6) 打开记录仪电源开关,调节调零旋钮,将记录笔放置在"0"处。

(7) 按下记录笔,同时打开记录纸行进开关和分压轮行进开关,开始记录极谱图。在测量过程中,由于汞滴呈周期性地滴下,记录笔做有规则的摆动,因而使极谱图呈锯齿形的振荡,如振幅过大,可用阻尼选择开关来控制振幅大小。

(8) 当到达极限电流时,则关闭分压轮行进开关和记录纸行进开关,抬起记录笔。

(9) 实训完毕,将交、直流电源开关关闭,用蒸馏水将滴汞电极冲洗干净,再浸入蒸馏水中,然后放低贮汞瓶至汞滴不再滴下为止。

2. 维修和保护

(1) 使用仪器时,应将环境温度控制在 5~35 ℃,相对湿度不大于 80%。

(2) 记录仪的机械转动部分应经常加油,保持润滑。

(3) 仪器在停止使用时,必须关闭所有开关。

(4) 仪器最好经常使用,以免滑线电阻氧化(在滑线电阻上涂一薄层硅油防氧化)。

(5) 记录笔在不使用时,应自笔架上抬起,以免墨水漏出。如笔尖被堵塞,可用捅针进行疏通。

(6) 在分压轮自动行进时,不得用手转动分压轮。

(7) 应始终保持滴汞装置的清洁。滴汞电极一般为一根毛细管,应防止固体杂质进入毛细管内,造成堵塞。

任务 5　气相色谱仪

气相色谱法是一种新型的分离、分析技术,对于样品在 450 ℃以下能够汽化且不分解的物质都可以进行测定,可以分析气体、液体和固体等不同形态的样品。其分离原理是利用不同物质在两相(固定相和流动相)中具有不同的分配系数,当两相做相对运动时,这些物质在两相中反复多次分配(即组分在两相之间进行反复多次的吸附、脱附或溶解、挥发过程),从而使各物质得到完全分离。

气相色谱仪型号种类繁多，但它们的结构基本是一致的，主要由气路系统、进样系统、分离系统、检测系统、温度控制系统、数据处理系统六大部分组成。下面以 GC112A 型气相色谱仪（见图 2-65）为例，介绍气相色谱仪的一般使用方法和维护保养技术。

图 2-65　GC112A 型气相色谱仪

1. 气相色谱仪的基本组成及各个部分的作用

图 2-66 为气相色谱仪的基本结构示意图。

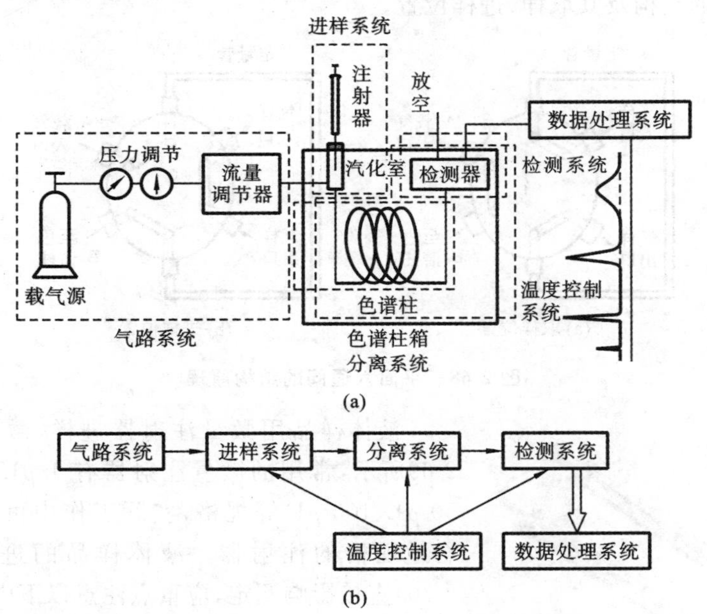

图 2-66　气相色谱仪的结构示意图

1）气路系统

气相色谱仪的气路是一个载气连续运行的密闭管路系统，整个气路系统要求载气纯净、密闭性好、流速稳定及流速测量准确。气相色谱的载气是载送样品进行分离的惰性气体，是气相色谱的流动相。常用的载气为氮气、氢气（在使用热导池检测器时常作为载气，在使用氢火焰检测器时作为燃气），氦气、氩气因为价格高，应用较少。

气路系统的主要部件有气体钢瓶和减压阀（见图 2-67）、净化器、稳压阀、稳流阀、管路连接件等。

图 2-67　减压阀

2）进样系统

进样系统是将样品定量引入色谱系统，并使样品有效汽化，然后用载气将样品快速“扫入”色谱柱。进样系统包括进样器和汽化室。

气体样品采用六通阀进样，六通阀通常有平面六通阀和拉杆式六通阀，图 2-68 所示为平面六通阀的结构及其取样、进样位置。

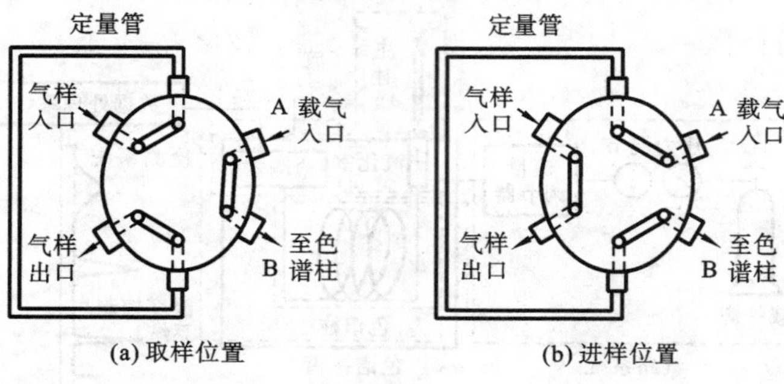

图 2-68　平面六通阀的结构原理

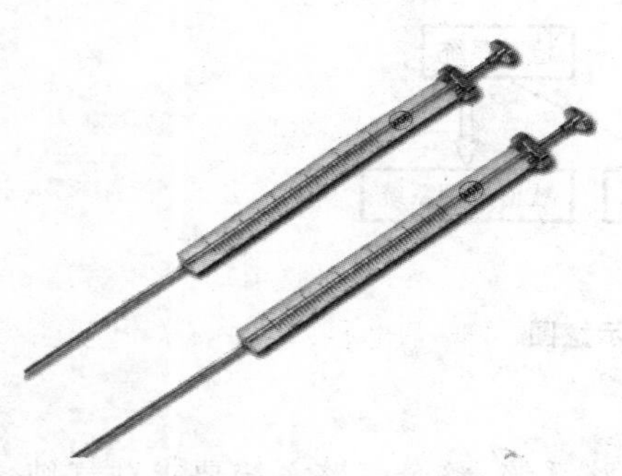

图 2-69　微量注射器

液体样品用微量注射器进样，微量注射器如图 2-69所示，常用的微量注射器有 1 μL、5 μL、10 μL、50 μL、100 μL 等规格，实际工作中可根据需要选择合适规格的注射器。液体样品的进样技术（见图 2-70）直接影响测定，应重点注意以下内容：

(1) 用注射器进样时，应先用丙酮或乙醚抽洗 5～6次，再用被测试液润洗 5～6 次，然后缓缓抽取一定量试液（稍多于需要量），若注射器内有气泡，应先排除气泡，再排出过量的试液，用滤纸吸干针杆上的液体后进样。

(2) 取样后应立即进样，进样时要求注射器垂直于进样口，左手扶住针头防弯曲，右手拿注射器，迅速刺穿硅橡胶垫，平稳、敏捷地推进针筒，迅速将样品注入，完成后立即拔出。

(3) 进样操作要稳当、连贯、迅速。

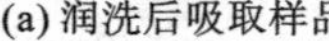
(a) 润洗后吸取样品

(b) 排除气泡

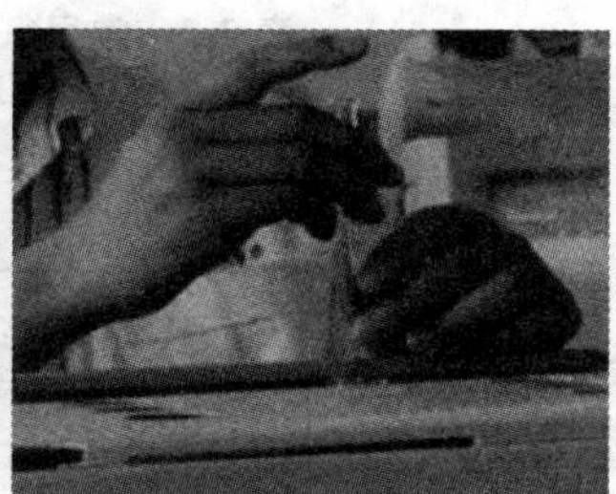
(c) 进样

图 2-70 液体进样技术

固体样品通常先用溶剂溶解后，再用微量注射器进样，方法与液体试样相同。

3）分离系统

分离系统将多组分样品分离为单一组分的样品。它主要由色谱柱箱和色谱柱组成，其中色谱柱是核心部件，也是整个气相色谱仪的核心，其分离效果对测定结果起着决定性的作用。

常用的色谱柱分为填充柱和毛细管柱。填充柱（见图 2-71）柱长一般为 1～5 m，内径一般为 2～4 mm，材料为不锈钢和玻璃，形状有 U 形和螺旋形；毛细管柱（见图 2-72）又称空心柱，其内壁直接涂渍固定液，柱长一般为 25～100 m，内径一般为 0.1～0.5 mm，材料大多采用熔融石英。

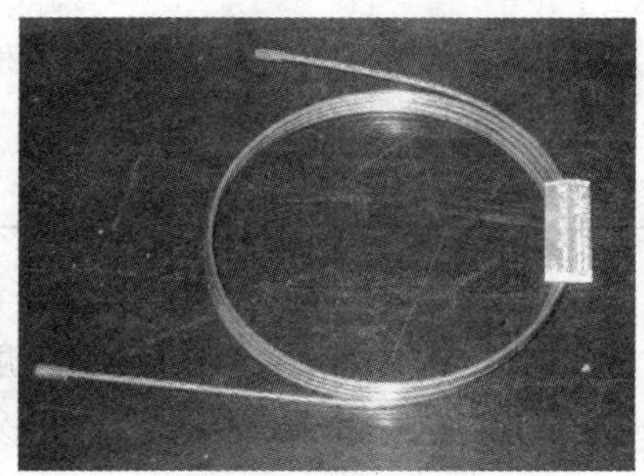
图 2-71 填充柱

图 2-72 毛细管柱

4）检测系统

检测器将色谱柱分离后顺序流出的化学组分的信息转变为便于记录的电信号，然后对被分离物质的组成和含量进行鉴定和测量。它是气相色谱的核心部件。表 2-2 列出了常用气相色谱仪检测器的特点和技术指标。

5）温度控制系统

气相色谱仪是在高于室温的温度下工作的设备，温度的控制精度会直接影响到色谱柱的分离效果、检测的灵敏度和稳定性。温度控制主要是指对色谱柱、检测器和汽化室三处的控制，尤其是对色谱柱的控制。

表 2-2　常用气相色谱仪检测器的特点和技术指标

检测器	类型	最高操作温度/℃	最低检测限	线性范围	主要用途
火焰离子化检测器(FID)	质量型，准通用型	450	丙烷：<5 pg/s	10^7	适用于各种有机化合物的分析，对碳氢化合物的灵敏度高
热导池检测器(TCD)	浓度型，通用型	400	丙烷：<400 pg/mL 壬烷：2000 mV·mL/mg	10^5	适用于各种无机气体和有机物的分析，多用于永久气体的分析
电子捕获检测器(ECD)	浓度型，选择型	400	六氯苯：<0.008 pg/s	$>10^4$	适用于分析含负电性元素或基团的有机化合物，多用于分析含卤素化合物
氮磷检测器(NPD)	质量型，选择型	400	用偶氮苯和马拉硫磷的混合物测定： 氮：<0.4 pg/s 磷：<0.2 pg/s	$>10^5$	适合于含氮和含磷化合物的分析
火焰光度检测器(FPD)	质量型，选择型	250	用十二烷硫醇和三丁基磷酸酯混合物测定： 硫：<20 pg/s 磷：<0.9 pg/s	硫：$>10^5$ 磷：$>10^6$	适合于含硫、含磷和含氮化合物的分析

6）数据处理系统

数据处理系统将检测器输出的模拟信号随时间的变化曲线描绘出来，现在一般采用色谱工作站。色谱工作站是由一台微型计算机来实时控制色谱仪器，并进行数据采集和处理的一个系统，它由硬件和软件两部分组成。

2. GC112A 型气相色谱仪的操作步骤

1）GC112A(FID)恒温分析操作

(1) 连接载气、空气及氢气的外气路并检漏。

(2) 安装好已经老化过的色谱柱(从进样器至 FID 检测器)。

(3) 打开色谱工作站。

(4) 打开载气源，旋转低压调节杆，直至载气低压表指示为 0.35～0.60 MPa。调节气路面板上的两个载气稳流阀旋钮，将 A、B 两路载气流量调节至适当的值(根据分离条件，刻度旋钮所需圈数可由流量-刻度表查得)。

(5) 打开主机电源，按“检测器选择”键并按“1”，选择检测器为 FID，分别设置柱箱、检测器和进样器温度。如：柱箱，150 ℃；进样器，180 ℃；检测器，170 ℃。

(6) 微机面板 FID 放大器处于所需工作状态，如：灵敏度，10^8；极性，1(输出设定为

“+”)。

(7) 待进样器、检测器及柱箱温度平衡后,打开空气和氢气气源,旋转低压调节杆,直至空气低压表指示为0.30～0.60 MPa,氢气低压表指示为0.20～0.35 MPa。调节气路面板上的两个空气针型阀旋钮和两个氢气针型阀旋钮,根据操作条件需要,将A、B两路空气和A、B两路氢气调节至适当流量(刻度旋钮所需圈数和流量的关系可由相应的流量-刻度表查得)。

(8) 点火:按动FID放大器面板上两个点火按钮,点燃火焰。判断火是否点燃的常用方法有两种:①轮流将两路氢气流量变动一下,若记录笔有反应,则说明火已经点燃;②将表面光洁的金属体或玻璃片放在离子室的“放空口”处,若金属体或玻璃片表面有水蒸气凝结,则说明已经点燃。

(9) 待基线稳定后,进样测定。

(10) 测定完成后,将柱箱、检测器、进样器的温度重新设置,恢复到接近室温,关闭电源,关闭载气。

2) GC112A(TCD)恒温分析操作

(1) 安装好TCD检测器及TCD恒流电源部件。

(2) 连接载气(H_2)的外气路并检漏。

(3) 安装好两根已经老化过的色谱柱(从进样器至TCD检测器)。

(4) 打开载气源,旋转低压调节杆,直至载气低压表指示为0.35～0.5 MPa。调节气路面板上的两个载气稳流阀旋钮,将A、B两路载气流量调节至适当的值(根据分离条件,刻度旋钮所需圈数可由流量-刻度表查得)。

(5) 打开主机电源开关,按“检测器选择”键并按“4”,选择检测器为TCD,分别设置柱箱、检测器和进样器温度。启动温控。

(6) 分别按“电流”键,输入“180”,设置TCD工作电流为180 mA(仅为参考值)。

(7) 按TCD恒流电源面板上“恒流源开关”按钮,同时左侧指示灯亮。

(8) 打开色谱工作站,直到基线稳定后即能进样测定。

(9) 测定完成后,设置恒流源电流为“0”,将柱箱、检测器、进样器的温度重新设置,恢复到接近室温,关闭电源,关闭载气。

3) GC112A程序升温分析操作

程序升温是气相色谱分析中一项常用技术。当分析样品比较复杂,沸程很宽时,若使用同一柱温进行分离,低沸点组分由于柱温太高,很早流出色谱柱,色谱峰会重叠到一起,而高沸点组分则因为柱温太低,很晚流出色谱柱,甚至不流出,其结果是各组分的色谱峰疏密不均。因此,必须采用程序升温来代替恒温操作。其具体操作是在设置柱温时,让色谱柱在不同时间范围内有不同的温度,从而使各种组分在不同时间段流出色谱柱,保证了色谱柱的分离效果。

3. 气相色谱仪的维护和保养

(1) 严格按照说明书要求,进行规范操作,这是正确使用和科学保养仪器的前提。

(2) 严格按照先开载气再开色谱,先关色谱再关载气的顺序开关机,避免没有载气下升温对仪器的损害。

(3) 仪器应该有良好的接地,使用稳压电源,避免外部电器的干扰。

(4) 使用高纯载气、纯净的氢气和压缩空气,尽量不用氧气代替空气。

(5) 确保载气、氢气、空气的流量和比例适当、匹配,一般指导流速依次为载气 30 mL/min、氢气 30 mL/min、空气 300 mL/min,针对不同的仪器特点,可在此基础上做适当调整。

(6) 应经常进行试漏检查,更换钢瓶、更换色谱柱等都要进行试漏,没有更换器件也要定期进行管路的检查,以确保整个流路系统不漏气。

(7) 气源压力过低,气体流量不稳时,应及时更换新钢瓶,保持气源压力充足、稳定。

(8) 对新填充的色谱柱,一定要老化充分,避免固定液流失,产生噪音。对于 OV-101、OV-17、OV-225 等试剂级固定液,老化时间不应少于 24 h,对于 SE-30、QF-1 工业级固定液,因纯度低,老化不应少于 48 h。

(9) 柱温的设定值要小于色谱柱的最大使用温度,避免色谱柱的损坏。

(10) 注射器要经常用溶剂(如丙酮)清洗。实训结束后,立即清洗干净,以免被样品中的高沸点物质污染。

(11) 要尽量用磨口玻璃瓶做试剂容器。避免使用橡皮塞,因其可能造成样品污染。如果使用橡皮塞,要包一层聚乙烯膜,以保护橡皮塞不被溶剂溶解。

(12) 保持检测器的清洁、畅通。为此,检测器温度可设得高一些,并用乙醇、丙酮和专用金属丝经常清洗和疏通。

模块三

无机化学实训

知识目标

(1) 熟练掌握各种无机物的制备和提纯原理与方法。
(2) 掌握溶液的依数性及其在化学实训中的应用。
(3) 学会根据化学平衡的原理计算弱电解质的电离常数和电离度。
(4) 了解电解质溶液的性质、影响化学平衡的因素及化学平衡移动定律。

能力目标

(1) 了解无机实训用各种玻璃仪器的制作方法。
(2) 学会溶解、沉淀、过滤、蒸发、浓缩、结晶和干燥等基本操作。
(3) 学会使用酸度计测定溶液的 pH。
(4) 学会试剂取用等基本操作。

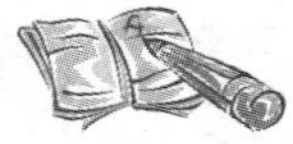

实训 1　玻璃管与玻璃棒的加工

实训目的

(1) 了解煤气灯、酒精喷灯的构造并掌握其使用方法。
(2) 练习玻璃管(棒)的截断、弯曲、拉制和熔烧等基本操作。

实训原理

在实训室的加热操作中，软化玻璃的灯具有煤气灯、酒精喷灯等，其中煤气灯的使用最方便，其温度可达 1 570 ℃，若有氧气助燃，温度可达 2 000 ℃。而在没有煤气设备的实训室，可以用酒精喷灯吹制简单玻璃器件。

1. 煤气灯

煤气灯是实训室中供加热用的器具。煤气灯的式样不一，常用的一种构造(见图 2-15)是由连有煤气入口管的灯座、螺丝栓、下部有小孔的金属管等组成。旋转螺丝栓可

调节进入灯座内的煤气量,旋转金属管可调节进入灯座的空气量,以达到控制火焰温度的作用。

煤气灯的使用方法如下:

(1) 旋下螺丝栓,用捅针将灯内煤气的进口和出口捅一捅,以保证进出口通畅。

(2) 关闭空气入口,将燃着的火柴移近灯口,再慢慢打开煤气开关,即可点燃。然后慢慢将空气入口打开,调节空气进入量,使火焰为正常火焰,如图 2-16(a)所示。

(3) 煤气灯使用完毕,先关闭煤气,即可使火焰熄灭。

2. 酒精喷灯

酒精喷灯主要有座式和挂式两种类型,如图 2-17 所示。酒精喷灯的火焰温度可达 1 000 ℃左右。

座式喷灯的酒精储存在灯座内,挂式喷灯的酒精贮罐悬挂于高处。挂式喷灯是利用势能的原理,使酒精从灯体的喷嘴以蒸气的形式喷出。为此,吊桶与灯体的高度差应保持在 1 m 以上。由于酒精贮罐与灯体两者相距较远,没有直接的热量转移,故不会发生爆炸。由于贮罐温度只与室温有关,所以挂式喷灯可以连续使用。

(1) 座式喷灯使用方法如下:

① 使用酒精喷灯时,首先用捅针捅一捅喷灯的酒精蒸气出口,以保证出气口畅通。

② 借助小漏斗向酒精壶内添加酒精,此时要注意酒精壶内的酒精不能装得太满,不要超过酒精壶容积的 2/3。

③ 往预热盘里注入一些酒精,点燃酒精使灯管受热,待酒精接近燃完且在灯管口有火焰时,调节空气调节器使火焰为正常火焰,如图 2-16(a)所示。

④ 座式喷灯连续使用不能超过半小时,如果超过半小时,必须暂时熄灭喷灯,待冷却后,添加酒精再继续使用。

⑤ 用毕后,用石棉网或硬质板盖灭火焰,也可以用空气调节器来熄灭火焰。长期不使用时,必须将酒精壶内剩余的酒精倒出。

⑥ 若酒精喷灯的酒精壶底部凸起,则不能再使用,以免发生事故。

(2) 挂式喷灯使用方法如下:

① 使用挂式酒精喷灯时,应先关闭酒精贮罐下的开关,拧开并取下酒精贮罐的盖子,注入酒精,拧上盖子后再打开该开关。

② 打开空气调节器,使酒精流出并缓慢进入预热盘,达到盘容量的 3/4 时,关闭空气调节器。点燃盘里的酒精进行预热,以加热灯管,直到灯座温度较高且盘中酒精快要燃尽时,再小心微开空气调节器。当酒精完全汽化即喷出的酒精不带液滴时可调节空气调节器,使酒精蒸气和来自气孔的空气混合。

③ 点燃管口气体,即可形成高温火焰。

④ 使用完毕,关闭酒精贮罐下的开关,即可熄灭火焰。

试剂及仪器

仪器:酒精喷灯,玻璃管,玻璃棒。

过程设计

1. 煤气灯或酒精喷灯的构造和使用方法

观察煤气灯或酒精喷灯的各部分构造。通过操作熟练掌握煤气灯或酒精喷灯的使用方法。

2. 玻璃加工

1）玻璃管(棒)的切割

将长约 50 cm 的玻璃管(棒)平放在桌面上，左手按住要切割的部位，右手用锉刀的棱边在要切割的部位按一个方向(不要来回锯)用力锉出一道凹痕，如图 3-1 所示。锉出的凹痕应与玻璃管(棒)垂直，这样才能保证截断后的玻璃管(棒)截面是平整的。然后双手持玻璃管(棒)，两拇指齐放在凹痕背面(见图 3-2(a))，并轻轻地由凹痕背面向外推折，同时两食指和拇指将玻璃管(棒)向两边拉(见图 3-2(b))，玻璃管(棒)即折成两段。

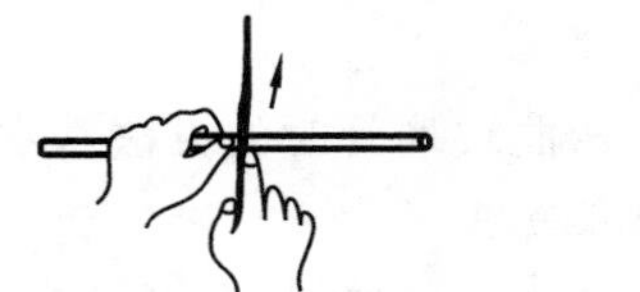

图 3-1　玻璃管(棒)的锉痕

(a)

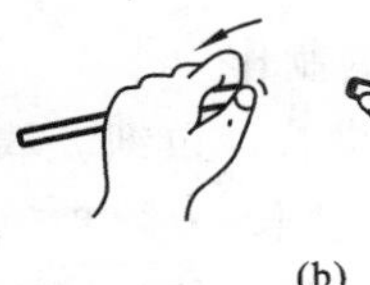

(b)

图 3-2　截断玻璃管(棒)

2）玻璃管(棒)圆口

切割的玻璃管(棒)，其截断面的边缘很锋利且容易割破皮肤、橡皮管或塞子，所以必须放在火焰中熔烧，使之平滑，这个操作称为圆口(或熔光)。圆口操作时，将刚切割的玻璃管(棒)的一头斜插入氧化焰中熔烧。熔烧时，玻璃管(棒)的倾斜角度一般为 45°，并不断来回转动玻璃管(棒)，如图 3-3 所示(若是转动不匀，则会使管口不圆)，转动直至管口红热并变得平滑为止。此时还要注意不要长时间加热，以免管径变小。

取出的灼热玻璃管(棒)，应放在石棉网上冷却，切不可直接放在实训台上，以免烧焦台面。

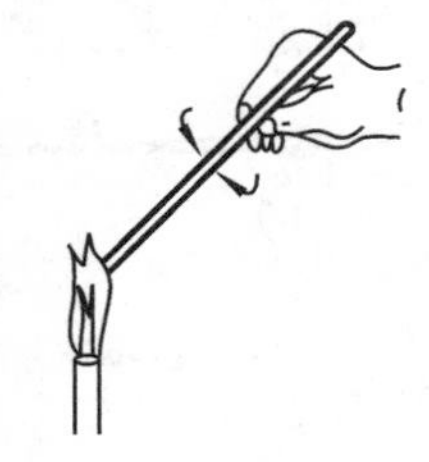

图 3-3　熔光

3）玻璃管的弯曲

双手持玻璃管，把要弯曲的部位斜插入酒精喷灯(或煤气灯)氧化焰中，边加热边转动，以增大玻璃管的受热面积，并使之受热均匀(见图 3-4)。注意：此时两手用力要均匀，以免玻璃管在火焰中扭曲。加热至玻璃管发出黄光并充分软化时，即可自火焰中取出，取离火焰后稍等一两秒钟，使各部温度均匀，轻轻地在石棉网上用 V 形手法(两手在上方，玻璃管的弯曲部分在两手中间的正下方，见图 3-5)缓慢地将其弯成所需的角度。120°以上的角度可一次弯成，但弯制较小角度的玻璃管，或者灯焰较窄，玻璃管受热面积较小时，需分几次弯制，切不可一次完成，否则弯曲部分的玻璃管就会变形，且每次加热的部位应稍有偏移，直至弯成所需的角度为止。

弯好后，待其冷却变硬才可将玻璃管放在石棉网上继续冷却。一根合格的弯曲玻璃管不仅角度要符合要求，而且弯曲处要圆而不扁，整个玻璃管侧面在同一平面上。弯管好

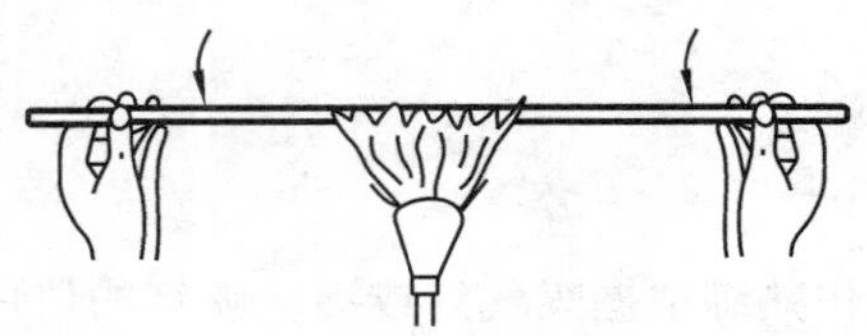

图 3-4 烧管方法

图 3-5 弯管的方法

坏的比较和分析如图 3-6 所示。

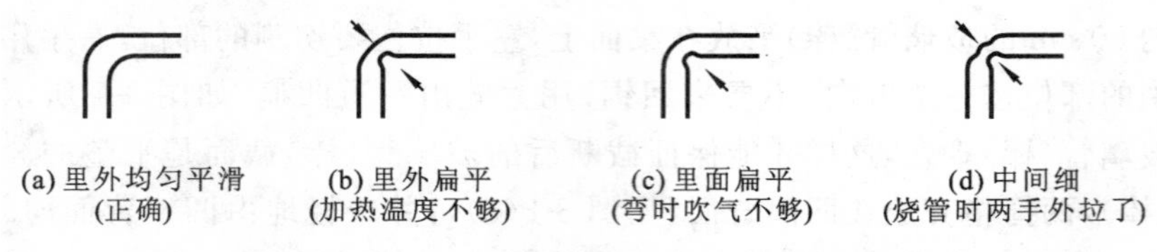

图 3-6 弯管好坏的比较和分析

4) 滴管的制作

第一步,烧管。拉细玻璃管时,加热玻璃管的方法与弯曲玻璃管时的方法基本一样,不过烧的时间要长一些,玻璃管软化程度更大一些,烧至红黄色。

第二步,拉管。待玻璃管均匀地充分软化以后,将其从火焰中取出,在同一水平面向两旁逐渐拉开同时旋转玻璃管(见图 3-7),拉到所需要的粗细程度时,待其冷却后,在拉细部分的中间将其截断,形成两个尖嘴管,再使管嘴圆口。如果要求细管部分具有一定的厚度,应在加热过程中当玻璃管变软后,将其轻缓向中间挤压,减短它的长度,使管壁增厚,然后按上述方法拉细。

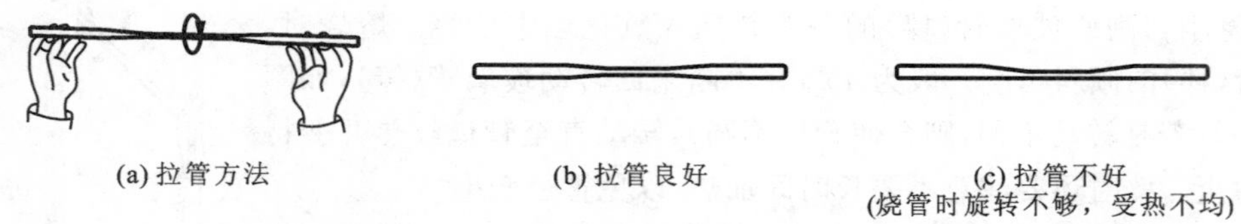

图 3-7 拉管方法和拉管好坏比较

第三步,制滴管的扩口。将未拉细的另一端玻璃管口以 40°角斜插入火焰中加热,并不断转动,待管口烧至稍软化后,将玻璃管口垂直放在石棉网上,轻轻地压一下,将其管口扩开。冷却后,再装上橡皮头,即制成滴管。

数据记录与结果处理

实训后将成品玻璃棒和 120°弯管及滴管交给教师验收。

注意事项

(1) 若煤气灯空气入口逐渐开大时,出现侵入火焰,此时煤气在管内燃烧,并发出“嘘嘘”的响声,火焰的颜色变成绿色,灯管被烧得很热。出现这种现象时,应关闭煤气开关,待灯管冷却后再关小空气入口，重新点燃使用。

(2) 煤气中含有大量的CO，应注意切勿让煤气逸散到室内，以免中毒和引起火灾。

(3) 使用酒精喷灯时，应注意在开启开关、点燃前，应充分灼烧灯管，否则酒精在灯管内不会完全汽化，会有液态酒精由管内喷出，形成"火雨"，甚至引起火灾。

参考学时

2学时。

预习要求

(1)了解煤气灯、酒精喷灯的构造。

(2)掌握煤气灯、酒精喷灯的使用方法。

实训思考

(1) 在酒精喷灯的使用过程中，应注意哪些安全问题？

(2) 在加工玻璃管时，应注意哪些安全问题？

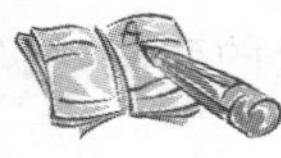

实训2 硫酸亚铁铵的制备

实训目的

(1) 学习制备硫酸亚铁铵复盐的原理和方法。

(2) 掌握水浴加热操作。

(3) 熟练掌握减压过滤操作。

实训原理

硫酸亚铁铵俗称莫尔盐，是浅绿色透明晶体。硫酸亚铁铵是由等物质的量的$FeSO_4$与$(NH_4)_2SO_4$相互作用而制得，像所有的复盐，硫酸亚铁铵在水中的溶解度比组成它的每一组分的$FeSO_4$或$(NH_4)_2SO_4$的溶解度都要小。因此，硫酸亚铁铵(六水合物)晶体可以通过蒸发浓缩后从溶液中析出。

硫酸亚铁铵的制备原理如下。

铁能溶于稀硫酸中生成$FeSO_4$： $Fe+2H^+ \longrightarrow Fe^{2+}+H_2\uparrow$

通常，亚铁盐在空气中易氧化，所以亚铁盐的试剂都不同程度地带有黄棕色。若往$FeSO_4$溶液中加入与$FeSO_4$相等的物质的量的$(NH_4)_2SO_4$，则生成复盐硫酸亚铁铵。

$$FeSO_4+(NH_4)_2SO_4+6H_2O \longrightarrow (NH_4)_2SO_4\cdot FeSO_4\cdot 6H_2O$$

硫酸亚铁铵比较稳定，它的六水合物$(NH_4)_2SO_4\cdot FeSO_4\cdot 6H_2O$不易被空气氧化，在定量分析中常用以配制亚铁离子的标准溶液。

本法制得的产品中主要的杂质是Fe^{3+},产品质量的等级也常以Fe^{3+}的含量来评定,本实训采用目测比色法。

试剂及仪器

试剂:铁屑,$(NH_4)_2SO_4$,10% Na_2CO_3溶液,3 mol/L H_2SO_4溶液,25% KSCN溶液,2 mol/L HCl溶液,标准Fe^{3+}溶液(0.010 0 mg/L),95%乙醇。

仪器:100 mL锥形瓶,托盘天平,水浴锅(可用大烧杯代替),吸滤瓶,布氏漏斗,真空泵,烧杯,量筒,比色管(25 mL),蒸发皿,滴管,移液管,pH试纸。

过程设计

1. 铁屑表面油污的去除(如用纯铁粉可省去此步)

用托盘天平称取2.0 g铁屑,将铁屑放入100 mL锥形瓶中,加入15 mL 10% Na_2CO_3溶液,水浴加热约10 min,用倾析法倾去碱液,用去离子水将铁屑冲洗干净。

2. 硫酸亚铁的制备

往盛有铁屑的锥形瓶中加入15 mL 3 mol/L H_2SO_4溶液,于通风处水浴加热(注意控制反应速率,以防反应过快,反应液喷出)至不再有气泡冒出。在反应过程中应适当补加些水,以补充被蒸发的水分。趁热减压过滤。用少量热水洗涤锥形瓶及漏斗上的残渣,抽干,滤液即为$FeSO_4$溶液。

3. 硫酸亚铁铵的制备

根据$FeSO_4$的理论产量,按关系式$n_{(NH_4)_2SO_4}:n_{FeSO_4}=1:1$,称取所需的$(NH_4)_2SO_4$固体,将此固体加到$FeSO_4$溶液中(此时溶液的pH应接近于1,如pH偏大,可加几滴浓硫酸调节),水浴加热至70~80 ℃,使$(NH_4)_2SO_4$固体全部溶解,然后将溶液转移至蒸发皿中,水浴蒸发,浓缩至表面出现结晶薄膜为止(蒸发过程中切不可搅拌)。放置使其缓慢冷却至室温,减压过滤,得到硫酸亚铁铵晶体。晶体用少量乙醇洗涤两次,再把晶体转移到表面皿上晾干,观察晶体颜色和晶态,称重,计算产率。

4. 质量检测

(1) 标准溶液的配制　往三支25 mL的比色管中各加入2 mL 2 mol/L HCl溶液和1 mL KSCN溶液。再用移液管分别加入不同体积的0.010 0 mg/L标准Fe^{3+}溶液5 mL、10 mL、20 mL,最后用去离子水稀释至刻度,制成Fe^{3+}含量不同的标准溶液。这三支比色管中所对应的各级硫酸亚铁铵药品的规格分别为:含Fe^{3+} 0.05 mg,符合一级标准;含Fe^{3+} 0.10 mg,符合二级标准;含Fe^{3+} 0.20 mg,符合三级标准。

(2) Fe^{3+}分析　称取1.0 g产品,置于25 mL比色管中,加入15 mL不含氧气的去离子水(用烧杯将去离子水煮沸5 min,以除去溶解的氧),加入2 mL 2 mol/L HCl溶液和1 mL KSCN溶液,用玻璃棒搅拌均匀,加水到刻度线。将它与配制好的上述标准溶液进行目测比色,确定产品的等级。在进行比色操作时,可在比色管下衬白瓷板;为了消除周围光线的影响,可用白纸包住盛溶液那部分比色管的四周。从上往下观察,对比溶液颜色的深浅程度来确定产品的等级。

结果记录

产品颜色__________；产品形状__________；

产品质量__________；产率__________；

质量检测结果________________________。

注意事项

(1) 如果溶液的酸性减弱，则亚铁盐（或铁盐）中 Fe^{2+} 与水作用的程度将会增大。在制备 $(NH_4)_2SO_4 \cdot FeSO_4 \cdot 6H_2O$ 过程中，为了使 Fe^{2+} 不与水作用，溶液需要保持足够的酸度。

(2) 实训时由于学生人数多，实训室将产生大量的氢气和少量有毒的砷化氢，应注意室内的通风，防止事故发生。

(3) 铁屑去油时，将铁屑剪成小块碎片再去油污，效果会比较好，而且也能加快铁屑和硫酸的反应速度。

(4) 蒸发时要搅拌，防止溶液溅出。

参考学时

2 学时。

预习要求

了解加热、蒸发、浓缩、减压过滤、水浴等内容。

实训思考

(1) 为什么在制备硫酸亚铁时要使用锥形瓶？

(2) 怎样洗涤沉淀？洗涤沉淀时应注意哪几点？

实训 3　常见离子的定性鉴定

实训目的

(1) 了解离子检验的一般过程和方法。

(2) 掌握常见离子的鉴定原理和方法。

(3) 通过确定工业废水中所含的离子来了解实训室是怎样对物质组分进行检测的。

实训原理

在化工厂的生产废液中，经常会混有硫酸铜、硫酸、氢氧化钠、碳酸钠、氯化钠等。甚至某些不合理的排放已经严重地影响到我们的生活环境。为了判断废液中所含的各类元素,可以对废液进行各类离子的定性鉴定。

常见的一些离子的鉴定方法见表3-1。

表3-1　常见离子的鉴定方法

离子	检验试剂	实训现象	离子方程式
SO_4^{2-}	$BaCl_2$溶液、稀硝酸或稀盐酸	生成不溶于稀硝酸或稀盐酸的白色沉淀	$Ba^{2+}+SO_4^{2-}=BaSO_4\downarrow$
CO_3^{2-}	$BaCl_2$溶液、稀盐酸	加入$BaCl_2$溶液后生成白色沉淀,沉淀溶于稀盐酸,并放出无色无味气体	$Ba^{2+}+CO_3^{2-}=BaCO_3\downarrow$ $BaCO_3+2H^+=Ba^{2+}+CO_2\uparrow+H_2O$
Cl^-	$AgNO_3$溶液、稀硝酸或稀盐酸	生成不溶于稀硝酸或稀盐酸的白色沉淀	$Ag^++Cl^-=AgCl\downarrow$
Br^-	$AgNO_3$溶液、稀硝酸或稀盐酸	生成不溶于稀硝酸或稀盐酸的浅黄色沉淀	$Ag^++Br^-=AgBr\downarrow$
I^-	$AgNO_3$溶液、稀硝酸	生成不溶于稀硝酸的黄色沉淀	$Ag^++I^-=AgI\downarrow$
NH_4^+	浓NaOH溶液	加热,生成有刺激性气味并且能使湿润红色石蕊试纸变蓝的气体	$NH_4^++OH^-\xlongequal{\triangle}NH_3\uparrow+H_2O$
NO_3^-	浓磷酸、$FeSO_4$溶液、浓硫酸	若加入浓磷酸后溶液不呈深棕色,则先加入少量$FeSO_4$溶液,摇匀,再沿试管壁慢慢滴入浓硫酸,有深棕色的硫酸亚硝基铁生成	$3Fe^{2+}+NO_3^-+4H^+=3Fe^{3+}+2H_2O+NO$ $FeSO_4+NO=Fe(NO)SO_4$
Fe^{3+}	KSCN溶液	生成红棕色物质	$Fe^{3+}+3SCN^-=Fe(SCN)_3$
Fe^{2+}	KSCN溶液、氯水	加KSCN时无反应,再加入几滴氯水,溶液变成红色	$Cl_2+2Fe^{2+}=2Cl^-+2Fe^{3+}$ $Fe^{3+}+3SCN^-=Fe(SCN)_3$
Cu^{2+}	浓氨水	加入适量浓氨水后生成蓝色沉淀,该沉淀溶于过量浓氨水中,溶液呈深蓝色	$Cu^{2+}+2OH^-=Cu(OH)_2\downarrow$ $Cu(OH)_2+4NH_3=[Cu(NH_3)_4]^{2+}+2OH^-$
Al^{3+}	NaOH溶液	加入适量NaOH溶液后生成白色沉淀,该沉淀溶于过量NaOH溶液中	$Al^{3+}+3OH^-=Al(OH)_3\downarrow$ $Al(OH)_3+OH^-=AlO_2^-+2H_2O$

试剂及仪器

试剂：$BaCl_2$溶液，稀盐酸，$AgNO_3$溶液，稀硝酸，NaOH，KSCN溶液，浓氨水，浓磷酸，氯水，$FeSO_4$溶液，浓硫酸。

仪器：试管，胶头滴管，红色石蕊试纸，酒精灯，石棉网。

过程设计

对某厂的废液做如下的检测。

(1) 取一定量的工业废水，观察其颜色、性状。

(2) 取一定量的废水7份，分别放入7支试管中，对每支试管分别进行下列操作：

① 先滴加$BaCl_2$溶液，观察现象；再逐滴加稀盐酸，观察现象并记录。

② 先滴加$AgNO_3$溶液，观察有无现象产生；再滴加稀硝酸，观察现象并记录。

③ 加入一定量KSCN溶液，观察有无现象；若无现象，则加入氯水，观察是否有现象产生并记录。

④ 加入一定量浓NaOH溶液后，观察现象，并判断是否有刺激性气味产生；把湿润的红色石蕊试纸悬于试管口，观察试纸有无变化；再加热，观察有无现象产生并记录。

⑤ 逐步滴加NaOH溶液，观察有无沉淀生成，若有，继续滴加，看沉淀是否溶解，记录现象。

⑥ 逐步滴加浓氨水，观察有无现象发生。

⑦ 若废液对浓磷酸不显深棕色，则先加入少量$FeSO_4$溶液，摇匀，再沿试管壁慢慢滴入浓硫酸，观察是否有现象产生并记录。

数据记录与结果处理

废液中含有的离子__________，可能含有的离子__________。

注意事项

(1) 用滴管加药品时，要垂直滴加，并且不能将滴管伸入试管内。

(2) 用石蕊试纸检验气体的酸碱性时，应该先将试纸用蒸馏水湿润后，再悬于装有气体的瓶口处或产生气体的出口处，试纸接触到气体即会有颜色变化。石蕊试纸应保存在干燥、洁净的广口瓶里，取试纸应用干净的镊子夹取，用毕要把瓶盖盖严。

参考学时

2学时。

预习要求

(1) 预习化学中常见的一些离子的定性反应。

(2) 预习实训操作中应注意的问题。

实训思考

(1) 某溶液可能含有 Na^{+}、SO_4^{2-}、SO_3^{2-}、NO_3^{-}，为检验溶液中是否含有 SO_4^{2-}，请设计出实训方案。

(2) 你认为离子检验的一般程序是什么？在实训设计和实施的过程中，需要注意哪些问题？

实训4　粗盐的提纯

实训目的

(1) 了解粗盐中的主要杂质。

(2) 学会利用物质的化学性质，如难溶性、形成气体的性质除去可溶性杂质，从而提纯物质。

(3) 学习定性鉴定的操作、若干离子的定性鉴定方法。

(4) 巩固过滤、直接蒸发、浓缩等基本操作。

实训原理

用海水、井水、盐湖水等直接制盐，只能得到粗盐。粗盐中含有较多的杂质，除了含有不溶性的泥沙外，还含有氯化钙、氯化镁、硫酸盐等可溶性杂质。可以将氯化钠粗盐溶于水后过滤以除去不溶性杂质。可溶性杂质则要用化学方法处理才能除去。通常选用合适的试剂可以使 Ca^{2+}、Mg^{2+}、SO_4^{2-} 生成不溶性的化合物，将其与粗盐中的不溶性杂质一起除去。

首先，加入 $BaCl_2$ 除去 SO_4^{2-}：　$SO_4^{2-}+Ba^{2+} = BaSO_4\downarrow$

在过滤掉 $BaSO_4$ 沉淀后的溶液中加入 NaOH 和 Na_2CO_3 溶液，用以除去 Ba^{2+}、Ca^{2+}、Mg^{2+}，即

$$Ba^{2+}+CO_3^{2-} = BaCO_3\downarrow$$

$$Ca^{2+}+CO_3^{2-} = CaCO_3\downarrow$$

$$2Mg^{2+}+CO_3^{2-}+2OH^{-} = Mg_2(OH)_2CO_3\downarrow$$

滤去沉淀，不仅去掉了 Ca^{2+}、Mg^{2+}，而且可以除去前一步里面过量的 Ba^{2+}。

过量的 NaOH 和 Na_2CO_3 溶液则可加 HCl 中和除去。

其他少量的可溶性杂质如 KCl，由于其含量少，而溶解度又很大，可以用浓缩结晶的方法将其留在母液中除去。

试剂及仪器

试剂：1 mol/L $BaCl_2$ 溶液，2 mol/L NaOH 溶液，2 mol/L Na_2CO_3 溶液，6 mol/L HCl

溶液，2 mol/L HAc 溶液，饱和$(NH_4)_2C_2O_4$溶液，2 mol/L H_2SO_4溶液，0.1 g/L 镁试剂。

仪器：托盘天平，量筒，100 mL 烧杯，玻璃棒，药匙，漏斗，铁架台(带铁圈)，蒸发皿，酒精灯，石棉网，坩埚钳，胶头滴管，布氏漏斗，吸滤瓶，真空泵。

过程设计

1. 粗氯化钠的提纯

称取 15 g 粗盐，放入 100 mL 的烧杯中，加入 50 mL 蒸馏水，边加热边用玻璃棒不断搅拌，直至粗盐完全溶解。

(1) 除去SO_4^{2-}、Mg^{2+}、Ca^{2+}和过量的Ba^{2+}。继续加热至近于沸腾的温度下，逐滴加入 1 mol/L $BaCl_2$溶液，用以除去SO_4^{2-}，其用量因原料不同而异(3～4 mL)。稍静置，取少量上层清液滴加$BaCl_2$溶液，若不再产生混浊，则证明$BaCl_2$溶液已加过量。若有混浊，则继续滴加$BaCl_2$溶液，直至无混浊为止。沉淀完全后，继续加热煮沸数分钟，使沉淀颗粒变大，易于过滤，用普通漏斗常压过滤，将$BaSO_4$和不溶性杂质一同除去。

将滤液转至另一洁净的 100 mL 烧杯中，加热至沸腾，用 2 mol/L 的 NaOH 溶液和 2 mol/L Na_2CO_3溶液组成体积比为 1∶1 的混合溶液再逐滴加到滤液中，边滴加边搅拌，当滤液的 pH 调到 11 左右，就会有大量的胶状沉淀生成。将上述混合物放置沉降，取少量上层清液，滴加 NaOH 和Na_2CO_3混合溶液，若无沉淀，说明溶液中不再含有Mg^{2+}、Ba^{2+}、Ca^{2+}，NaOH 和Na_2CO_3溶液已过量，否则，再补加 NaOH 和Na_2CO_3的混合溶液至沉淀完全。验证沉淀完全后，继续煮沸 2～3 min，常压过滤，弃去沉淀，保留溶液。

(2) 除去过量的OH^-、CO_3^{2-}。向上述滤液(含有Na^+、OH^-、Cl^-、CO_3^{2-})中加适量 6 mol/L HCl 溶液至 pH 为 4～5，再转入蒸发皿中，用小火加热蒸发，不断搅拌，浓缩至糊状稠液时为止，注意不要停止搅拌，待其冷却后用布氏漏斗减压抽滤至干。

将抽滤得到的 NaCl 晶体，在洁净、干燥的蒸发皿中小火烘干，冷却，称重，计算产率。

2. 纯度检验

称取粗盐和精盐各 0.5 g，分别用 5 mL 蒸馏水溶解备用。

(1) 检验SO_4^{2-}。分别取上述两种盐溶液 1 mL，各加 2 滴 1 mol/L $BaCl_2$溶液，观察有无白色$BaSO_4$沉淀。

(2) 检验Ca^{2+}。分别取上述两种盐溶液 1 mL，各加几滴 2 mol/L HAc 溶液使呈酸性，然后分别滴加 3～4 滴饱和$(NH_4)_2C_2O_4$溶液，观察有无CaC_2O_4白色沉淀。

(3) 检验Mg^{2+}。分别取上述两种盐溶液 1 mL，各加 4～5 滴 2 mol/L NaOH 溶液摇匀，再各加 2～3 滴镁试剂，若有蓝色絮状沉淀，表示含有Mg^{2+}。

(4) 检验Ba^{2+}。分别取上述两种盐溶液 1 mL，各加入 2 滴 2 mol/L H_2SO_4溶液，观察有无混浊。

通过这四种检验，若在提纯后的氯化钠溶液中均无混浊现象，则表明产品纯度符合要求。

数据记录与结果处理

(1) 产品外观：①粗盐__________；②精盐__________。

产率：__________________。

(2) 记录纯度检验结果。

注意事项

(1) 滴加试剂后，要振荡、混合均匀。

(2) 不要立即把蒸发皿直接放在实训台上，以免烫坏实训台。如果需要立即放在实训台上，则要垫上石棉网。

参考学时

3 学时。

预习要求

(1) 预习无机化学实训基本操作。

(2) 预习碱金属、碱土金属化合物性质及离子反应的条件。

实训思考

(1) 在除 Ca^{2+}、Mg^{2+}、Ba^{2+} 等离子时，能否用其他可溶性碳酸盐(如 Na_2CO_3)？

(2) 在除去 Ca^{2+}、Mg^{2+}、SO_4^{2-} 时，为什么要先加入 $BaCl_2$ 溶液，然后加入 NaOH 和 Na_2CO_3 溶液？

(3) 能否用 $CaCl_2$ 代替 $BaCl_2$ 来除去 SO_4^{2-}？

(4) 怎样除去粗盐中的 K^+？

(5) 在除去溶液中过量的 NaOH 和 Na_2CO_3 时，为什么要控制溶液的 pH 为 4～5？

实训 5　电解质溶液的性质

实训目的

(1) 加深对电离平衡、同离子效应、盐类水解等概念及水解平衡移动理论的理解。

(2) 学习缓冲溶液的配制方法及性质。

(3) 了解沉淀的生成和溶解条件。

(4) 学习 pH 试纸及指示剂的使用、溶液的取用、试管的振荡等基本操作。

实训原理

1. 弱电解质的电离平衡及同离子效应

对于弱酸或弱碱 AB，在水溶液中存在下列平衡：$AB \rightleftharpoons A^+ + B^-$，各物质浓度关系满足 $K^\ominus=[A^+]\cdot[B^-]/[AB]$，$K^\ominus$ 为电离常数。在此平衡体系中，若加入含有相同离子的强电解质，即增加 A^+ 或 B^- 离子的浓度，则平衡向生成 AB 分子的方向移动，使弱电解质的电离度降低，这种效应称为同离子效应。

2. 缓冲溶液

由弱酸及其盐（如 HAc-NaAc）或弱碱及其盐（如 $NH_3 \cdot H_2O$-NH_4Cl）组成的混合溶液，能在一定程度上对抗外加的少量酸、碱或水的稀释作用，而本身的 pH 变化不大，这种溶液称为缓冲溶液。

3. 盐类的水解反应

盐类的水解反应是由组成盐的离子和水电离出来的 H^+ 或 OH^- 作用，生成弱酸或弱碱的过程。水解反应往往使溶液显酸性或碱性。如：弱酸强碱盐（碱性）、强酸弱碱盐（酸性）、弱酸弱碱盐（由生成弱酸、弱碱的相对强弱决定）。通常加热能促进水解，浓度、酸度、稀释等也会影响水解。

试剂及仪器

试剂：HCl 溶液（0.1 mol/L，1 mol/L，6 mol/L）、HAc 溶液（0.1 mol/L，1 mol/L）、NaOH 溶液（0.1 mol/L，1 mol/L）、$NH_3 \cdot H_2O$（2 mol/L）、NaCl 溶液（0.1 mol/L）、Na_2CO_3溶液（0.1 mol/L）、NaAc（1 mol/L，固体）、$MgCl_2$溶液（0.1 mol/L）、$Al_2(SO_4)_3$溶液（0.1 mol/L）、NH_4Cl（0.1 mol/L，饱和溶液，固体）、Na_3PO_4 溶液（0.1 mol/L）、Na_2HPO_4溶液（0.1 mol/L）、NaH_2PO_4溶液（0.1 mol/L）、$SbCl_3$（固体）、$FeCl_3$（固体）、标准缓冲溶液（pH=6.86，4.00）、锌粒（固体）、酚酞溶液（1%）、甲基橙溶液（0.1%）、pH 试纸。

仪器：试管、烧杯、量筒、洗瓶、玻璃棒、酒精灯（或水浴锅）。

过程设计

1. 强、弱电解质溶液的比较

用 pH 试纸分别测定 HAc（0.1 mol/L）、HCl（0.1 mol/L）溶液的 pH。然后在两支试管中分别加入 1 mL 上述溶液，再各加入一小颗锌粒并加热，观察哪支试管中产生氢气的反应比较剧烈。

2. 同离子效应

（1）在两支试管中，各加 1 mL 0.1 mol/L HAc 溶液和 1 滴甲基橙指示剂，摇匀，观察溶液颜色；在其中一支试管中加入少量 NaAc 固体，振荡使之溶解，观察溶液颜色有何变化，与另一支试管溶液进行比较，指出同离子效应对电离度的影响。

（2）在两支小试管中，各加 5 滴 0.1 mol/L $MgCl_2$溶液，在其中一支试管中再加入 5 滴饱和 NH_4Cl 溶液，然后在两支试管中各加入 5 滴 2 mol/L $NH_3 \cdot H_2O$，观察两支试管中发生的现象，写出有关反应方程式并说明原因。

3. 缓冲溶液的配制和性质

（1）在试管中放 10 mL 蒸馏水，加 3 滴 0.1 mol/L HCl 溶液，摇匀后用广范 pH 试纸测这个溶液的 pH。将溶液分成三份（每份 3 mL）：第一份加 2 滴 2 mol/L HCl 溶液，第二份加 2 滴 2 mol/L NaOH 溶液，第三份加蒸馏水稀释 1 倍。混匀，用广范 pH 试纸分别测这三份溶液的 pH。

(2) 在另一支试管中放 5 mL 1 mol/L HAc 溶液和 5 mL 1 mol/L NaAc 溶液，摇匀后，用精密 pH 试纸测这个溶液的 pH。与理论值比较。将溶液分成三份(每份 3 mL):第一份中加 2 滴 2 mol/L HCl 溶液，第二份中加 2 滴 2 mol/L NaOH 溶液，第三份加蒸馏水稀释 1 倍。混匀，用精密 pH 试纸分别测这三份溶液的 pH。与上一实验比较，由此又得出什么结论?

(3) 欲配制 pH=4.1 的缓冲溶液 11 mL，实训室现有 0.1 mol/L HAc 溶液和 0.1 mol/L NaAc 溶液，应该怎样配制? 先经过计算，再按计算的体积配好溶液，并用精密 pH 试纸测量是否符合要求。

4. 缓冲能力

取两支试管，在一支试管中加入 0.1 mol/L HAc 溶液和 0.1 mol/L NaAc 溶液各 3 mL，另一支试管中加入 1 mol/L HAc 溶液和 1 mol/L NaAc 溶液各 3 mL，这时两管内溶液的 pH 是否相同? 在两管中分别加入 2 滴甲基红指示剂，溶液呈红色(甲基红指示剂在 pH<4.4 时呈红色，pH>6.2 时呈黄色)，然后在两管中分别逐滴加入 2 mol/L NaOH 溶液(每加 1 滴摇匀)，直至溶液的颜色变成黄色。记录各管所加滴数，解释所得的结果。

5. 盐类水解反应及其影响因素

(1) 盐的水解与溶液的酸碱性。

① 取三支小试管，分别加入 5 滴 0.1 mol/L NaCl、Na_2CO_3 及 $Al_2(SO_4)_3$ 溶液，用玻璃棒蘸取少许溶液在 pH 试纸上测定溶液的 pH。写出水解的离子方程式，并解释。

② 用 pH 试纸分别测定 0.1 mol/L NaCl、NH_4Cl、NH_4Ac、Na_2CO_3、Na_3PO_4、Na_2HPO_4、NaH_2PO_4 溶液的 pH，记录测定结果，并解释。

(2) 影响盐类水解反应的因素。

① 温度　取两支试管，分别加入 5 滴 1 mol/L NaAc 溶液和 5 滴蒸馏水，并各加入 1 滴酚酞溶液，将其中一支试管用酒精灯(或水浴)加热，观察颜色变化，冷却后颜色又如何? 解释原因。

② 酸度　将少量 $FeCl_3$、$SbCl_3$ 固体(火柴头大小即可)置于一支小试管中，加入 1 mL 蒸馏水，有何现象产生? 用 pH 试纸测定溶液的 pH。再向试管中加入几滴 6 mol/L HCl 溶液，观察沉淀是否溶解。最后将所得溶液再加入 2 mL 蒸馏水稀释，又有什么变化? 解释现象并写出有关反应方程式。

③ 相互水解　在两支试管中，分别加入 1 mL 0.1 mol/L Na_2CO_3 溶液及 1 mL 0.1 mol/L $Al_2(SO_4)_3$ 溶液，先用 pH 试纸分别测定溶液的 pH，然后将两者混合，观察现象并写出有关反应的离子方程式。

数据记录与结果处理

将缓冲溶液的配制和性质有关数据记录于下表中。

缓冲溶液的配制和性质数据记录表

试管号	1			2			3
配制方法	10 mL H_2O+3 滴 0.1 mol/L HCl			1 mol/L HAc 5 mL+ 1 mol/L NaAc 5 mL			0.1 mol/L HAc ( )mL +0.1 mol/L NaAc ( )mL (11 mL 缓冲溶液)
理论 pH	—						4.1
pH 测定值							
分三份 (每份 3 mL)	加 2 mol/L HCl 2 滴	加 2 mol/L NaOH 2 滴	加水稀释 1 倍	加 2 mol/L HCl 2 滴	加 2 mol/L NaOH 2 滴	加水稀释 1 倍	—
pH 测定值							—

将缓冲能力数据记录于下表中。

缓冲能力数据记录表

试管号	1	2
配制方法	0.1 mol/L HAc 3 mL + 0.1 mol/L NaAc 3 mL	1 mol/L HAc 3 mL + 1 mol/L NaAc 3 mL
理论 pH		
由红变黄所需 2 mol/L NaOH 滴数		

将盐类水解数据记录于下表中。

盐类水解数据记录表

溶液	NaCl	NH_4Cl	NH_4Ac	Na_2CO_3	Na_3PO_4	Na_2HPO_4	NaH_2PO_4
pH 计算值							
pH 测定值							

注意事项

(1) 用 pH 试纸测定溶液的 pH 时，不可将 pH 试纸投入待测溶液中测试。

(2) 实验时要注意试剂用量，否则可能观察不到现象。

(3) 注意取用固体、液体的正确操作，以免试剂弄混和交叉污染。

参考学时

4 学时。

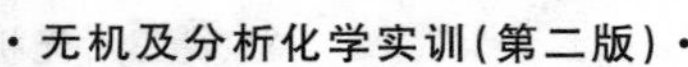

预习要求

预习电解质溶液的性质。

实训思考

(1) 为什么 NaH_2PO_4、Na_2HPO_4溶液分别呈现弱酸性和弱碱性?为什么 NaH_2PO_4-Na_2HPO_4溶液有缓冲作用?

(2) 使用酸度计时应注意哪些问题?

(3) 同离子效应对弱电解质的电离度和难溶电解质的溶解度各有何影响?

(4) 将 10 mL 0.2 mol/L NaAc 溶液和 10 mL 0.2 mol/L HCl 溶液混合,所得溶液是否具有缓冲能力?

实训 6　乙酸电离常数的测定

实训目的

(1) 掌握 pH 法测定乙酸电离常数 K_a的原理和方法。

(2) 学会使用酸度计测定溶液的 pH。

(3) 练习使用酸度计、容量瓶。

实训原理

乙酸(CH_3COOH 或写作 HAc)是弱电解质,在溶液中存在下列电离平衡:

	HAc $\rightleftharpoons$	H^+ +	Ac^-
起始浓度/(mol/L)	c	0	0
平衡浓度/(mol/L)	$c-c\alpha$	$c\alpha$	$c\alpha$

$$K_a^\ominus=\frac{[H^+][Ac^-]}{[HAc]}=\frac{(c\alpha)^2}{c-c\alpha}=\frac{c\alpha^2}{1-\alpha}$$

一般情况下,当 $K/c\geqslant 500$,则弱酸的电离度 α 小于 5%,此时采用近似计算结果的相对误差约为 2%,$1-\alpha\approx 1$。

故 $K_a^\ominus=c\alpha^2$,而$[H^+]=c\alpha$,因此 $\alpha=[H^+]/c$。

c 为 HAc 的起始浓度,HAc 溶液的 pH 由数显酸度计测定,然后根据 $pH=-\lg[H^+]$,$[H^+]=10^{-pH}$,把$[H^+]$、c 代入上式,即可求算出电离度 α 和电离常数 $K_a^\ominus$。

试剂及仪器

试剂:0.200 0 mol/L HAc 标准溶液,pH 标准缓冲溶液(邻苯二甲酸氢钾、混合磷酸盐、四硼酸钠)。

仪器：酸度计，50 mL 或 100 mL 烧杯，温度计，移液管，洗耳球。

过程设计

1. 配制不同浓度的 HAc 溶液

分别移取 2.5 mL、5.0 mL、10.0 mL、15.0 mL、20.0 mL HAc 标准溶液于 5 个 50 mL容量瓶中，用去离子水稀释至刻度，摇匀，并计算出 5 个容量瓶中 HAc 溶液的准确浓度。将溶液从稀到浓排序并编号为：1，2，3，4，5。原溶液为 6 号。

2. 测定不同浓度的 HAc 溶液的 pH，计算 α 和 K_a

将上述 6 种溶液（30～40 mL）分别倒入干燥、洁净的小烧杯中，按由稀到浓的顺序分别测定不同浓度的 pH。并记录数据和室温。

3. 计算 HAc 电离度和电离常数

根据 $pH=-\lg[H^+]$，$[H^+]=10^{-pH}$，把$[H^+]$、c 代入公式 $\alpha=[H^+]/c$，即可求算出电离度 α，进而根据公式 $K_a^\ominus=c\alpha^2$ 即可求得电离常数 $K_a^\ominus$。

数据记录与结果处理

将有关数据及结果记录于下表中。

乙酸电离度和电离常数的测定（温度____℃）

HAc溶液编号	HAc标准溶液或原液体积/mL	稀释体积/mL	c_{HAc}/(mol/L)	pH实测值	平衡时$[H^+]$/(mol/L)	α		$K_a^\ominus$	
						测定值	平均值	测定值	平均值
1	2.5	50.0							
2	5.0	50.0							
3	10.0	50.0							
4	15.0	50.0							
5	20.0	50.0							
6(原液)	20	不稀释							

注意事项

(1) 测量 pH 之前，烧杯必须洗涤并干燥。

(2) 复合电极要轻拿轻放，避免损坏。

(3) 测定不同浓度乙酸溶液的 pH 时，宜按由稀到浓的顺序进行。

参考学时

2 学时。

预习要求

(1) 熟悉移液管和容量瓶的正确使用方法。

(2) 熟悉酸度计的正确使用方法。

实训思考

(1) 测得的电离常数是否与附表中所给的 $K_a^\ominus(HAc)$ 有误差？试讨论怎样才能减少误差。

(2) 怎样配制不同浓度的 HAc 溶液？

实训 7　化学反应速率和化学平衡

实训目的

(1) 掌握浓度、温度、催化剂对反应速率的影响。

(2) 掌握浓度、温度对化学平衡移动的影响。

(3) 练习在水浴中保持恒温的操作。

实训原理

化学反应速率是以单位时间内反应物浓度的减少或生成物浓度的增加来表示的。化学反应速率首先与化学反应的本性有关，此外，反应速率还受到反应进行时所处的外界条件(浓度、温度、催化剂)的影响。

在可逆反应中，当正、反反应速率相等时，即达到化学平衡。改变平衡系统的条件如浓度(或系统中有气压时的压力)或温度时，平衡会发生移动。根据吕·查德里原理，当条件改变时，平衡就向着减弱这个改变的方向移动。

碘酸钾和亚硫酸钠在水溶液中发生如下反应：

$$2KIO_3 + 5Na_2SO_3 + H_2SO_4 \longrightarrow K_2SO_4 + 5Na_2SO_4 + H_2O + I_2\downarrow$$

反应中生成碘，遇淀粉变为蓝色，如果在反应物中预先加入淀粉做指示剂，则淀粉变蓝色所需要的时间 t 可以用来表示反应速率的大小。

一般增加反应物的浓度，反应速率加快，定量关系为质量作用定律(只适用于基元反应)。增加反应物的浓度，平衡正向移动。如 $CoCl_2$ 溶液中，当用滴管滴加浓 HCl 溶液数滴，溶液会从红色变蓝色，再加水稀释，溶液又会从蓝色变红色。反应式如下：

$$[Co(H_2O)_6]^{2+} + 4Cl^- \rightleftharpoons [CoCl_4]^{2-} + 6H_2O$$

改变反应物或生成物浓度，会使平衡移动，从而使溶液改变颜色。

温度可显著地影响化学反应速率，对大多数化学反应来说，温度升高，反应速率增大，定量关系为范特霍夫规则。温度升高，平衡向吸热方向移动。该类反应如：

$$2NO_2 \rightleftharpoons N_2O_4 \qquad \Delta H = -58.14\ kJ/mol$$

红棕色　　无色

催化剂可大大改变化学反应速率。催化剂与反应系统处于同相时，称为均相催化。在 $KMnO_4$ 和 $H_2C_2O_4$ 的酸性混合溶液中，加入 Mn^{2+} 可增大反应速率，该反应的反应速率可由 $KMnO_4$ 的紫红色退去时间长短来指示。该反应可表示如下：

$$2KMnO_4 + 5H_2C_2O_4 + 3H_2SO_4 \longrightarrow 2MnSO_4 + 10CO_2\uparrow + K_2SO_4 + 8H_2O$$

催化剂与反应系统不为同一相时，称为多相催化，如 H_2O_2 溶液在常温下不易分解放出氧气，而加入催化剂 MnO_2 则 H_2O_2 分解速率明显加快。

$$2H_2O_2 \longrightarrow 2H_2O + O_2\uparrow$$

试剂及仪器

试剂：MnO_2 粉末（A. R.）、0.04 mol/L Na_2SO_3 溶液（每升含淀粉 5 g）、0.004 mol/L KIO_3 溶液（每升加浓硫酸 4 mL，使 pH 在 4 左右）、3% H_2O_2 溶液、3.0 mol/L H_2SO_4 溶液、0.1 mol/L $MnSO_4$ 溶液、0.01 mol/L $KMnO_4$ 溶液、0.05 mol/L $H_2C_2O_4$ 溶液、饱和 $CoCl_2$ 溶液、浓盐酸。

仪器：大试管、量筒（10 mL）、秒表、玻璃棒、烧杯（200 mL）、酒精灯、温度计（100 ℃）、二氧化氮平衡仪。

过程设计

1. 浓度对反应速率的影响

取一支大试管，量取 0.004 mol/L KIO_3 溶液 5 mL，加入 1 mL 0.04 mol/L Na_2SO_3 溶液，并立即按动秒表，同时振荡试管，当溶液变蓝时，马上停止秒表，记下出现蓝色所需的时间。用同样的方法，改变 KIO_3 溶液的浓度，记下每次溶液变蓝所需要的时间。

2. 温度对反应速率的影响

取一支大试管，加入 3 mL 0.004 mol/L KIO_3 溶液，再加 2 mL 蒸馏水，振荡，在另一支试管中加入 1 mL 0.04 mol/L Na_2SO_3 溶液，两管同时放入盛热水的烧杯中水浴加热，在其中一支试管中插入温度计，待温度升至比室温高 10 ℃时，将 1 mL Na_2SO_3 溶液迅速倒入盛 KIO_3 溶液的试管中，立即计时，并振荡，记录变蓝需用的时间。用同样的操作方法，固定浓度，在高于室温 20 ℃、30 ℃时，记录淀粉变蓝所需用的时间。

3. 催化剂对反应速率的影响

（1）均相催化　取两支试管，往第一支试管中加入 1 mL 3 mol/L H_2SO_4 溶液和3 mL 0.05 mol/L $H_2C_2O_4$ 溶液，加 1 mL 蒸馏水。在另一支试管中加同样数量的硫酸和草酸，但另加 1 mL 0.1 mol/L $MnSO_4$ 溶液（做催化剂），然后在两支试管中迅速加入0.01 mol/L $KMnO_4$ 溶液各 3 滴，比较两支试管中紫色退去的快慢。观察现象。

（2）多相催化　取两支小试管，各加入 2 mL 3% H_2O_2 溶液，用湿润的玻璃棒沾少量的 MnO_2 粉末（做催化剂）伸进其中的一支试管内，比较两支试管中气泡的产生情况，并用燃烧余烬的火柴检验放出的气体。观察现象。

4. 浓度对化学平衡的影响

在培养皿中倒入少量的 $CoCl_2$ 溶液(溶液的量为刚刚盖上皿底),然后用滴管滴加浓盐酸数滴,待溶液颜色改变后,再加水稀释。观察现象。

5. 温度对化学平衡的影响

将二氧化氮平衡仪的两个玻璃球分别放入热水和冷水中 2～3 min,比较两球的颜色有什么不同。

数据记录与结果处理

将不同浓度下的反应速率有关数据记录于下表中。

不同浓度下的反应速率

编号	体积/mL			KIO_3 浓度 $\frac{V_1}{V_1+V_2+V_3}\times 100\%$	淀粉变蓝需要的时间/s
	$KIO_3(V_1)$	$H_2O(V_2)$	$Na_2SO_3(V_3)$		
1	5	0	1		
2	3	2	1		
3	2	3	1		

将不同温度下的反应速率有关数据记录于下表中。

不同温度下的反应速率

编号	体积/mL			实验时温度/℃	淀粉变蓝需要的时间/s
	$KIO_3(V_1)$	$H_2O(V_2)$	$Na_2SO_3(V_3)$		
1	3	2	1		
2	3	2	1		
3	3	2	1		

将催化剂对反应速率的影响情况记录于下表中。

催化剂对反应速率的影响

实验	编号	实验现象	结论
均相催化	1		
	2		
多相催化			

将浓度对化学平衡的影响情况记录于下表中。

浓度对化学平衡的影响

实验	实验现象	结论
加浓盐酸		
加水稀释		

将温度对化学平衡的影响情况记录于下表中。

温度对化学平衡的影响

实验	实验现象	结 论
冷水		
热水		

注意事项

(1) 时间的记录:两支试管分装两种反应物,当第二支试管中溶液快速倒入近一半时开始计时,边振荡混合后的试管边观察蓝色出现,出现蓝色后立即停止计时。为便于计时,可两人合作。

(2) 水浴加热:烧杯下应放石棉网,杯内同时放入分装两种反应物的试管,并且其中一试管中放温度计,待温度升至比原温度高 10 ℃、20 ℃时混合两支试管中溶液,观察现象,并记录时间。

(3) 浓盐酸的使用:因其具有强烈的腐蚀性,使用时要小心,若滴到手或衣物上,用大量的水冲洗。

(4) 液体试样的取用:若用量大于 1 mL,用量筒量取;若用量小于 1 mL,则用滴管滴加,注意液滴的大小均匀。

(5) 废液要倒入废液缸。

参考学时

3 学时。

预习要求

(1) 预习影响化学反应速率的因素。

(2) 预习化学平衡的移动。

实训思考

(1) 从实验结果说明:哪些因素影响化学平衡?怎样判断化学平衡移动的方向?

(2) 根据 NO_2 和 N_2O_4 的平衡实验说明:升高温度时,$p_{N_2O_4}$、p_{NO_2}、K 将如何变化?平衡将向什么方向移动?

模块四

分析化学实训

项目1　分析仪器的使用练习

知识目标

(1) 掌握浓度的计算和各种溶液的配制方法。

(2) 掌握各种分析方法终点的计算。

(3) 掌握分析实训常用仪器及其使用方法。

能力目标

(1) 熟练掌握分析天平的使用。

(2) 学会各种标准溶液的配制。

(3) 熟练掌握滴定的基本操作和终点的判断。

实训1　分析天平的使用练习

实训目的

(1) 学习分析天平的基本操作和样品的称量方法,能熟练地使用天平。

(2) 培养准确、简明地记录实训原始数据的习惯,不得涂改数据,不得将数据记录在实训记录本以外的地方。

实训原理

参考本教材模块二有关天平部分。

试剂及仪器

试剂：石英沙（供称重练习用）。

仪器：分析天平（半自动电光天平），电子天平，托盘天平，称量瓶，50 mL 烧杯，表面皿，牛角匙。

过程设计

（一）半自动电光天平称样步骤

1. 固定质量称量法（称取石英沙 0.500 0 g）

固定质量称量法是指称取某一固定质量的试样的称量方法。该称量法常用于称取不易吸水、在空气中较稳定的试样，如金属、矿样、基准物质等。

称量方法如下。

(1) 在分析天平上准确称出洗净并干燥过的表面皿的质量，在实训记录本上记录数据。

(2) 在天平的右秤盘上再加 500 mg 砝（圈）码。

(3) 用牛角匙取石英沙试样，慢慢加到表面皿中，直到天平的平衡点与称量表面皿时的平衡点一致（误差范围为 0.2～0.4 mg）。

(4) 用上述方法称 2～3 次，将称量数据记录到实训记录本上。

2. 递减称量法（称取 0.3～0.4 g 石英沙两份）

递减称量法（又称差减法）常用于称取易吸水、易氧化或易与 CO_2 反应的物质。

(1) 用滤纸条取两只干净小烧杯，编号分别为 1，2，分别在分析天平上准确称重，空烧杯质量记为 m_0 和 m_0'。

(2) 用滤纸条取一干净的称量瓶，先在托盘天平上初称其质量，加入约 1 g 石英沙粉末（为什么？），在分析天平上准确称重（准确至 0.1 mg），记下其质量（m_1）。

(3) 用一小条滤纸套在称量瓶上，取出称量瓶后，再用一小片滤纸包住瓶盖，将称量瓶打开，用盖轻轻敲击称量瓶，转移石英沙 0.3～0.4 g 于 1 号小烧杯中，并准确称出称量瓶和剩余石英沙的质量（m_2），以同样方法转移试样 0.3～0.4 g 于 2 号小烧杯中，再准确称出称量瓶和剩余试样的质量（m_3）。

(4) 准确称出两只烧杯加试样的质量，分别为 m_4 和 m_5。

（二）电子天平称样步骤

1. 使用步骤

(1) 查看水平仪，如不水平，要通过水平调节脚调至水平。

(2) 接通电源，预热 30 min 后，方可开启显示器进行操作。

(3) 轻按“ON”显示键后，出现“0.000 0 g”称量模式后方可称量。

(4) 将称量物轻放在秤盘中央，待显示器上数字稳定后出现质量单位 g，即可读数，并

记录称量结果。

2. 称量方法

(1) 固定质量称量法(每份称取石英沙 0.500 0 g):取一干净表面皿放入电子天平内,待显示准确质量后,按“TAR”(清零键)后,直接用牛角匙向表面皿中慢慢加样,至天平屏幕上显示“0.500 0 g”。

(2) 递减称量法与半自动电光天平的递减称量法相同。

数据记录与结果处理

1. 数据记录

(1) 将固定质量称量法记录数据列入下表中。

固定质量称量法记录

次数	表面皿质量/g	表面皿和试样质量/g	试样质量/g
1			
2			
3			

(2) 递减称量法记录表格如下。

递减称量法记录

项目 \ 称量编号	1	2
称量瓶和试样质量(敲出前)/g	m_1	m_2
称量瓶和试样质量(敲出后)/g	m'_1	m'_2
倾出试样质量/g	$m_1-m'_1$	$m_2-m'_2$
烧杯和试样质量/g	m_{11}	m_{22}
空小烧杯质量/g	m''_{11}	m''_{22}
称取试样质量/g	$m_{11}-m''_{11}$	$m_{22}-m''_{22}$
绝对差质量/g		

2. 数据处理

要求倾出试样重与称取试样重之间的绝对差值每份应小于 0.4 mg。若绝对差值较大,则需分析原因,反复练习,直至达到误差要求。

参考学时

3 学时。

预习要求

(1) 熟悉半自动电光天平的结构和使用。

(2) 熟悉电子天平的结构和使用。

实训思考

(1) 开启半自动电光天平时，应做哪些准备工作？
(2) 使用称量瓶时，如何操作才能保证样品不致损失？
(3) 什么情况下应选用固定质量称量法？什么情况下应选用递减称量法？
(4) 称量时，砝码和称量物为何要放在天平盘的中央？
(5) 分析天平的灵敏度越高，是否称量的准确度越高？

实训 2　滴定分析仪器的使用和滴定终点练习

实训目的

(1) 学习、掌握滴定分析常用仪器的洗涤方法和使用方法。
(2) 了解常用玻璃量器的基本知识。
(3) 练习滴定分析基本操作和利用指示剂正确地判断滴定终点。

实训原理

一定浓度的 HCl 溶液和 NaOH 溶液相互滴定时，所消耗的体积之比 $V_{HCl}:V_{NaOH}$ 应是一定的。在指示剂不变的情况下，改变被滴定溶液的体积，此体积之比应基本不变。由此可以检验滴定操作技术和判断终点。

0.1 mol/L HCl(强酸)和 0.1 mol/L NaOH(强碱)相互滴定时，化学计量点的 pH 为 7.0，pH 突跃范围为 4.3～9.7。凡在突跃范围内变色的指示剂，都可以保证测定有足够的准确度。

甲基橙(简写为 MO)的 pH 变色范围是 3.1(红色)～4.4(黄色)，pH 在 4.0 左右时为橙色。

酚酞(简写为 PP)的 pH 变色范围是 8.0(无色)～10.0(红色)。

因此，本实训采用甲基橙和酚酞作为指示剂。

试剂及仪器

试剂：氢氧化钠，浓盐酸，酚酞指示剂，甲基橙指示剂。

仪器：50 mL 酸式滴定管一支，50 mL 碱式滴定管一支，25 mL 移液管一支，250 mL 锥形瓶三个，量筒。

过程设计

1. 酸、碱溶液的配制

(1) 配制 0.1 mol/L HCl 溶液。用 10 mL 干净量筒量取浓盐酸约 9 mL，倒入 1 L 试

剂瓶中,加蒸馏水稀释至1 L,盖上玻璃塞,摇匀。

(2) 配制 0.1 mol/L NaOH 溶液。在托盘天平上称取约 4 gNaOH 固体,置于250 mL烧杯中,加入蒸馏水使之溶解后,倒入带橡皮塞的 1 L 试剂瓶中,加水稀释至1 L,用橡皮塞塞好瓶口,充分摇匀。

2. 酸、碱溶液的相互滴定

(1) 用 0.1 mol/L NaOH 溶液润洗已洗净的碱式滴定管 2～3 次,每次 5～10 mL,然后将 0.1 mol/L NaOH 溶液装入碱式滴定管中,调节液面到 0.00 刻度。

(2) 用 0.1 mol/LHCl 溶液润洗已洗净的酸式滴定管 2～3 次,每次 5～10 mL,然后将 0.1 mol/LHCl 溶液装入酸式滴定管中,调节液面到 0.00 刻度。

(3) 由碱式滴定管中放出 NaOH 溶液约 20 mL 于 250 mL 锥形瓶中,加入 1 滴甲基橙指示剂,用 0.1 mol/L HCl 溶液滴至溶液由黄色变为橙色,练习过程中可以不断补充 NaOH 溶液和 HCl 溶液,反复进行,直至操作熟练及能准确判断终点颜色(橙色)后,再进行下列各实训步骤。

(4) 由碱式滴定管中分别准确放出 20～25 mL NaOH 溶液三份(要求每份体积不一样)于 250 mL 锥形瓶中,放出时以约 10 mL/min 的速度进行,即 3～4 滴/s,加入 1 滴甲基橙指示剂,用 0.1 mol/LHCl 溶液滴至溶液由黄色转变为橙色,即为终点,记下消耗 HCl 溶液的体积(mL),并求出每次实训中两溶液的体积比 V_{HCl}/V_{NaOH},要求相对偏差为 -0.3%～+0.3%。

(5) 用移液管准确吸取 25.00 mL 0.1 mol/L HCl 溶液于 250 mL 锥形瓶中,加 1～2 滴酚酞指示剂,用 0.1 mol/L NaOH 溶液滴定至微红色,30 s 不退色即为终点,记下消耗的 NaOH 溶液的体积(mL)。平行滴定三份,要求三次所消耗 NaOH 溶液的体积最大绝对差值(最大体积和最小体积之差)不超过 0.04 mL。

数据记录与结果处理

(1) HCl 溶液滴定 NaOH 溶液(指示剂：　　　　)。

HCl 溶液滴定 NaOH 溶液

记录项目 \ 滴定号码	Ⅰ	Ⅱ	Ⅲ
V_{NaOH}/mL			
V_{HCl}/mL			
V_{HCl}/V_{NaOH}			
V_{HCl}/V_{NaOH}平均值			
相对偏差/(%)			
平均相对偏差/(%)			

(2) NaOH 溶液滴定 HCl 溶液(指示剂：　　　)。

NaOH 溶液滴定 HCl 溶液

滴定号码 / 记录项目	Ⅰ	Ⅱ	Ⅲ
V_{HCl}/mL			
V_{NaOH}/mL			
V_{NaOH}平均值/mL			
n 次 V_{NaOH}最大绝对差值/mL			

注意事项

注意安全操作。

参考学时

3 学时。

实训思考

(1) 在滴定分析实训中，滴定管要用滴定剂，移液管要用所移取的溶液各润洗几次？为什么？

(2) 为什么滴定管的初读数每次最好调至 0.00 mL 刻度处？

(3) 滴定管、移液管、容量瓶是滴定分析中三种准确量器，应记录几位有效数字？

(4) NaOH 和 HCl 能否直接配制准确浓度溶液？为什么？解释本实训中配制 1 L 浓度为 0.1 mol/L 的 HCl 溶液和 NaOH 溶液的原理。

实训 3　滴定分析仪器的校准

实训目的

(1) 掌握滴定管、容量瓶和移液管的使用方法。

(2) 学习容量器皿的校准方法。

(3) 进一步练习分析天平的称量操作。

实训原理

容量器皿的实际容积与所标示的往往不完全相符，因此，在准确性要求较高的分析工作中，使用前必须进行容量器皿的校准。

在实际工作中，容量瓶和移液管常常是配合使用的。因此，要求两者容积间有一定的比例关系。可采用相对校准的方法对容量器皿进行校准。

滴定管、容量瓶和移液管的实际容积,可采用称量法校准。原理是:称量量器中所放出或所容纳的水质量,并根据该温度下水的密度,计算出该量器在20℃时的容积。但在水质量换算成容积时必须考虑以下三个因素:

(1) 温度对水密度的影响;

(2) 空气浮力对称量水质量的影响;

(3) 温度对玻璃容器容积的影响。

为了方便起见,把上述三个因素综合校准后得到的值列成表格(见表4-1)。根据表4-1中的数值,便可以计算某一温度下,一定质量的纯水相当于20℃时所占的实际容积。

表4-1 在不同温度下用纯水充满1 L玻璃容器的水质量

温度/℃	1 L水质量/g	温度/℃	1 L水质量/g	温度/℃	1 L水质量/g
5	998.50	17	997.66	29	995.18
6	998.51	18	997.51	30	994.91
7	998.50	19	997.35	31	994.68
8	998.48	20	997.18	32	994.34
9	998.44	21	997.00	33	994.05
10	998.39	22	996.80	34	993.75
11	998.32	23	996.60	35	993.44
12	998.23	24	996.38	36	993.12
13	998.14	25	996.17	37	992.80
14	998.04	26	995.93	38	992.46
15	997.93	27	995.69	39	992.12
16	997.80	28	995.44	40	991.77

试剂及仪器

试剂:蒸馏水。

仪器:分析天平,50 mL酸式滴定管,250 mL容量瓶,25 mL移液管,50 mL带磨口锥形瓶,二次蒸馏水。

过程设计

1. 滴定管校准

准备好一支洗净的酸式滴定管,注入蒸馏水至零刻度以上。把滴定管夹在滴定管架上,把液面调节至"0.00"刻度以下附近。慢慢旋开活塞,把滴定管中的水以每分钟约10 mL流速放入已称重且外壁干燥的50 mL锥形瓶中。每放入10 mL左右后,即旋紧瓶塞并称重至0.001 g,直至放出50 mL水。前后两次质量之差即为放出的水质量,根据

表 4-1，计算它们的实际容积，并从滴定管所标示的容积和实际容积之差，求出其校准值。

重复校准一次（两次校准值之差应小于 0.02 mL），并求出校准值的平均值。

2. 移液管和容量瓶的相对校准

在预先洗净和晾干的 250 mL 容量瓶中，用移液管准确移入 25 mL 蒸馏水，重复移取 10 次后，观测瓶颈处水的弯月面是否与标线正好相切，否则，应另做一记号。经过校准后的容量瓶和移液管，便可以较好地配套使用。

数据记录与结果处理

将滴定管校准数据列于下表中。

滴定管校准数据记录表

水温：　　　　　　　　　　水的相对密度：

滴定管读数	水的体积/mL	瓶与水质量/g	纯水质量/g	实际容积/mL	标准值/mL	总标准值/mL

注意事项

每次放水尽量接近 10 mL。

参考学时

3 学时。

实训思考

（1）为什么在校准滴定管时称量只要称到 0.001 g？

（2）滴定管每次放出的溶液是否一定要为整数？

项目 2　酸碱滴定法

知识目标

（1）掌握常用酸标准溶液的配制及标定。

(2) 掌握常用碱标准溶液的配制及标定。

(3) 学会用酸碱滴定法测定物质的酸、碱含量。

能力目标

(1) 学会酸、碱标准溶液的配制及标定方法。

(2) 学会设计实训方案测定物质中的酸、碱含量。

(3) 熟练掌握滴定的基本操作和指示剂的选择。

实训1　HCl标准溶液的配制及标定

实训目的

(1) 学会用基准物质标定 HCl 溶液浓度的方法。

(2) 学会指示剂的选择。

(3) 进一步练习滴定操作技术。

实训原理

配制标准酸溶液通常用浓盐酸。酸溶液通常用硼砂或无水碳酸钠标定。

1. 用硼砂标定

用 $Na_2B_4O_7 \cdot 10H_2O$ 标定 HCl 溶液,反应式如下:

$$Na_2B_4O_7 + 2HCl + 5H_2O = 4H_3BO_3 + 2NaCl$$

由反应式可知,HCl 与硼砂反应时物质的量之比为 2∶1,由于生成的 H_3BO_3 为弱酸,在化学计量点,pH 约为 5,故可选用甲基红做指示剂。

2. 用无水碳酸钠标定

用 Na_2CO_3 标定 HCl 溶液,反应式如下:

$$Na_2CO_3 + 2HCl = H_2CO_3 + 2NaCl$$

由反应式可知,HCl 与碳酸钠反应时物质的量之比为 2∶1,由于生成的 H_2CO_3 不稳定,易分解放出 CO_2,所以溶液相当于 H_2CO_3 的饱和溶液,在化学计量点,pH 约为 3.89,故可选用改良甲基橙做指示剂。

试剂及仪器

试剂:Na_2CO_3 固体(A. R.),改良甲基橙指示剂,浓盐酸。

仪器:50 mL 酸式滴定管一支,25 mL 移液管一支,250 mL 锥形瓶三个,250 mL 容量瓶。

过程设计

(1) 配制 0.1 mol/L HCl 溶液。

用 10 mL 干净量筒量取浓盐酸约 9 mL，倒入 1 L 试剂瓶中，加蒸馏水稀释至 1 L，盖上玻璃塞，摇匀。

(2) 标定 0.1 mol/L HCl 标准溶液。

用称量瓶准确称取 0.15～0.20 g 无水 Na_2CO_3三份，分别放入 250 mL 锥形瓶中，各加 20～30 mL 蒸馏水，溶解后加 1～2 滴改良甲基橙指示剂，用待标定的 HCl 溶液滴定至溶液由绿色变为无色即为终点。最后从 Na_2CO_3 的质量和所消耗的 HCl 溶液体积，可以计算出 HCl 溶液的标准浓度(c_{HCl})。

数据记录与结果处理

将用 Na_2CO_3标定 HCl 溶液浓度的数据列入下表中。

用 Na_2CO_3标定 HCl 溶液数据记录表

项目 \ 测定次数	Ⅰ	Ⅱ	Ⅲ
倾出前 Na_2CO_3和称量瓶质量/g			
倾出后 Na_2CO_3和称量瓶质量/g			
Na_2CO_3质量/g			
V_{HCl}/mL			
c_{HCl}/(mol/L)			
c_{HCl}平均值/(mol/L)			
平均相对偏差/(%)			

注意事项

(1) 称量 Na_2CO_3时，必须采用减量法称量。

(2) 接近终点时，滴定速度应减慢。

参考学时

3 学时。

预习要求

预习酸碱滴定中，化学计量点的计算和酸碱指示剂的选择。

实训思考

(1) 为什么 HCl 标准溶液不能用直接法配制？

(2) 基准物质称完后需加 30 mL 水溶解，水的体积是否要准确量取，为什么？

实训2　氢氧化钠标准溶液的配制及标定

实训目的

(1) 学会用基准物质标定氢氧化钠溶液浓度的方法。

(2) 学会指示剂的选择。

(3) 进一步练习滴定操作技术。

实训原理

配制标准碱溶液通常用氢氧化钠。氢氧化钠标准溶液通常用邻苯二甲酸氢钾或草酸基准物质来标定。

1. 用邻苯二甲酸氢钾标定

邻苯二甲酸氢钾容易制得纯品,不吸水,易保存,摩尔质量大,是标定 NaOH 溶液的理想基准物质。用 $KHC_8H_4O_4$标定的反应式如下:

$$KHC_8H_4O_4+NaOH = KNaC_8H_4O_4+H_2O$$

由反应式可知,反应时物质的量之比为 1∶1,由于生成的邻苯二甲酸根离子为弱碱,在化学计量点,pH 为 9.05,故可选用酚酞做指示剂。

2. 用草酸标定

草酸是二元弱酸,且 K_{a1} 和 K_{a2} 相差很小,不能用于分步滴定,故只能一次滴定到 $C_2O_4^{2-}$,反应式如下:

$$H_2C_2O_4+2NaOH = Na_2C_2O_4+2\ H_2O$$

由反应式可知,反应时物质的量之比为 1∶2,由于草酸的摩尔质量较小,称量误差较大,可用多倍量的草酸标定。在化学计量点,pH 约为 8.36,故可选用酚酞做指示剂。

试剂及仪器

试剂:邻苯二甲酸氢钾固体(A. R.),氢氧化钠固体,酚酞指示剂。

仪器:50 mL 碱式滴定管一支,25 mL 移液管一支,250 mL 锥形瓶三个,250 mL 烧杯。

过程设计

1. 0.1 mol/L NaOH 溶液的配制

在托盘天平上称取约 4 g 氢氧化钠固体,置于 250 mL 烧杯中,加入蒸馏水使之溶解后,倒入带橡皮塞的 1 L 试剂瓶中,用蒸馏水稀释至 1 L,盖上玻璃塞,摇匀。

2. 0.1 mol/L NaOH 标准溶液的标定

用差减法准确称取邻苯二甲酸氢钾 0.4～0.6 g 三份,分别放入 250 mL 锥形瓶中,各加入 20～30 mL 蒸馏水溶解后(可稍微加热),加 1～2 滴酚酞指示剂,用待标定的 NaOH 溶液滴定至溶液由无色变为微红色且 30 s 内不退色即为终点。根据所消耗的 NaOH 溶液的体积,计算 NaOH 溶液的浓度及平均值。各次相对误差应在 0.2%以内。

数据记录与结果处理

将用邻苯二甲酸氢钾标定 NaOH 溶液的数据列入下表中。

邻苯二甲酸氢钾标定 NaOH 溶液数据记录表

项目 \ 测定次数	Ⅰ	Ⅱ	Ⅲ
倾出前称量瓶和样品质量/g			
倾出后样品和称量瓶质量/g			
$m_{基}$/g			
V_{NaOH}/mL			
c_{NaOH}/(mol/L)			
c_{NaOH}平均值/(mol/L)			
相对偏差/(%)			
平均相对偏差/(%)			

注意事项

(1) 邻苯二甲酸氢钾的质量必须称量准确。
(2) 整个过程滴定速度不能太慢。

参考学时

3 学时。

预习要求

预习酸碱滴定中,化学计量点的计算和酸碱指示剂的选择。

实训思考

(1) 为什么 NaOH 的质量不用准确称取?
(2) 基准物质称完后需加 30 mL 水溶解,水的体积是否要准确量取?为什么?

实训3　食醋总酸度的测定

实训目的

(1) 学会用强碱滴定弱酸法测定食醋中的总酸度。

(2) 熟悉移液管和容量瓶的使用方法。

实训原理

食用醋的主要成分是乙酸(HAc),此外还含有少量其他弱酸如乳酸等。乙酸的电离常数 $K_a=1.8\times10^{-5}$,用 NaOH 标准溶液滴定乙酸,其反应式为

$$NaOH+HAc \xlongequal{} NaAc+H_2O$$

滴定化学计量点的 pH 约为 8.7,应选用酚酞为指示剂,滴定终点时溶液由无色变为微红色,且 30 s 内不退色。滴定时,不仅 HAc 与 NaOH 反应,食醋中可能存在的其他各种形式的酸也与 NaOH 反应,故滴定所得为总酸度,以 ρ_{HAc}(g/L)表示。

试剂及仪器

试剂:NaOH 标准溶液(0.1 mol/L),食醋试液,0.1%酚酞指示剂。

仪器:50 mL 碱式滴定管一支,10 mL 和 25 mL 移液管各一支,250 mL 锥形瓶三个,250 mL 烧杯。

过程设计

食醋中乙酸含量为 3%~5%,浓度较大,必须稀释后滴定。用移液管准确吸取食醋试液 10.00 mL 于 100 mL 容量瓶中,用新煮沸并冷却的蒸馏水稀释至刻度,摇匀。

用移液管准确移取 25.00 mL 上述稀释后试液于 250 mL 锥形瓶中,加入 25 mL 新煮沸并冷却的蒸馏水、2 滴酚酞指示剂。用 0.1 mol/L NaOH 标准溶液滴至溶液呈微红色且 30 s 内不退色即为终点。根据 NaOH 标准溶液的用量,计算食醋总酸量,用每升食醋原液含 HAc 的质量表示。

数据记录与结果处理

将食醋总酸度的测定数据填入下表。

食醋总酸度测定数据记录表

测定次数 项目	Ⅰ	Ⅱ	Ⅲ
移取试液的体积/mL			

续表

测定次数 / 项目	Ⅰ	Ⅱ	Ⅲ
V_{NaOH}/mL			
总酸度/(g/L)			
总酸度平均值/(g/L)			
相对偏差/(%)			
平均相对偏差/(%)			

注意事项

(1) 食醋必须稀释，不能直接滴定。

(2) 稀释后，如果食醋呈浅黄色且混浊，则终点颜色略暗。

参考学时

3 学时。

预习要求

预习强碱滴定弱酸、化学计量点的计算和酸碱指示剂的选择。

实训思考

(1) 测定食醋中酸含量时，二氧化碳的存在有何影响？

(2) 以 NaOH 溶液滴定 HAc 溶液，属于哪种滴定？怎样选择指示剂？

实训 4　阿司匹林药片中乙酰水杨酸含量的测定

实训目的

(1) 学习阿司匹林药片中乙酰水杨酸含量的测定方法。

(2) 学习利用滴定法分析样品。

实训原理

阿司匹林曾经是国内外广泛使用的解热镇痛药，它的主要成分是乙酰水杨酸。乙酰水杨酸是有机弱酸($K_a=1\times10^{-3}$)，摩尔质量为 180.16 g/mol，微溶于水，易溶于乙醇，在强碱性溶液中溶解并分解为水杨酸(邻羟基苯甲酸)和乙酸盐，反应式如下：

$$\text{C}_6\text{H}_4(\text{COOH})(\text{OCOCH}_3) + 3\text{OH}^- = \text{C}_6\text{H}_4(\text{COO}^-)(\text{O}^-) + \text{CH}_3\text{COO}^- + 2\text{H}_2\text{O}$$

由于药片中一般添加一定量的定形剂如硬脂酸镁、淀粉等不溶物，不宜直接滴定，可采用返滴定法进行测定。将药片研磨成粉状后加入过量的 NaOH 标准溶液，加热一段时间使乙酰基溶解完全，再用 HCl 标准溶液回滴过量的 NaOH，滴定至溶液由红色变为接近无色即为终点。在这一滴定反应中，1 mol 乙酰水杨酸消耗 2 mol NaOH。

试剂及仪器

试剂：NaOH 标准溶液(1.0 mol/L)，阿司匹林药片，0.1%酚酞指示剂，HCl 标准溶液(0.1 mol/L)。

仪器：50 mL 酸式滴定管一支，25 mL 移液管两支，250 mL 锥形瓶三个，研钵，250 mL烧杯，表面皿，水浴锅等。

过程设计

1. 药片中乙酰水杨酸含量的测定

将阿司匹林药片研成粉末后，准确称取 1.5 g 左右药粉，置于干燥的 250 mL 烧杯中，用移液管准确加入 25.00 mL 1.0 mol/L NaOH 标准溶液后，盖上表面皿，轻摇几下，水浴加热 15 min，迅速用流水冷却，将烧杯中的溶液定量转移至 250 mL 容量瓶中，用蒸馏水稀释到标线，摇匀。

准确移取上述试液 25.00 mL 于 250 mL 锥形瓶中，加入 2～3 滴酚酞指示剂，用 0.1 mol/L HCl 标准溶液滴至红色刚刚消失即为终点。根据所消耗的 HCl 溶液的体积计算药片中乙酰水杨酸的含量及每片中乙酰水杨酸的含量(克/片)。

2. NaOH 标准溶液和 HCl 标准溶液体积比的测定

用移液管准确移取 25.00 mL 1.0 mol/L NaOH 溶液于 250 mL 容量瓶中，稀释至标线，摇匀。在锥形瓶中加入 25.00 mL 上述 NaOH 溶液，在与测定药粉相同的实训条件下进行加热、冷却和滴定。平行测定 2～3 次，计算 V_{NaOH}/V_{HCl} 值。

数据记录与结果处理

1. NaOH 标准溶液和 HCl 标准溶液体积比的测定

V_{NaOH}/V_{HCl} 值的测定

测定次数 / 项目	Ⅰ	Ⅱ	Ⅲ
V_{NaOH}/mL			
V_{HCl}/mL			

续表

项目 \ 测定次数	Ⅰ	Ⅱ	Ⅲ
V_{NaOH}/V_{HCl}			
V_{NaOH}/V_{HCl}平均值			

2. 药片中乙酰水杨酸含量的测定

乙酰水杨酸含量的测定数据记录表

项目 \ 测定次数	Ⅰ	Ⅱ	Ⅲ
移取试液的体积/mL			
V_{HCl}/mL			
试液中乙酰水杨酸含量/(g/L)			
试液中乙酰水杨酸含量平均值/(g/L)			
每片中乙酰水杨酸含量/(克/片)			
相对偏差/(%)			
平均相对偏差/(%)			

注意事项

(1) 阿司匹林药片不能直接用于滴定。

(2) 乙酰水杨酸不能采用直接滴定法。

参考学时

4 学时。

预习要求

预习强碱滴定弱酸、化学计量点的计算和酸碱指示剂的选择。

实训思考

(1) 在测定药片的实训中,为什么 1 mol 乙酰水杨酸消耗 2 mol NaOH,而不是 3 mol NaOH? 回滴后的溶液中,水解产物的存在形式是什么?

(2) 若测定的是乙酰水杨酸纯品(晶体),可否采用直接滴定法?

项目3 配位滴定法

知识目标

(1) 掌握浓度的计算和溶液的配制方法。

(2) 学会根据配位稳定常数确定准确滴定的条件。

(3) 学会根据滴定曲线确定化学计量点来选择指示剂。

(4) 掌握提高滴定选择性的方法。

能力目标

(1) 熟练掌握配位准确滴定的基本方法。

(2) 学会用 EDTA 测定各种试样中金属离子的含量。

(3) 熟练掌握滴定的基本操作和终点的判断方法。

实训1 EDTA 标准溶液的配制及标定

实训目的

(1) 掌握 EDTA 标准溶液的配制及标定方法。

(2) 学会判断配位滴定的终点。

(3) 了解缓冲溶液的作用。

实训原理

乙二胺四乙酸的二钠盐习惯上称为 EDTA,是配位滴定中常用的配位滴定剂,其水溶液的 pH 为 4.4 左右。在 pH 较低的条件下,EDTA 容易析出。因此,通常采用间接法配制标准溶液,然后进行标定。标定 EDTA 溶液常用的基准物质为 Zn 和 $CaCO_3$。

(1) 用金属锌作为基准物质 先把锌溶解制成锌标准溶液,用铬黑 T(EBT)做指示剂,在 $NH_3 \cdot H_2O\text{-}NH_4Cl$ 缓冲溶液(pH 为 10)中进行标定,反应式如下:

滴定前: $\underset{(纯蓝色)}{Zn^{2+} + In^{3-}} = \underset{(酒红色)}{ZnIn^-}$

滴定过程中: $Zn^{2+} + Y^{4-} = ZnY^{2-}$

终点时: $ZnIn^- + Y^{4-} = ZnY^{2-} + \underset{(纯蓝色)}{In^{3-}}$

所以终点时溶液从酒红色变为纯蓝色。

用锌做基准物质时也可以二甲酚橙(XO)为指示剂,六亚甲基四胺做缓冲溶液,在

pH 为 5～6 进行滴定，终点时溶液由紫红色变为亮黄色。

(2) 用 $CaCO_3$ 作为基准物质　首先用 HCl 溶液把 $CaCO_3$ 溶解制成钙标准溶液，用 K-B 指示剂在氨性缓冲溶液中进行标定。用 EDTA 溶液滴定至溶液由紫红色变为蓝绿色即为终点。

试剂及仪器

试剂：乙二胺四乙酸的二钠盐（固体，A. R.），氨性缓冲溶液（pH 约为 10），铬黑 T 溶液（5 g/L），二甲酚橙（2 g/L），六亚甲基四胺溶液（200 g/L），Na_2S 溶液（20 g/L），三乙醇胺溶液（1＋4），HCl 溶液（6 mol/L），氨水（1＋2），甲基红（1 g/L），$CaCO_3$ 基准试剂（120 ℃干燥 2 h）。

仪器：50 mL 酸式滴定管一支，10 mL 和 25 mL 移液管各一支，250 mL 锥形瓶三个，250 mL 容量瓶，烧杯等。

过程设计

1. 0.01 mol/L EDTA 标准溶液的配制

用托盘天平称取约 2 g 乙二胺四乙酸的二钠盐（$Na_2H_2Y \cdot H_2O$）于 250 mL 烧杯中，加入 150 mL 蒸馏水，稍微加热使其溶解，溶解后冷却，用水稀释至 500 mL。如溶液需保存，最好将溶液储存在聚乙烯塑料瓶中。

2. EDTA 标准溶液的标定

(1) 以金属锌为基准物质　准确称取 0.05～0.2 g 金属锌置于 100 mL 烧杯中，加入 6 mol/L HCl 溶液 5 mL，立即盖上表面皿，待完全溶解后，用水吹洗表面皿及烧杯壁，将溶液转移入 250 mL 容量瓶中，用水稀释至刻度，摇匀。

① 以 EBT 为指示剂标定 EDTA　用移液管平行移取 25.00 mL Zn^{2+} 的标准溶液三份，分别置于 250 mL 锥形瓶中，加甲基红指示剂 1 滴，滴加氨水（1＋2）至溶液呈现微黄色，再加蒸馏水 25 mL、氨性缓冲溶液（pH 约为 10）10 mL，摇匀，加 EBT 指示剂 2～3 滴，摇匀，用 EDTA 溶液滴定至溶液由紫红色变为纯蓝色即为终点，计算 EDTA 溶液的准确浓度。

② 以 XO 为指示剂标定 EDTA　用移液管取 25.00 mL Zn^{2+} 标准溶液于 250 mL 锥形瓶中，加入 1～2 滴 XO 指示剂，滴加 20％六亚甲基四胺溶液至溶液呈现稳定的紫红色后，再过量加入 5 mL，用 EDTA 溶液滴定至溶液由紫红色变为亮黄色，即为终点。根据滴定时用去的 EDTA 溶液的体积和金属锌的质量，计算 EDTA 溶液的准确浓度。

(2) 以 $CaCO_3$ 为基准物质　准确称取 0.2～0.25 g $CaCO_3$ 置于 250 mL 烧杯中，先用少量水润湿，盖上表面皿，滴加 6 mol/L HCl 溶液 10 mL，加热溶解。溶解后用少量水洗表面皿及烧杯壁，冷却后，将溶液定量转移至 250 mL 容量瓶中，用水稀释至刻度，摇匀。

用移液管平行移取 Ca^{2+} 标准溶液三份，分别置于 250 mL 锥形瓶中，加 1 滴甲基红指示剂，用氨水（1＋2）调至溶液由红色变为淡黄色，加 20 mL 水及 5 mL Mg^{2+}-EDTA 溶液，再加入 pH 约为 10 的氨性缓冲溶液 10 mL、EBT 指示剂 2～3 滴，摇匀，用 EDTA 溶

液滴定至溶液由红色变为纯蓝色即为终点,计算 EDTA 溶液的准确浓度。

数据记录与结果处理

1. 以金属锌为基准物质测定 EDTA 溶液的浓度

以金属锌为基准物质时数据记录表

<table>
<tr><th colspan="2">测定次数
项目</th><th>Ⅰ</th><th>Ⅱ</th><th>Ⅲ</th></tr>
<tr><td colspan="2">锌标准溶液浓度/(mol/L)</td><td></td><td></td><td></td></tr>
<tr><td colspan="2">V_{Zn}/mL</td><td></td><td></td><td></td></tr>
<tr><td rowspan="5">EBT</td><td>V_{EDTA}/mL</td><td></td><td></td><td></td></tr>
<tr><td>V_{EDTA}平均值/mL</td><td colspan="3"></td></tr>
<tr><td>c_{EDTA}/(mol/L)</td><td></td><td></td><td></td></tr>
<tr><td>相对偏差/(%)</td><td></td><td></td><td></td></tr>
<tr><td>平均相对偏差/(%)</td><td colspan="3"></td></tr>
<tr><td rowspan="5">XO</td><td>V_{EDTA}/mL</td><td></td><td></td><td></td></tr>
<tr><td>V_{EDTA}平均值/mL</td><td colspan="3"></td></tr>
<tr><td>c_{EDTA}/(mol/L)</td><td></td><td></td><td></td></tr>
<tr><td>相对偏差/(%)</td><td></td><td></td><td></td></tr>
<tr><td>平均相对偏差/(%)</td><td colspan="3"></td></tr>
</table>

2. 以 $CaCO_3$ 为基准物质测定 EDTA 溶液的浓度

以 $CaCO_3$ 为基准物质时数据记录表

<table>
<tr><th>测定次数
项目</th><th>Ⅰ</th><th>Ⅱ</th><th>Ⅲ</th></tr>
<tr><td>钙标准溶液浓度/(mol/L)</td><td></td><td></td><td></td></tr>
<tr><td>V_{CaCO_3}/mL</td><td></td><td></td><td></td></tr>
<tr><td>V_{EDTA}/mL</td><td></td><td></td><td></td></tr>
<tr><td>V_{EDTA}平均值/mL</td><td colspan="3"></td></tr>
<tr><td>c_{EDTA}/(mol/L)</td><td></td><td></td><td></td></tr>
<tr><td>相对偏差/(%)</td><td></td><td></td><td></td></tr>
<tr><td>平均相对偏差/(%)</td><td colspan="3"></td></tr>
</table>

参考学时

3 学时。

预习要求

(1) 预习配位滴定曲线的绘制和指示剂的选择。
(2) 预习提高滴定选择性的方法。

实训思考

本实训标定 EDTA 溶液时，是用 EBT 指示剂还是用 XO 指示剂比较合适？为什么？

实训 2　自来水总硬度的测定

实训目的

(1) 掌握测定自来水总硬度的原理及方法。
(2) 了解铬黑 T(EBT)指示剂的变色原理及条件。
(3) 了解 NH_3-NH_4Cl 缓冲溶液在配位滴定中的作用。

实训原理

测定自来水的硬度，一般采用配位滴定法，用 EDTA 标准溶液滴定水中的 Ca^{2+}、Mg^{2+} 总量，然后换算为相应的硬度单位。

用 EDTA 滴定 Ca^{2+}、Mg^{2+} 总量时，一般是在 pH 为 10 的氨性缓冲溶液中进行，用 EBT 做指示剂。化学计量点前，Ca^{2+}、Mg^{2+} 和 EBT 生成紫红色配合物，当用 EDTA 溶液滴定至化学计量点时，游离出指示剂，溶液呈现纯蓝色。

由于 EBT 与 Mg^{2+} 显色灵敏度高，与 Ca^{2+} 显色灵敏度低，所以当水样中 Mg^{2+} 含量较低时，用 EBT 做指示剂往往得不到敏锐的终点。这时可在 EDTA 标准溶液中加入适量 Mg^{2+}(标定前加入 Mg^{2+} 对终点没有影响)，或者在缓冲溶液中加入一定量的 Mg-EDTA 盐，利用置换滴定法的原理来提高终点变色的敏锐性，也可采用酸性铬蓝 K-萘酚绿 B 混合指示剂，此时终点颜色由紫红色变为蓝绿色。

滴定时，用三乙醇胺掩蔽 Fe^{3+}、Al^{3+} 等干扰离子，Cu^{2+}、Pb^{2+}、Zn^{2+} 等重金属离子则可用 KCN、Na_2S 或巯基乙酸等掩蔽。

本实训以 $CaCO_3$ 的质量浓度(mg/L)表示水的硬度。我国生活饮用水标准规定，总硬度以 $CaCO_3$ 计，不得超过 450 mg/L。计算公式如下：

$$c_{CaO}=\frac{c_{EDTA}\times V_{2(EDTA)}\times M_{CaO}}{V_{水样}}\times 1\,000\ mg/g$$

$$c_{Ca^{2+}}=\frac{c_{EDTA}\times V_{1(EDTA)}\times M_{Ca^{2+}}}{V_{水样}}\times 1\ 000\ mg/g$$

$$c_{Mg^{2+}}=\frac{c_{EDTA}\times (V_{2(EDTA)}-V_{1(EDTA)})\times M_{Mg^{2+}}}{V_{水样}}\times 1\ 000\ mg/g$$

试剂及仪器

试剂:EDTA 标准溶液(0.01 mol/L),氨性缓冲溶液(pH 约为 10),铬黑 T 溶液(5 g/L),六亚甲基四胺溶液(200 g/L),Na_2S 溶液(20 g/L),三乙醇胺溶液(1+4),氨水(1+2)。

仪器:50 mL 酸式滴定管一支,10 mL 和 25 mL 移液管各一支,250 mL 锥形瓶三个,250 mL 容量瓶,烧杯等。

过程设计

打开水龙头,先放水数分钟,用已洗干净的试剂瓶承接水样 500～1 000 mL,盖好瓶塞备用。

移取适量的水样(一般取 50～100 mL,视水的硬度而定),加入三乙醇胺溶液 3 mL、氨性缓冲溶液 5 mL、EBT 指示剂 2～3 滴,立即用 EDTA 标准溶液滴定至溶液由紫红色变为纯蓝色即为终点。平行滴定三份,计算水的总硬度,以 $CaCO_3$ 的质量浓度(mg/L)表示。

数据记录与结果处理

将水的总硬度测定数据填入下表。

水的总硬度测定

项目 \ 测定次数	Ⅰ	Ⅱ	Ⅲ
EDTA 的浓度/(mol/L)	0.01		
移取水试样体积/mL			
V_{EDTA}/mL			
$CaCO_3$ 含量/(mg/L)			
$CaCO_3$ 含量平均值/(mg/L)			
相对偏差/(%)			
平均相对偏差/(%)			

注意事项

(1) 自来水样较纯,杂质少,可省去水样酸化、煮沸、加 Na_2S 掩蔽剂等步骤。

(2) 如果 EBT 指示剂在水样中变色缓慢,则可能是由于 Mg^{2+} 含量低,这时应在滴定前加入少量 Mg-EDTA 溶液,开始滴定时滴定速度宜稍快,接近终点时滴定速度宜慢,每加 1 滴 EDTA 溶液后，都要充分摇匀。

参考学时

3 学时。

预习要求

预习配位滴定法、化学计量点的计算和滴定指示剂的选择。

实训思考

(1) 水样能否用容量瓶量取？为什么？

(2) 在 pH 为 10 并以 EBT 为指示剂时，为什么滴定的是 Ca^{2+}、Mg^{2+} 的总量？试从理论上解释。

实训 3　复方氢氧化铝药片中铝、镁含量的测定

实训目的

(1) 掌握返滴定的原理及方法。

(2) 学会采样及试样前处理方法。

实训原理

复方氢氧化铝药片是一种胃药，其主要成分为氢氧化铝、三硅酸镁及少量中药颠茄流浸膏，为了使药片成形，还加入了大量的糊精。用 EDTA 滴定法可测定药片中 Al^{3+}、Mg^{2+} 的含量。为此先用 HNO_3 溶液(1＋1)溶解药片，分离除去不溶物，再取试液加入过量 EDTA 溶液，调节 pH 约至 4，加热煮沸，使 EDTA 与 Al^{3+} 配合，再以二甲酚橙(XO)为指示剂，用 Zn^{2+} 标准溶液返滴过量的 EDTA，测出 Al^{3+} 的含量。

另取试液，调节 pH，将 Al^{3+} 沉淀分离后，在 pH 约为 10 的条件下，以 EBT 为指示剂，用 EDTA 标准溶液滴定滤液中的 Mg^{2+}。

试剂及仪器

试剂：EDTA 标准溶液(0.01 mol/L)，Zn^{2+} 标准溶液(0.01 mol/L)，氨性缓冲溶液(pH 约为 10)，铬黑 T 溶液(5 g/L)，二甲酚橙指示剂(2 g/L)，甲基红指示剂(2 g/L，乙醇溶液)，六亚甲基四胺溶液(200 g/L)，Na_2S 溶液(20 g/L)，三乙醇胺溶液(1＋4)，氨水(1＋1)，HNO_3 溶液(1＋1)，NH_4Cl 固体(A. R.)，HCl 溶液(6 mol/L)。

仪器：50 mL 酸式滴定管一支，10 mL 和 25 mL 移液管各一支，250 mL 锥形瓶三个，250 mL 容量瓶，烧杯等。

过程设计

1. 药片处理

准确称取复方氢氧化铝药片 10 片(m_1)于研钵中，研细后混合均匀。准确称取药粉 0.45～0.55 g(m_2)于 250 mL 烧杯中，在不断搅拌的条件下，加入 HNO_3 溶液(1+1)20 mL、水 25 mL，加热煮沸 5 min，冷却静置后过滤，滤液定量转入 250 mL 容量瓶中，用水稀释至刻度，摇匀。

2. $Al(OH)_3$ 含量的测定

准确移取上述试液 5.00 mL，加入甲基红指示剂 1 滴，滴加氨水(1+1)至试液由红变黄，加水 25 mL，用 6 mol/L HCl 溶液中和至试液恰好变红，准确加入 0.01 mol/L EDTA 标准溶液 25.00 mL，煮沸 5 min 左右冷却，再加入 20%六亚甲基四胺溶液 10 mL，加入 XO 指示剂 2～3 滴，此时溶液应呈黄色，若不呈黄色，可用 6 mol/L HCl 溶液调节，以 0.01 mol/L锌标准溶液滴定至溶液由黄色变为紫红色即为终点。根据加入 EDTA 的量和滴定消耗锌标准溶液的体积，计算出每片药片中 $Al(OH)_3$ 的含量(克/片)。

3. 镁含量的测定

准确移取上述试液 25.00 mL 于 250 mL 锥形瓶中，加入甲基红指示剂 1 滴，滴加氨水(1+1)至试液由红色变为黄色，再滴加 6 mol/L HCl 溶液至试液由黄色恰好变为红色。加入固体 NH_4Cl 2 g，滴加 20%六亚甲基四胺溶液至沉淀出现并过量 15 mL，加热至约 80 ℃，保持 10～15 min，冷却后，过滤，以少量蒸馏水洗涤沉淀数次。收集滤液及洗涤液于 250 mL 锥形瓶中，加入三乙醇胺溶液 10 mL、NH_3-NH_4Cl 缓冲溶液 10 mL、甲基红指示剂 1 滴、EBT 指示剂 3～5 滴，用 EDTA 标准溶液滴定至试液由紫红色转变为蓝绿色即为终点。计算药片中 MgO 的含量(克/片)。

数据记录与结果处理

1. $Al(OH)_3$ 含量的测定

将测定数据记录在下表中，计算公式为

每片中 Al_2O_3 的质量(g)

$$=(c_{EDTA}\times V_{EDTA}-c_{Zn^{2+}}\times V_{Zn^{2+}})\times\frac{M_{Al_2O_3}}{2\ 000}\times\frac{250.00}{5.00}\times\frac{m_1}{m_2\times 10}$$

$Al(OH)_3$ 含量的测定数据记录表

项目 \ 测定次数	Ⅰ	Ⅱ	Ⅲ
EDTA 的浓度/(mol/L)	0.01		
V_{EDTA}/mL	25.00		
$V_{Zn^{2+}}$/mL			

续表

测定次数 项目	Ⅰ	Ⅱ	Ⅲ
$Al(OH)_3$含量/(克/片)			
$Al(OH)_3$含量平均值/(克/片)			
相对偏差/(%)			
平均相对偏差/(%)			

2. MgO 含量的测定

将测定数据记录在下表中，计算公式为

$$每片中\ MgO\ 的质量(g)=\frac{c_{EDTA}\times V_{EDTA}\times M_{MgO}}{1\,000}\times\frac{250.00}{5.00}\times\frac{m_1}{m_2\times 10}$$

MgO 含量的测定数据记录表

测定次数 项目	Ⅰ	Ⅱ	Ⅲ
EDTA 的浓度/(mol/L)		0.01	
V_{EDTA}/mL			
MgO 含量/(克/片)			
MgO 含量平均值/(克/片)			
相对偏差/(%)			
平均相对偏差/(%)			

注意事项

(1) 为了使测定结果具有代表性，应取较多药片，研磨后分取(10 片药片可供 8 位同学使用)。

(2) 在六亚甲基四胺介质中，加热时，往往由于六亚甲基四胺部分水解而使溶液 pH 升高，XO 显红色，这时应补加 HCl 溶液使溶液变为黄色，再进行滴定。

参考学时

3 学时。

预习要求

预习配位滴定法中的返滴定法。

实训思考

(1) 为什么一般不采用EDTA标准溶液直接滴定铝的含量?

(2) 能否采用掩蔽法将Al^{3+}掩蔽后再测定Mg^{2+}? 如果可以,可采用哪几种掩蔽剂?条件如何控制?

实训4 钙制剂中钙含量的测定

实训目的

(1) 了解钙制剂中钙含量的测定方法。

(2) 掌握铬蓝黑R(钙指示剂)的变色原理及使用条件。

实训原理

市场上有许多钙制剂,如药片(葡萄糖酸钙、钙立得、盖天力、巨能钙等),饮料(钙奶、牛奶),奶粉、豆奶粉,等等。这些钙制剂中的钙能与EDTA形成稳定的配合物,在pH约为12的碱性溶液中以铬蓝黑R为指示剂,用EDTA标准溶液直接测定钙制剂中的钙含量。化学计量点前,Ca^{2+}与铬蓝黑R形成紫红色配合物,到达化学计量点时,EDTA置换Ca^{2+}-铬蓝黑R中的Ca^{2+},释放出游离的铬蓝黑R,而使溶液变为纯蓝色。滴定时,Al^{3+}、Fe^{3+}等干扰离子可用三乙醇胺等掩蔽剂掩蔽。

试剂及仪器

试剂:EDTA标准溶液(0.01 mol/L),HCl溶液(6 mol/L),NaOH溶液(200 g/L),铬蓝黑R溶液(5 g/L),六亚甲基四胺溶液(200 g/L),Na_2S溶液(20 g/L),三乙醇胺溶液(1+4),氨水(1+2)。

仪器:50 mL酸式滴定管一支,10 mL和25 mL移液管各一支,250 mL锥形瓶三个,100 mL容量瓶,烧杯等。

过程设计

1. 钙制剂的处理

准确称取钙制剂(钙立得0.4 g或葡萄糖酸钙0.5 g左右),加少量水润湿,加6 mol/L HCl溶液6 mL,加热溶解后,转入100 mL容量瓶中,用水稀释至刻度,摇匀。

2. 钙制剂中钙含量的测定

准确移取25.00 mL上述Ca^{2+}试液于250 mL锥形瓶中,加入三乙醇胺溶液5 mL、水30~40 mL、NaOH溶液5 mL(pH约为12)、铬蓝黑R 5~6滴,用0.01 mol/L EDTA标准溶液滴定至溶液由红色变为纯蓝色即为终点。计算Ca^{2+}的含量(mg/g)。

数据记录与结果处理

将钙含量测定数据填入下表。

钙含量测定数据记录表

测定次数 项目	Ⅰ	Ⅱ	Ⅲ
EDTA 的浓度/(mol/L)	0.01		
V_{EDTA}/mL			
Ca^{2+} 含量/(mg/g)			
Ca^{2+} 含量平均值/(mg/g)			
相对偏差/(%)			
平均相对偏差/(%)			

参考学时

3 学时。

预习要求

预习配位滴定法、化学计量点的计算和滴定指示剂的选择。

实训思考

简述铬蓝黑 R 指示剂的变色原理。

项目 4　氧化还原滴定法

知识目标

(1) 了解氧化还原反应与电极电势的关系，理解影响氧化还原反应的因素。

(2) 掌握碘量法、重铬酸钾法、高锰酸钾法、溴酸盐法、重氮化滴定法和永停滴定法的原理。

(3) 理解氧化还原反应的化学计量关系。

能力目标

(1) 掌握常用氧化剂、还原剂标准溶液的配制方法和标定原理，以及保存方法。

(2) 学会氧化还原滴定指示剂的配制及滴定终点的判断。

(3) 掌握氧化还原滴定结果的计算方法。

(4) 进一步熟练掌握分析天平、碘量瓶、棕色滴定管、移液管的使用和操作。

实训 1　硫代硫酸钠标准溶液的配制及标定

实训目的

(1) 掌握 $Na_2S_2O_3$ 标准溶液的配制、保存和标定方法。

(2) 掌握直接和间接配制标准溶液的方法。

(3) 学会碘量瓶等仪器的使用。

实训原理

固体 $Na_2S_2O_3 \cdot 5H_2O$ 容易风化,并含有少量的杂质,不能直接配制标准溶液,而且配好的 $Na_2S_2O_3$ 溶液也不稳定,易分解,其浓度变化的主要原因是:①溶于水中的 CO_2 能使水呈弱酸性,而在酸性溶液中 $Na_2S_2O_3$ 会缓慢分解;②水中的微生物会消耗 $Na_2S_2O_3$ 中的硫,使它变成 Na_2SO_3,这是 $Na_2S_2O_3$ 浓度变化的主要原因;③空气中氧气的氧化作用。因此,配制溶液一般采用如下步骤:称取需要量的 $Na_2S_2O_3 \cdot 5H_2O$,溶于新煮沸且冷却的蒸馏水中,这样可除去 CO_2 和灭菌,加入少量 Na_2CO_3 使溶液保持微碱性(pH=9~10),可抑制微生物的生长,防止 $Na_2S_2O_3$ 的分解。配制的溶液应贮于棕色瓶中,放置于暗处,约一周后再进行标定。

$Na_2S_2O_3$ 溶液可用 KIO_3、$KBrO_3$、$K_2Cr_2O_7$ 等强氧化剂作为基准物质进行标定。在酸性溶液下,先定量地将 I^- 氧化成 I_2,再按碘量法用 $Na_2S_2O_3$ 溶液滴定,其反应如下:

$$IO_3^- + 5I^- + 6H^+ = 3I_2\downarrow + 3H_2O$$

$$BrO_3^- + 6I^- + 6H^+ = 3I_2\downarrow + 3H_2O + Br^-$$

$$Cr_2O_7^{2-} + 6I^- + 14H^+ = 2Cr^{3+} + 3I_2\downarrow + 7H_2O$$

$$I_2 + 2Na_2S_2O_3 = 2NaI + Na_2S_4O_6$$

本次实训所用氧化剂是 $K_2Cr_2O_7$(较便宜又易提纯,但有毒,使用时注意安全)。

$$K_2Cr_2O_7 \sim 3I_2 \sim 6Na_2S_2O_3$$

根据 $K_2Cr_2O_7$ 质量及 $Na_2S_2O_3$ 溶液用量即可算出 $Na_2S_2O_3$ 溶液的准确浓度。

用 $K_2Cr_2O_7$ 作为基准物质标定溶液时应注意以下几点:

(1) $K_2Cr_2O_7$ 与 KI 反应时,溶液的酸度一般以 0.2~0.4 mol/L 为宜。

(2) 由于 $K_2Cr_2O_7$ 与 KI 的反应速率慢,应将溶液放置在暗处 3~5 min,待反应完全后,再用 $Na_2S_2O_3$ 溶液滴定。

(3) 用 $Na_2S_2O_3$ 溶液滴定前,应先用蒸馏水稀释。一是降低酸度可减少空气中氧气对 I^- 的氧化,二是使 Cr^{3+} 的绿色减弱,便于观察滴定终点。但若滴定至溶液从蓝色转变为无色后,又很快出现蓝色,这表明 $K_2Cr_2O_7$ 与 KI 的反应还不完全,应重新标定。如果滴定到终点后，经过几分钟，溶液才出现蓝色，这是由空气中的氧气氧化所引起的，不影响标定的结果。

试剂及仪器

试剂：固体硫代硫酸钠($Na_2S_2O_3 \cdot 5H_2O$)，$K_2Cr_2O_7$(基准物质)，固体 KI(A. R.)，1 mol/L H_2SO_4溶液，无水 Na_2CO_3(A. R.)，6 mol/L HCl 溶液，0.5%淀粉溶液(称取 0.5 g 淀粉，加入少量的水搅匀，把得到的糊状物倒入 100 mL 正在沸腾的蒸馏水中，继续煮沸至透明为止)。

仪器：容量瓶(250 mL)，碱式滴定管(50 mL)，碘量瓶(250 mL)，移液管(25 mL)，锥形瓶(250 mL)，烧杯，量筒，分析天平。

过程设计

1. 0.1 mol/L $Na_2S_2O_3$溶液的配制

称取 6.2 g 硫代硫酸钠($Na_2S_2O_3 \cdot 5H_2O$)，置于 250 mL 烧杯中，加入 100 mL 新煮沸过的冷蒸馏水，待完全溶解后，加入 0.05 g Na_2CO_3，然后用新煮沸过的冷蒸馏水稀释至 250 mL，混合均匀，倒入棕色细口试剂瓶中，在暗处放置 7～14 天后待标定。

2. $Na_2S_2O_3$溶液的标定

(1) 用 KIO_3标定。

准确称取基准试剂 KIO_3约 0.9 g 于 250 mL 烧杯中，加入少量蒸馏水溶解后，移入 250 mL 容量瓶中，用蒸馏水稀释至刻度，摇匀。

用移液管吸取上述 KIO_3标准溶液 25 mL，置于 250 mL 锥形瓶中，加入 KI 溶液5 mL 和 H_2SO_4溶液 5 mL，以水稀释至 100 mL，立即用待标定的 $Na_2S_2O_3$溶液滴定至淡黄色；再加入 5 mL 淀粉溶液，继续用 $Na_2S_2O_3$溶液滴定至蓝色恰好消失，即为终点。根据消耗的 $Na_2S_2O_3$溶液的体积及 KIO_3的量，计算 $Na_2S_2O_3$溶液的准确浓度。

若选用 $KBrO_3$做基准物质，其反应较慢，为加速反应需增加酸度，因而改为取 1 mol/L H_2SO_4溶液 15 mL，并需在暗处放置 5 min，使反应进行完全，并且改用碘量瓶。

(2) 用 $K_2Cr_2O_7$标定。

准确称取约 0.12 g 预先干燥过的 $K_2Cr_2O_7$基准物质三份，分别置于 250 mL 碘量瓶中，加入 25 mL 蒸馏水使其溶解，然后加入 2 g KI 固体和 6 mol/L HCl 溶液 5 mL，立刻盖上瓶塞，充分摇动均匀，加水封住瓶口。然后置于暗处 5 min(以使 $K_2Cr_2O_7$ 反应完全)，再加 50 mL 蒸馏水稀释，立即用待标定的 $Na_2S_2O_3$溶液滴定至浅黄绿色，加入0.5%淀粉指示剂 2 mL，继续用 $Na_2S_2O_3$溶液滴定至蓝色刚好消失而出现 Cr^{3+} 的亮绿色即为终点，记录所消耗 $Na_2S_2O_3$溶液的体积。计算 $Na_2S_2O_3$溶液的浓度。

数据记录与结果处理

将测定的数据记录于下表中。

$Na_2S_2O_3$溶液的标定数据记录表

项目＼测定次数	Ⅰ	Ⅱ	Ⅲ
$K_2Cr_2O_7$质量/mg			
滴定 $Na_2S_2O_3$终点读数/mL			
滴定 $Na_2S_2O_3$初始读数/mL			
消耗 $Na_2S_2O_3$溶液体积/mL			
$c_{Na_2S_2O_3}$/(mol/L)			
$c_{Na_2S_2O_3}$ 平均值/(mol/L)			
平均相对偏差/(%)			

用 $K_2Cr_2O_7$ 标定 $Na_2S_2O_3$ 浓度的公式如下：

$$c_{Na_2S_2O_3}=\frac{6\times m_{K_2Cr_2O_7}\times 1\ 000}{V_{Na_2S_2O_3}\times M_{K_2Cr_2O_7}}$$

注意事项

(1) 配制 $Na_2S_2O_3$溶液时，需要用新煮沸(除去 CO_2和杀死细菌)并冷却了的蒸馏水，或者将 $Na_2S_2O_3$试剂溶于蒸馏水中，煮沸 10 min 后冷却，加入少量 Na_2CO_3使溶液呈碱性，以抑制细菌生长。

(2) 配好的 $Na_2S_2O_3$溶液储存于棕色试剂瓶中，放置两周后进行标定。$Na_2S_2O_3$ 标准溶液不宜长期储存，使用一段时间后要重新标定，如果发现溶液变混浊或析出硫，应过滤后重新标定，或者弃去再重新配制溶液。

(3) $K_2Cr_2O_7$使用时应于 120 ℃烘至质量恒定。多余的 $K_2Cr_2O_7$不能随便丢弃。废液要进行处理。

参考学时

4 学时。

预习要求

(1) 什么是碘量法？碘量法所用的指示剂是什么？

(2) 怎样用直接法和间接法配制标准溶液？

实训思考

(1) 用重铬酸钾基准试剂标定硫代硫酸钠时，终点附近溶液颜色如何变化？为何有此变化？

(2) 标定硫代硫酸钠溶液时，淀粉指示剂为何要在临近终点时才加入？指示剂加入过早对标定结果有什么影响？

(3) 标定 $Na_2S_2O_3$ 溶液浓度时，加入 KI 的量要很精确吗？加入 KI 后为何要在暗处放置 5 min?

(4) 为什么要用间接法配制硫代硫酸钠溶液？为什么要放置几天后再标定？

实训 2　碘标准溶液的配制及标定

实训目的

(1) 掌握碘标准溶液的配制和保存方法。

(2) 掌握碘标准溶液的标定和计算方法。

实训原理

单质碘易升华，易挥发，难以准确称量，不宜直接配制标准溶液而采用间接法配制。

碘微溶于水而溶于碘化钾溶液，但在稀的碘化钾溶液中溶解得很慢，所以配制碘溶液时不能过早加水稀释，应先将碘和碘化钾混合，用少量的水充分研磨，溶解完全后再稀释，碘与碘化钾间存在如下平衡：

$$I_2 + I^- \xlongequal{} I_3^-$$

配制成溶液后，用基准物质 As_2O_3 标定。先将 As_2O_3 溶于 NaOH 溶液中，再以碘溶液滴定。反应式为

$$As_2O_3 + 6NaOH \xlongequal{} 2Na_3AsO_3 + 3H_2O$$

$$Na_3AsO_3 + I_2 + H_2O \rightleftharpoons Na_3AsO_4 + 2HI$$

该反应为可逆反应，在中性或微碱性溶液(pH 约为 8)中，为使反应能定量地向右进行，可加入固体 $NaHCO_3$ 以中和反应生成的 H^+，保持 pH 在 8 左右。

由于 As_2O_3 为剧毒物，实际工作中常用比较法进行标定。

用已知浓度的硫代硫酸钠标准溶液标定碘溶液(即用 $Na_2S_2O_3$ 标准溶液“比较”I_2)。反应式为

$$2Na_2S_2O_3 + I_2 \xlongequal{} Na_2S_4O_6 + 2NaI$$

以淀粉为指示剂，终点时由无色到蓝色。

试剂及仪器

试剂：固体 I_2(A. R.)，固体 KI(A. R.)，As_2O_3(基准物质)，NaOH 溶液(1 mol/L)，H_2SO_4 溶液(0.5 mol/L)，酚酞指示剂，$NaHCO_3$ 固体，淀粉指示剂(0.5%)，硫代硫酸钠标准溶液(0.1 mol/L)。

仪器：250 mL 碘量瓶，50 mL 碱式滴定管，250 mL 烧杯，25 mL 移液管，10 mL 和 100 mL 量筒。

过程设计

1. 0.05 mol/L 碘溶液的配制

称取 6.5 g 碘放于小烧杯中，另称取 17 g KI，并量取 500 mL 蒸馏水，将 KI 分 4～5 次放入装有碘的小烧杯中，每次加水 5～10 mL，用玻璃棒轻轻研磨，使碘逐渐溶解，溶解部分转入棕色试剂瓶中，如此反复直至碘片全部溶解为止。用水多次清洗烧杯并转入试剂瓶中，剩余的水全部加入试剂瓶中稀释，盖好瓶盖，摇匀，待标定。

2. 碘溶液的标定

(1) 用 As_2O_3 标定。准确称取基准物质 As_2O_3 0.15 g，置于碘量瓶中，加 4 mL 1 mol/L NaOH 溶液溶解，再加 50 mL 水及 2 滴酚酞指示剂，用 0.5 mol/L H_2SO_4 溶液中和至溶液无色，加 3 g $NaHCO_3$ 及 3 mL 淀粉指示剂，用配好的碘溶液滴定至溶液呈浅蓝色为终点。平行测定 3 次，计算碘溶液的浓度。

(2) 用 $Na_2S_2O_3$ 标准溶液“比较”。用移液管吸取 25.00 mL 的碘溶液于锥形瓶中，加入 50 mL 蒸馏水，立即用 $Na_2S_2O_3$ 标准溶液滴定至浅黄色，加入 5 mL 0.5% 的淀粉指示剂，继续用 $Na_2S_2O_3$ 标准溶液滴定至蓝色刚好消失即为终点。记录所消耗 $Na_2S_2O_3$ 标准溶液的体积，平行测定 3 次，计算碘溶液的准确浓度。

数据记录与结果处理

碘溶液浓度计算：

$$c_{I_2}=\frac{c_{Na_2S_2O_3}\times V_{Na_2S_2O_3}}{2V_{I_2}}$$

式中：$c_{Na_2S_2O_3}$——硫代硫酸钠标准溶液的浓度(mol/L)；

$V_{Na_2S_2O_3}$——硫代硫酸钠标准溶液的体积(mL)；

V_{I_2}——碘溶液的体积(mL)。

注：数据记录与处理表格同本项目实训 1。

注意事项

(1) As_2O_3 是白色粉状物，有剧毒，使用时一定要小心，废液要处理好。

(2) 配制碘溶液时，必须使碘和 KI 先溶解完全后，再进行稀释。

(3) 在滴定过程中，振动要轻，以免碘挥发，快到终点时，要摇动得剧烈点。

参考学时

4 学时。

预习要求

(1) 单质碘有何特性？它的固体及溶液应如何存放？

(2) 碘的标准溶液有几种标定方法？比较其优缺点。

实训思考

(1) 配制碘溶液时为什么要加 KI？

(2) 配制碘溶液时，为什么要在溶液非常浓的情况下将 I_2 与 KI 一起研磨，当 I_2 和 KI 溶解后才能用水稀释？如果过早地稀释会发生什么情况？

(3) 用 As_2O_3 做基准物质标定碘溶液时，为什么要先加酸至呈微酸性，还要加入 $NaHCO_3$ 溶液？As_2O_3 与碘的计量关系是什么？

实训 3　维生素 C 片剂中抗坏血酸含量的测定

实训目的

(1) 掌握直接碘量法测定维生素 C 的原理和方法。

(2) 熟练直接碘量法滴定终点的判断及维生素 C 含量的计算。

实训原理

维生素 C 又称抗坏血酸，可降低毛细血管通透性，降低血脂，增强肌体的抵抗能力，并有一定的解毒功能和抗组胺作用。对于其含量测定，可用直接碘量法。

维生素 C 分子的烯二醇基具有还原性，能被 I_2 定量氧化成二酮基。反应式为

$$\begin{array}{l} \overbrace{\quad\quad\quad O \quad\quad\quad}^{} \quad\quad H \\ C—C=C—C—C—CH_2OH + I_2 \longrightarrow C—C—C—C—C—CH_2OH + 2HI \\ \| \quad\;\; | \quad\;\; | \quad\;\; | \quad\;\; | \quad\quad\quad\quad\quad\quad\quad\quad\quad\quad\quad\;\; \| \quad\;\; \| \quad\;\; \| \quad\;\; | \quad\;\; | \\ O \quad OH\;OH\;H \quad OH \quad\quad\quad\quad\quad\quad\quad\quad\quad\quad O \quad\; O \quad\; O \quad H \quad OH \end{array}$$

维生素 C 的分子式是 $C_6H_8O_6$，一分子维生素 C 与一分子 I_2 定量反应，因此用直接碘量法可测定药片、注射液、蔬菜、水果等的维生素 C 含量。

从上述条件反应看，在碱性条件下更有利于反应的进行，可是维生素 C 的还原性很强，在空气中极易被氧化，特别是在碱性溶液中更甚，所以在测定时应加入乙酸，使溶液呈弱酸性，以降低氧化速度，减少维生素 C 的损失。

维生素 C 除了用于医药以外，在化学上应用也相当广泛，例如在配位滴定法和分光光度法中，常用作还原剂使 Fe^{3+} 还原为 Fe^{2+}，Cu^{2+} 还原为 Cu^{+} 等。

试剂及仪器

试剂：乙酸溶液(2 mol/L)，碘标准溶液(0.05 mol/L)，淀粉指示剂(0.5%)，维生素 C 药片。

仪器：50 mL 酸式滴定管，250 mL 锥形瓶，分析天平(精度 0.000 1 g)，10 mL 量筒。

过程设计

1. 碘标准溶液浓度的标定

吸取 $Na_2S_2O_3$ 标准溶液 25 mL,置于 250 mL 锥形瓶中,加水 25 mL、淀粉溶液 5 mL,以待标定的碘标准溶液滴定至溶液恰呈稳定的蓝色,即为终点。计算碘标准溶液的浓度。

2. 维生素 C 药片含量的测定

准确称取维生素 C 药片 0.2 g 于锥形瓶中,加 2 mol/L 乙酸溶液 10 mL 及新煮沸并冷却的蒸馏水 100 mL 使其完全溶解,加淀粉指示剂 5 mL,立即用碘标准溶液滴定至呈现稳定的蓝色,并保持 30 s 不退色为终点。记下消耗碘标准溶液的体积,平行测定 3 次。

数据记录与结果处理

将测定的数据记录于下表中。

维生素 C 含量的测定数据记录表

项目 \ 测定次数	Ⅰ	Ⅱ	Ⅲ
维生素 C 药片质量/g			
滴定碘标准溶液终点读数/mL			
滴定碘标准溶液初始读数/mL			
消耗碘标准溶液体积/mL			
维生素 C 含量/(%)			
维生素 C 含量平均值/(%)			
平均相对偏差/(%)			

按下式进行计算:

$$w_{\mathrm{VitC}}=\frac{c_{\mathrm{I_2}}\times V_{\mathrm{I_2}}\times M_{\mathrm{VitC}}}{m_{\mathrm{VitC}}}\times 100\%$$

式中:$c_{\mathrm{I_2}}$——碘标准溶液的浓度(mol/L);

$V_{\mathrm{I_2}}$——消耗碘标准溶液的体积(mL);

M_{VitC}——维生素 C 的摩尔质量(176.12 g/mol);

m_{VitC}——维生素 C 药片的质量(g)。

注意事项

(1) 维生素 C 极易被空气中的氧气氧化,在滴定过程中,样品应一份一份地做,即取一份样品加好试剂后立即滴定,滴定以后再做第二份,以免结果受到空气中的氧气及其他因素的影响。

（2）维生素C药片不是纯的抗坏血酸，含有黏合剂时，加入蒸馏水后溶液变混浊，但对测定无影响。平行测定的精密度要求不高，允许相对误差小于或等于0.5%。

（3）碘标准溶液应装在酸式滴定管中，由于碘标准溶液颜色较深，读数时视线与液面两侧的最高点在同一水平面。

参考学时

4学时。

预习要求

（1）预习维生素C的性质及滴定时的反应条件。

（2）预习运用直接碘量法测定维生素C含量及计算方法。

实训思考

（1）测定维生素C含量时为何要在HAc中进行？

（2）维生素C试样溶解时为什么要用新煮沸并冷却的蒸馏水？

实训4　食盐中碘含量的测定

实训目的

（1）了解食盐中碘的存在的形式及意义。

（2）掌握食盐中碘含量的测定原理及方法。

实训原理

碘是合成人体甲状腺激素的主要成分，它与人的生长发育和新陈代谢密切相关。当人体缺碘时，会引起多种疾病，统称为碘缺乏病。为此，国家规定，食盐中必须加碘，且严格控制碘的加入量。如果加入量不足，起不到预防和治疗作用；如果加入过量，既对人体有害，又增加了生产成本。因此，对于食盐中碘含量的测定是十分重要的。

目前，我国食盐中主要加入的是碘酸钾（KIO_3）。按国家标准GB 5461—2000，食盐中碘含量（以碘计）应为（35±15）mg/kg。检测原理是：食盐中的KIO_3在酸性介质中是较强的氧化剂，遇到过量的KI能够发生氧化还原反应，产生游离碘，然后以淀粉为指示剂，用$Na_2S_2O_3$标准溶液滴定。其反应式如下：

$$IO_3^- + 5I^- + 6H^+ = 3I_2 + 3H_2O$$

$$I_2 + 2S_2O_3^- = 2I^- + S_4O_6^{2-}$$

$$IO_3^- \sim 3I_2 \sim 6S_2O_3^{2-}$$

试剂及仪器

试剂：$Na_2S_2O_3 \cdot 5H_2O$，H_3PO_4溶液(1 mol/L)，KI 溶液(5%)，HCl 溶液(1 mol/L)，淀粉指示剂(0.5%)，KIO_3标准溶液(0.000 3 mol/L)，Na_2CO_3固体。

仪器：250 mL 碘量瓶，50 mL 碱式滴定管，烧杯，量筒，分析天平。

过程设计

1. 0.002 mol/L $Na_2S_2O_3$标准溶液的配制与标定

(1) 配制　称取 5 g $Na_2S_2O_3 \cdot 5H_2O$，溶于无 CO_2的 1 000 mL 水中，贮于棕色瓶，静置一周后取上层清液 200 mL 于棕色瓶中，加入 0.2 g Na_2CO_3溶解后，用无 CO_2水稀释至 2 000 mL。

(2) 标定　准确量取 10 mL 0.000 3 mol/L KIO_3标准溶液于 250 mL 碘量瓶中，加入 90 mL H_2O、2 mL 1 mol/L HCl 溶液，摇匀后加 5 mL 5% KI 溶液，立即用 $Na_2S_2O_3$标准溶液滴定，至溶液呈浅黄色时，加入 5 mL 0.5%淀粉溶液，继续滴定至蓝色恰好消失为止，记录消耗 $Na_2S_2O_3$标准溶液的体积，平行测定 3 次。

2. 食盐中碘含量的测定

在分析天平上准确称取 10 g(精确至 0.000 1 g)左右加碘食盐，置于 250 mL 碘量瓶中，加 100 mL 水溶解，加 2 mL 1 mol/L H_3PO_4溶液和 5 mL 5% KI 溶液，充分摇匀，盖住瓶塞，静置 10 min，用新标定好的 $Na_2S_2O_3$标准溶液滴定至溶液呈浅黄色时，加 5 mL 0.5%淀粉溶液，继续滴定至蓝色恰好消失为止，记录所用 $Na_2S_2O_3$标准溶液的体积，平行滴定 3 次。

数据记录与结果处理

食盐中碘含量按下式计算：

$$w_I = \frac{c_{Na_2S_2O_3} \times V_{Na_2S_2O_3} \times M_{\frac{1}{6}I}}{6 \times 1\,000\, m_s} \times 100\%$$

式中：$c_{Na_2S_2O_3}$——硫代硫酸钠标准溶液的浓度(mol/L)；

$V_{Na_2S_2O_3}$——硫代硫酸钠标准溶液的体积(mL)；

$M_{\frac{1}{6}I}$——碘的摩尔质量($M_{\frac{1}{6}I}$=21.15 g/mol)；

m_s——碘盐试样的质量(g)。

注意事项

本方法适用于含碘酸钾的食盐中碘的测定。

参考学时

4 学时。

预习要求

(1) 食盐中的碘主要以什么形式存在？如何测定？

(2) 预习食盐中碘酸钾(KIO_3)的有关化学性质及反应过程中的条件。

实训思考

(1) 淀粉指示剂能否在滴定前加入？为什么？

(2) 用碘量法测定时，加入过量KI的目的是什么？过多或过少有什么影响？

实训5 高锰酸钾标准溶液的配制及标定

实训目的

(1) 掌握高锰酸钾标准溶液的配制方法和保存条件。

(2) 掌握用草酸钠做基准物质标定高锰酸钾溶液浓度的原理、方法和滴定条件。

实训原理

高锰酸钾是氧化还原滴定中最常用的氧化剂之一。市售的$KMnO_4$常含少量杂质，$KMnO_4$易与水中的还原性物质发生反应，并且光线和$MnO(OH)_2$等都能促进$KMnO_4$的分解，因此，配制$KMnO_4$溶液时要保持微沸1 h或在暗处放置数天，待$KMnO_4$把还原性杂质充分氧化后，过滤除去杂质，保存于棕色瓶中，标定其准确浓度。

$Na_2C_2O_4$是标定$KMnO_4$常用的基准物质之一，其反应式如下：

$$5C_2O_4^{2-}+2MnO_4^-+16H^+ \xlongequal{\quad} 10CO_2+2Mn^{2+}+8H_2O$$

反应要在酸性、较高温度和有Mn^{2+}做催化剂的条件下进行。滴定初期，反应很慢，$KMnO_4$溶液必须逐滴加入，如滴加过快，部分$KMnO_4$在热溶液中将按下式分解而造成误差：

$$4KMnO_4+2H_2SO_4 \xlongequal{\quad} 4MnO_2+2K_2SO_4+2H_2O+3O_2$$

在滴定过程中逐渐生成的Mn^{2+}有催化作用，结果使反应速率逐渐加快。因为$KMnO_4$溶液本身具有特殊的紫红色，极易察觉，故用它作为滴定剂时，不需要另加指示剂。

试剂及仪器

试剂：$KMnO_4$(A. R.)，$Na_2C_2O_4$(基准试剂或A. R.)，3 mol/L H_2SO_4溶液。

仪器：50 mL棕色酸式滴定管，500 mL棕色试剂瓶，50 mL量筒，10 mL量筒，25 mL移液管，1 mL吸量管，250 mL锥形瓶，250 mL容量瓶，分析天平，恒温水浴锅，玻璃砂芯漏斗。

过程设计

1. $c_{\frac{1}{5}KMnO_4}$为 0.1 mol/L $KMnO_4$溶液的配制

在托盘天平上称取$KMnO_4$约 1.6 g,溶于 500 mL 水中,盖上表面皿,加热至沸,并保持微沸状态 20～30 min,冷却后于室温下放置 7～10 天后,用微孔玻璃砂芯漏斗或玻璃棉过滤,滤液储存于清洁、带塞的棕色试剂瓶中。

2. $KMnO_4$溶液的标定

称取 0.15～0.20 g(称准至 0.000 1 g)预先干燥过的 $Na_2C_2O_4$三份,分别置于 250 mL锥形瓶中,再分别加入 40 mL 蒸馏水和 10 mL 3 mol/L H_2SO_4溶液使其溶解,水浴慢慢加热直到锥形瓶口有蒸汽冒出(75～85 ℃)。趁热用待标定的$KMnO_4$溶液进行滴定。开始滴定时,速度宜慢,在第 1 滴 $KMnO_4$溶液滴入后,不断摇动溶液,当紫红色退去后再滴入第 2 滴。待溶液中有 Mn^{2+} 产生后,反应速率加快,滴定速度也就可适当加快,但溶液不可使$KMnO_4$溶液连续流下(为了使反应加快,可以先在$KMnO_4$溶液中加 1～2 滴 1 mol/L $MnSO_4$溶液)。近终点时,应减慢滴定速度,同时充分摇匀。最后滴加半滴 $KMnO_4$溶液,在摇匀后半分钟内仍保持微红色不退,表明已达到终点。注意终点时溶液的温度应保持在 60 ℃以上。

数据记录与结果处理

将测定的数据记录于下表中。

$KMnO_4$标准溶液标定的数据记录表

测定次数 / 项目	Ⅰ	Ⅱ	Ⅲ
$m_{Na_2C_2O_4}$ /g			
V_{KMnO_4} /mL			
c_{KMnO_4} /(mol/L)			
c_{KMnO_4} 平均值/(mol/L)			
平均相对偏差/(%)			

$KMnO_4$标准溶液的浓度计算公式:

$$c_{KMnO_4}=\frac{2}{5}\times\frac{m_{Na_2C_2O_4}}{V_{KMnO_4}\times M_{Na_2C_2O_4}}\times 1\,000$$

式中:c_{KMnO_4}——$KMnO_4$标准溶液的浓度(mol/L);

$M_{Na_2C_2O_4}$——草酸钠的摩尔质量(g/mol);

$m_{Na_2C_2O_4}$——草酸钠的质量(g);

V_{KMnO_4}——消耗$KMnO_4$标准溶液的体积(mL)。

注意事项

(1) 溶液在加热和放置时，均应盖上表面皿，以免尘埃及有机物落入。

(2) 在室温下反应速度较慢，常需加热至 75～85 ℃，并趁热滴定，加热时温度不宜过高，否则草酸会部分分解。

(3) 为了使反应定量进行，宜在 0.5～1 mol/L 的酸性介质中进行，通常用硫酸控制溶液的酸度。

(4) 玻璃砂芯漏斗的处理：玻璃砂芯漏斗应在同样浓度的 $KMnO_4$ 溶液中缓缓煮沸5 min。

参考学时

4 学时。

预习要求

(1) 预习高锰酸钾($KMnO_4$)的有关性质、配制及保存方法。

(2) 注意滴定过程中的反应条件。

实训思考

(1) 高锰酸钾法滴定中，常用什么做指示剂？它是怎样指示滴定终点的？

(2) 配制 $KMnO_4$ 溶液为什么要煮沸，并放置一周后过滤？能否用滤纸过滤？

(3) 滴定 $KMnO_4$ 标准溶液时，为什么加入第 1 滴 $KMnO_4$ 溶液后紫红色退去很慢，以后退色较快？

(4) 用草酸钠标定 $KMnO_4$ 溶液浓度时，为什么必须在大量硫酸存在下进行？酸度过高或过低有无影响？为什么要加热至 75～85 ℃后才能滴定？温度过高或过低有什么影响？

实训 6 双氧水中过氧化氢含量的测定

实训目的

(1) 掌握高锰酸钾法测定过氧化氢的基本原理和方法。

(2) 掌握移液管和容量瓶的正确使用方法。

实训原理

双氧水的主要成分为 H_2O_2，其具有杀菌、消毒、漂白等作用，市售商品一般为 30%或 3%的水溶液。H_2O_2 不稳定，常加入少量乙酰苯胺等作为稳定剂。H_2O_2 为两性物质，既

可作为氧化剂,又可作为还原剂。在酸性介质中遇 $KMnO_4$ 时 H_2O_2 显还原性,可发生下列反应:

$$2MnO_4^- + 5H_2O_2 + 6H^+ = 2Mn^{2+} + 5O_2 + 8H_2O$$

利用此反应可测定 H_2O_2 的含量。该反应室温时速度较慢,由于 H_2O_2 不稳定,不可加热。但生成的 Mn^{2+} 对反应有催化作用,滴定时,当第 1 滴 $KMnO_4$ 溶液颜色退去生成 Mn^{2+} 后可滴加第 2 滴。由于 Mn^{2+} 的催化作用,加快了反应速度,故能顺利地滴至终点,过量加入 1 滴 $KMnO_4$ 溶液呈现微红色且在 30 s 内不退即为滴定终点。

试剂及仪器

试剂:$KMnO_4$ 标准溶液,30% H_2O_2 商品液,3 mol/L H_2SO_4 溶液。

仪器:50 mL 棕色酸式滴定管,250 mL 锥形瓶,250 mL 容量瓶,25 mL 移液管,1 mL 吸量管,50 mL 量筒。

过程设计

1. $KMnO_4$ 溶液的配制和标定

同实训 5。

2. H_2O_2 含量的测定

用吸量管取 1.00 mL H_2O_2 商品液于 250 mL 容量瓶中,加水定容,混匀,得 H_2O_2 稀释液。用移液管从中吸取 25.00 mL H_2O_2 稀释液于 250 mL 锥形瓶中,加 60 mL 水、30 mL 3 mol/L H_2SO_4 溶液,用 $KMnO_4$ 标准溶液滴定至溶液呈微红色且 30 s 内不退色即为滴定终点,记下消耗 $KMnO_4$ 溶液的体积,计算商品液中 H_2O_2 的含量。平行测定三份。

数据记录与结果处理

将测定的数据记录于下表中。

H_2O_2 含量的测定数据记录表

项目 \ 测定次数	Ⅰ	Ⅱ	Ⅲ
c_{KMnO_4} /(mol/L)			
V_{KMnO_4} /mL			
H_2O_2 含量/(g/mL)			
H_2O_2 含量平均值/(g/mL)			
平均相对偏差/(%)			

计算公式如下:

$$w_{H_2O_2}=\frac{5}{2}\times\frac{c_{KMnO_4}\times V_{KMnO_4}\times M_{H_2O_2}}{1.00\times\frac{25}{250}}$$

式中：$w_{H_2O_2}$——双氧水中 H_2O_2 的含量(g/mL)；

c_{KMnO_4}——$KMnO_4$ 标准溶液的浓度(mol/L)；

V_{KMnO_4}——消耗 $KMnO_4$ 标准溶液的体积(mL)；

$M_{H_2O_2}$——过氧化氢的摩尔质量(g/mol)。

注意事项

(1) 溶液加热及放置时，均应盖上表面皿，以免尘埃及有机物等落入。

(2) 如标定要求的准确度不高，可于滴定前加热至 75～85 ℃，但不可高于 90 ℃。

参考学时

4 学时。

预习要求

(1) 预习双氧水(H_2O_2)的有关性质及滴定时的反应过程。

(2) 在滴定过程中，如何控制 $KMnO_4$ 标准溶液的滴定速度？

实训思考

(1) H_2O_2 商品液标签中注明其含量为 30%，实训测定结果小于此值，为什么？

(2) H_2O_2 含量测定除用高锰酸钾法外，还可用碘量法，试写出有关反应方程式及 H_2O_2 含量的计算公式。

实训 7　水中化学耗氧量(COD)的测定

实训目的

(1) 掌握化学耗氧量的概念和表示方法及与水体污染的关系。

(2) 掌握返滴定法测定水中化学耗氧量的基本原理和方法。

实训原理

化学耗氧量又称化学需氧量，简称 COD，是指在一定的条件下，用一定的强氧化剂处理水样所消耗的氧化剂的量，以氧的浓度(mg/L)表示。它是水体被还原性的物质污染的主要指标，还原性的物质包括各种有机物、亚硝酸盐、亚铁盐和硫化物等。现在有许多水体受有机物污染比较严重，因此，化学耗氧量可作为有机物相对含量的指标之一。

COD是一个条件性指标,会受氧化剂的种类、浓度、酸度、温度、反应时间及催化剂等条件的影响。根据所用氧化剂的不同,COD的测定方法又可以分为重铬酸钾法(用COD_{Cr}表示)和高锰酸钾法(用COD_{Mn}表示)。高锰酸钾法操作简便,所需时间短,适用于污染较轻的水样测定。重铬酸钾法对有机物的氧化比较完全,适用于各种水样的测定。

用高锰酸钾法测定水中有机物的含量,是在酸性条件下,先用一定量过量的高锰酸钾与水样反应,水中的有机物(以C形式)发生如下反应:

$$\underset{(过量)}{4KMnO_4}+5C+6H_2SO_4 = 2K_2SO_4+4MnSO_4+6H_2O+5CO_2$$

用过量的草酸钠($Na_2C_2O_4$)还原高锰酸钾($KMnO_4$),再用$KMnO_4$溶液返滴过量的草酸钠($Na_2C_2O_4$)至微红色为终点,反应式为

$$5Na_2C_2O_4+2KMnO_4+8H_2SO_4 = 5Na_2SO_4+K_2SO_4+2MnSO_4+8H_2O+10CO_2$$

 试剂及仪器

试剂:高锰酸钾标准溶液($c_{\frac{1}{5}KMnO_4}=0.01$ mol/L),H_2SO_4溶液($c_{\frac{1}{2}H_2SO_4}=6$ mol/L),草酸钠(基准试剂或分析纯)。

仪器:酸式滴定管,250 mL锥形瓶,100 mL烧杯,100 mL容量瓶,1 mL、10 mL、50 mL移液管。

 过程设计

1. $c_{\frac{1}{2}Na_2C_2O_4}$为0.01 mol/L草酸钠标准溶液的制备

称取草酸钠基准试剂0.68 g(称准至0.000 1 g)于小烧杯中,加入少量水溶解,定量转移至100 mL容量瓶中,稀释至刻度,摇匀。再吸取上述溶液25.00 mL于100 mL容量瓶中,稀释至刻度,摇匀。

2. 水中化学耗氧量的测定

准确量取水样100 mL,加入5 mL H_2SO_4溶液($c_{\frac{1}{2}H_2SO_4}=6$ mol/L)于250 mL锥形瓶中,然后从酸式滴定管中滴入高锰酸钾标准溶液($c_{\frac{1}{5}KMnO_4}=0.01$ mol/L) 10 mL(V_1),将锥形瓶放在沸水浴中加热20 min,趁热滴入10 mL草酸钠标准溶液($c_{\frac{1}{2}Na_2C_2O_4}=0.01$ mol/L),摇匀后再加热至75~85 ℃(开始冒蒸汽),立即用高锰酸钾标准溶液($c_{\frac{1}{5}KMnO_4}=0.01$ mol/L)滴至淡红色,保持30 s不退色为终点。记下消耗高锰酸钾标准溶液的体积(V_2),所用去的高锰酸钾标准溶液总体积V_{KMnO_4}为V_1+V_2。平行测定三次。

 数据记录与结果处理

1. 草酸钠标准溶液浓度的计算

计算公式为

$$c_{\frac{1}{2}Na_2C_2O_4}=\frac{m_{Na_2C_2O_4}\times\frac{25}{100}\times 1\,000}{M_{\frac{1}{2}Na_2C_2O_4}\times 100}$$

2. 水中化学耗氧量(COD)的计算

COD 测定数据记录表

项目 \ 测定次数	Ⅰ	Ⅱ	Ⅲ
$V_{水样}$/mL			
V_1/mL			
$V_{Na_2C_2O_4}$/mL			
V_2/mL			
COD/(mg/L)			
COD 的平均值/(mg/L)			
COD 平均相对偏差/(%)			

水中化学耗氧量(COD)的单位为 mg/L,按下式计算：

$$COD=\frac{(c_{\frac{1}{5}KMnO_4}\times V_{KMnO_4}-c_{\frac{1}{2}Na_2C_2O_4}\times V_{Na_2C_2O_4})\times M_{\frac{1}{4}O_2}\times 1\ 000}{V_s}$$

式中：$c_{\frac{1}{5}KMnO_4}$——高锰酸钾标准溶液的浓度(mol/L)；

V_{KMnO_4}——高锰酸钾标准溶液的体积(mL)；

$c_{\frac{1}{2}Na_2C_2O_4}$——草酸钠标准溶液的浓度(mol/L)；

$V_{Na_2C_2O_4}$——草酸钠标准溶液的体积(mL)；

$M_{\frac{1}{4}O_2}$——氧的摩尔质量($M_{\frac{1}{4}O_2}=8.000$ g/mol)；

V_s——水样的体积(mL)。

注意事项

(1) 本法适用于地表水、地下水和饮用水中 COD 的测定。

(2) 废水中有机物种类繁多,但对于主要含烃类、脂肪、蛋白质以及挥发性物质(如乙醇、丙酮等)的生活污水和工业废水,其中的有机物大多数可以氧化 90%以上,像吡啶、甘氨酸等有些有机物则难以氧化,因此,在实际测定中,氧化剂种类、浓度和氧化条件等对测定结果均有影响,所以必须严格按照规定操作步骤进行分析,并在报告结果时注明所用的方法。

(3) 本实验在加热氧化有机污染物时,完全敞开,当废水中易挥发性化合物含量较高时,应使用回流冷凝装置加热,否则结果将偏低。

(4) 水样中 Cl^- 在酸性高锰酸钾溶液中能被氧化,使结果偏高。

参考学时

4 学时。

预习要求

(1) 什么是COD？它主要反映水质的什么指标？

(2) 熟悉返滴定法的原理。

实训思考

(1) 水样中加入高锰酸钾溶液煮沸时，如果退色至无色，说明了什么？应如何进行处理？

(2) 本实训中所用的高锰酸钾标准溶液($c_{\frac{1}{5}KMnO_4}=0.01$ mol/L)可由 $c_{\frac{1}{5}KMnO_4}$ 为 0.1 mol/L 的高锰酸钾标准溶液制备，其操作应如何进行？

实训8 亚硝酸钠标准溶液的制备及磺胺嘧啶含量的测定

实训目的

(1) 掌握重氮化滴定法和永停滴定法的操作。

(2) 掌握重氮化滴定法和永停滴定法的基本原理。

(3) 可以采用哪些方法避免废水中 Cl^- 对测定结果的影响？

实训原理

磺胺嘧啶为芳伯胺类药物，可在酸性溶液中，用 $NaNO_2$ 进行定量完成重氮化反应，氧化还原滴定反应式：

$$Ar—NH_2 + NaNO_2 + 2HCl = [Ar—N^+\equiv N]Cl^- + NaCl + 2H_2O$$

永停滴定法：当反应接近化学计量点时，溶液中不存在可逆电子对，故电池中无电流通过，当亚硝酸钠稍过量时，溶液中少量的亚硝酸和分解产物NO在数十毫伏电压下，两个铂电极上发生如下的电极反应：

阳极：$NO + H_2O - e^- \longrightarrow HNO_2 + H^+$

阴极：$HNO_2 + H^+ + e^- \longrightarrow NO + H_2O$

电池中原来无电流通过变为有电流通过。

试剂及仪器

试剂：亚硝酸钠(A. R.)，氢氧化钠(A. R.)，无水碳酸钠(A. R.)，无水对氨基苯磺酸(工作基准试剂)，浓氨水(A. R.)，HCl溶液(1+2)，溴化钾(A. R.)。

仪器：天平，自动滴定仪，电热干燥箱，磁力搅拌器，移液管，酸式滴定管，烧杯。

过程设计

1. 0.1 mol/L 亚硝酸钠标准溶液的制备

称取 7.2 g 亚硝酸钠、0.1 g 氢氧化钠及 0.2 g 无水碳酸钠，溶于 1 000 mL 水中，摇匀。称取 0.6 g(精确至 0.000 1 g)无水对氨基苯磺酸(预先在 120 ℃±2 ℃干燥至恒重)，加入 2 mL 浓氨水溶解，加入 200 mL 水及 20 mL HCl 溶液(1+2)，按永停滴定仪说明安装好电极和测量仪表。将装有配制好的亚硝酸钠溶液的滴定管下端口插入液面下约 10 mm 处，在搅拌下于 15～20℃进行滴定，接近终点时，将滴定管的尖端取出液面，用少量蒸馏水淋洗尖端，洗涤液并入溶液中，继续缓慢滴定，并认真观察检流计读数和指针偏转情况，加入亚硝酸钠标准溶液并搅拌，直至仪器显示电流突增，并不再还原，即为滴定终点，记下消耗亚硝酸钠标准溶液的体积。临用前平行标定三次。

2. 磺胺嘧啶含量的测定

称取研成细粉的磺胺嘧啶试样 0.500 0 g(精确至 0.000 1 g)置于烧杯中，加入 HCl 溶液(1+2)15 mL，再加入 40 mL 水，置于磁力搅拌器上，搅拌使之溶解。再加入溴化钾 2 g，插入铂电极，将滴定管的尖端插入液面下约 2/3 处，用亚硝酸钠标准溶液迅速滴定，边滴边搅拌，至临近终点时，将滴定管的尖端取出液面，用少量水淋洗尖端，洗涤液并入溶液中，继续缓慢滴定至检流计指针突然偏转且不再还原，即为滴定终点，记下消耗亚硝酸钠标准溶液的体积。平行测定两次。

数据记录与结果处理

亚硝酸钠标准溶液的浓度(mol/L)按下式计算：

$$c_{NaNO_2}=\frac{m_{C_6H_4(NH_2)SO_3H}\times 1\,000}{V_{NaNO_2}\times 173.19}$$

式中：$m_{C_6H_4(NH_2)SO_3H}$——无水对氨基苯磺酸的质量(g)；

V_{NaNO_2}——消耗亚硝酸钠标准溶液的体积(mL)；

173.19——无水对氨基苯磺酸的摩尔质量(g/mol)。

磺胺嘧啶的质量分数按下式计算：

$$w_{C_{10}H_{10}N_4O_2S}=\frac{c_{NaNO_2}\times V_{NaNO_2}\times 250.28\times 10^{-3}}{m_s}$$

式中：c_{NaNO_2}——亚硝酸钠标准溶液的浓度(mol/L)；

V_{NaNO_2}——消耗亚硝酸钠标准溶液的体积(mL)；

250.28——磺胺嘧啶的摩尔质量(g/mol)；

m_s——磺胺嘧啶试样的质量(g)。

注意事项

(1) 正确安装永停滴定仪。

(2) 铂电极使用前可用新配制的低浓度的氯化铁硝酸溶液煮沸浸泡 30 min。

(3) 滴定时,终点前须将滴定管尖嘴提出液面。

(4) 接近滴定终点时,伯胺浓度很低,重氮化反应为分子间反应,速度慢,故临近终点时应缓慢滴定。

参考学时

2 学时。

预习要求

(1) 了解重氮滴定法的原理。

(2) 了解永停滴定仪的操作。

(3) 了解重氮滴定法确定终点的不同方法。

实训思考

(1) 进行重氮化反应时,应注意哪些问题?

(2) 试述永停滴定法的基本原理。

(3) 试比较永停滴定与电位滴定以及指示剂法的异同点。

实训 9　亚铁盐中铁含量的测定

实训目的

(1) 掌握直接法配制 $K_2Cr_2O_7$ 标准溶液的方法。

(2) 学习重铬酸钾法测定亚铁盐中铁含量的原理和方法。

实训原理

$K_2Cr_2O_7$ 是常用的氧化剂,在酸性溶液中与还原剂作用被还原为 Cr^{3+}。重铬酸钾法主要用于测定铁的含量,在酸性溶液中,Fe^{2+} 可以定量地被 $K_2Cr_2O_7$ 氧化成 Fe^{3+},反应式如下:

$$6Fe^{2+} + Cr_2O_7^{2-} + 14H^+ \xlongequal{} 6Fe^{3+} + 2Cr^{3+} + 7H_2O$$

依据 $K_2Cr_2O_7$ 标准溶液的浓度和滴定时消耗的体积,求得亚铁的质量分数。

滴定指示剂为二苯胺磺酸钠,其还原态为无色,氧化态为紫红色。

试剂及仪器

试剂:$K_2Cr_2O_7$(A. R.),H_2SO_4 溶液(3 mol/L),25% H_3PO_4 溶液,0.2%二苯胺磺酸钠溶液,硫酸亚铁铵试样。

仪器:250 mL 锥形瓶,100 mL 容量瓶,酸式滴定管。

过程设计

1. $K_2Cr_2O_7$标准溶液的配制

准确称取干燥过的$K_2Cr_2O_7$基准物质 1.471 0 g 置于 100 mL 烧杯中，加适量水溶解，于 250 mL 容量瓶中定容，摇匀备用。

2. 亚铁盐中铁含量的测定

准确称取 1.0～1.2 g 硫酸亚铁铵试样 3 份，分别置于 250 mL 锥形瓶中，各加入 50 mL去离子水溶解后再分别加入 10 mL 3 mol/L H_2SO_4溶液，5 mL 25% H_3PO_4溶液，6 滴二苯胺磺酸钠溶液。用$K_2Cr_2O_7$标准溶液滴定至溶液由绿色变为紫色或蓝紫色为滴定终点，记下消耗$K_2Cr_2O_7$标准溶液的体积，计算铁的含量。

数据记录与结果处理

将测定的数据记录于下表中。

亚铁盐中铁含量的测定数据记录表

测定次数 / 项目	Ⅰ	Ⅱ	Ⅲ
硫酸亚铁铵试样质量 m_s/g			
$K_2Cr_2O_7$标准溶液体积初读数/mL			
$K_2Cr_2O_7$标准溶液体积终读数/mL			
消耗$K_2Cr_2O_7$标准溶液体积/mL			
w_{Fe}			
w_{Fe}平均值			

亚铁盐中铁含量的测定计算公式：

$$w_{Fe}=\frac{6c_{K_2Cr_2O_7}\times V_{K_2Cr_2O_7}\times M_{Fe}}{m_s}$$

式中：$c_{K_2Cr_2O_7}$——$K_2Cr_2O_7$标准溶液的浓度(mol/L)；

$V_{K_2Cr_2O_7}$——消耗$K_2Cr_2O_7$标准溶液的体积(mL)；

m_s——硫酸亚铁铵试样的质量(g)；

M_{Fe}——铁的摩尔质量(g/mol)。

注意事项

(1) $K_2Cr_2O_7$溶液污染环境，因此需要回收。

(2)重铬酸钾法测铁可以使用 HCl 介质，因为$K_2Cr_2O_7$的氧化能力比$KMnO_4$弱，室温下不与Cl^-反应，但当 HCl 浓度较大或溶液煮沸时，也能发生反应。

参考学时

4学时。

预习要求

(1) 预习$K_2Cr_2O_7$标准溶液的直接配制方法。

(2) 预习滴定分析等操作。

实训思考

(1) 为什么可用直接法配制$K_2Cr_2O_7$标准溶液?

(2) 重铬酸钾法测Fe^{2+}时能否用HCl作为介质?为什么?

项目5　沉淀滴定法

知识目标

(1) 掌握莫尔法和佛尔哈德法的基本原理和应用。

(2) 掌握沉淀滴定法中以K_2CrO_4和铁铵矾为指示剂判断滴定终点。

(3) 掌握$AgNO_3$标准溶液和硫氰酸钠标准溶液的制备和标定方法。

能力目标

(1) 能利用基准氯化钠标定硝酸银,或者基准$AgNO_3$标定硫氰酸钠。

(2) 能利用莫尔法测定溶液中氯离子的含量,利用佛尔哈德法测定溴化钾的含量。

实训1　硝酸银标准溶液的制备

实训目的

(1) 熟悉莫尔法的基本原理和应用。

(2) 掌握$AgNO_3$标准溶液的制备方法。

(3) 学会以K_2CrO_4为指示剂判断滴定终点。

实训原理

$AgNO_3$标准溶液可用基准物质$AgNO_3$直接配制。但对于一般市售$AgNO_3$,常因含有 Ag、Ag_2O、有机物和铵盐等杂质，故需用基准物质标定。

标定 $AgNO_3$ 标准溶液的基准物质多用 NaCl，用 K_2CrO_4 做指示剂。其化学反应式为

$$Ag^+ + Cl^- = AgCl\downarrow \text{(白色)}$$

$$2Ag^+ + CrO_4^{2-} = Ag_2CrO_4\downarrow \text{(砖红色)}$$

当反应达化学计量点，由于 AgCl 的溶解度小于 Ag_2CrO_4 的溶解度，所以当 AgCl 定量沉淀后，稍微过量的 Ag^+ 与 CrO_4^{2-} 生成砖红色 Ag_2CrO_4 沉淀，指示滴定终点。因此，滴定过程中应注意以下两点：

(1) K_2CrO_4 溶液浓度至关重要，一般以 5×10^{-3} mol/L 为宜；

(2) 滴定反应必须在中性或弱碱性溶液中进行，最适宜的 pH 为 6.5～10.5。

试剂及仪器

试剂：$AgNO_3$(A. R.)，NaCl(A. R.)，5%K_2CrO_4 溶液，Na_2CO_3 粉末(A. R.)。

仪器：250 mL 锥形瓶，500 mL 烧杯，250 mL 棕色试剂瓶，托盘天平，分析天平，酸式滴定管。

过程设计

1. 0.1 mol/L $AgNO_3$ 标准溶液的配制

在托盘天平上称取 8.5 g $AgNO_3$，溶于 500 mL 不含 Cl^- 的水中，摇匀。溶液储存于具有玻璃塞的棕色试剂瓶中。

2. 0.1 mol/L $AgNO_3$ 标准溶液的标定

在分析天平上准确称取已干燥的 NaCl 基准物质 1.5～1.6 g(称准至 0.000 1 g)于 250 mL 锥形瓶中，溶于 50 mL 水中，加入 2 mL 5% K_2CrO_4 溶液，在不断摇动下用 $AgNO_3$ 标准溶液滴定，至白色沉淀中刚出现砖红色，即为终点，记下所消耗的 $AgNO_3$ 标准溶液体积 V_1。平行测定三次。

空白实验：取 50 mL 水，加 1 mL 5% K_2CrO_4 溶液，并加入理论测定生成 AgCl 等质量的碳酸钙粉末，然后用 $AgNO_3$ 标准溶液滴定至与测定时终点相同的砖红色，记下所消耗的 $AgNO_3$ 标准溶液体积 V_2。

根据 NaCl 的质量和滴定所消耗的 $AgNO_3$ 标准溶液体积，计算 $AgNO_3$ 标准溶液的浓度。

数据记录与结果处理

将测定的数据记录于下表中。

配制硝酸银标准溶液的数据记录表

项目 \ 测定次数	Ⅰ	Ⅱ	Ⅲ	空白
称量瓶和 NaCl 的质量(初次读数)/g				

续表

项目＼测定次数	Ⅰ	Ⅱ	Ⅲ	空白
称量瓶和 NaCl 的质量(递减后读数)/g				
基准物质 NaCl 的质量/g				
滴定消耗 $AgNO_3$ 标准溶液的体积/mL				
$AgNO_3$ 标准溶液浓度/(mol/L)				
$AgNO_3$ 标准溶液浓度平均值/(mol/L)				
极差/(mol/L)				

计算公式如下：

$$c_{AgNO_3}=\frac{m_{NaCl}\times 1\,000}{(V_1-V_2)\times M_{NaCl}}$$

式中：c_{AgNO_3}——$AgNO_3$ 标准溶液的浓度(mol/L)；

V_1——滴定时消耗 $AgNO_3$ 标准溶液的体积(mL)；

V_2——空白实验滴定时消耗 $AgNO_3$ 标准溶液的体积(mL)；

m_{NaCl}——基准物质氯化钠的质量(g)；

M_{NaCl}——NaCl 的摩尔质量($M_{NaCl}=58.442$ g/mol)。

注意事项

(1) $AgNO_3$ 试剂及其溶液具有腐蚀性，能破坏皮肤组织，切勿接触皮肤及衣服。银是贵重金属，含 Ag^+ 的废液应回收。

(2) 滴定终点的颜色接近于浅橙色(白色的 AgCl 沉淀中混有很少量砖红色的 Ag_2CrO_4 沉淀)，要防止滴过量。

(3) 实训完毕，滴定管要先用蒸馏水洗涤，再用自来水洗净，以免 AgCl 沉淀残留于滴定管壁上。

参考学时

2 学时。

预习要求

(1) 熟悉莫尔法的基本原理。

(2) 明确实训所需药品、仪器和实训过程。

(3) 熟记实训注意事项。

实训思考

(1) K_2CrO_4 指示剂的浓度为什么要控制？浓度过大或过小对测定有什么影响？

(2) 莫尔法为什么将溶液的 pH 控制在 6.5～10.5？

(3) 用 $AgNO_3$ 滴定 NaCl 时，在滴定过程中，为什么要充分摇动溶液？否则，会对测定结果有什么影响？

实训 2　水中氯离子含量的测定

实训目的

(1) 进一步理解莫尔法的基本原理，学会用 K_2CrO_4 指示剂正确判断滴定终点。

(2) 掌握水中氯离子含量的测定方法。

实训原理

测定原理与实训 1 硝酸银标准溶液的配制及标定相同。

试剂及仪器

试剂：0.01 mol/L $AgNO_3$ 溶液，5%K_2CrO_4 溶液，碳酸钙粉末(A. R.)，水试样。

仪器：250 mL 锥形瓶，酸式滴定管，100 mL 移液管。

过程设计

用 100 mL 移液管准确吸取水样 100.00 mL 于 250 mL 锥形瓶中，加 2 mL 5% K_2CrO_4 溶液，在充分摇动下，用 0.01 mol/L $AgNO_3$ 标准溶液滴定至溶液呈砖红色即为终点，记下消耗的 $AgNO_3$ 标准溶液体积 V_1。平行测定三次。同时做空白实验(参见本项目实训 1)。

计算水中氯含量，以质量浓度 ρ_{Cl^-} 表示，单位为 mg/L。

数据记录与结果处理

将氯离子含量的测定数据填入下表。

氯离子含量的测定数据记录表

项目 \ 测定次数	Ⅰ	Ⅱ	Ⅲ	空白
水样的体积 V_s/mL				
滴定消耗 $AgNO_3$ 标准溶液的体积 V/mL				
$AgNO_3$ 标准溶液浓度 c/(mol/L)				
氯的质量浓度 ρ_{Cl^-}/(mg/L)				
ρ_{Cl^-} 平均值/(mg/L)				
极差的相对值/(%)				

计算公式如下：

$$\rho_{Cl^-}=\frac{(V_1-V_2)\times c_{AgNO_3}\times M_{Cl}}{V_s}$$

式中：ρ_{Cl^-}——氯的质量浓度(mg/L)；

V_1——滴定消耗 $AgNO_3$ 标准溶液的体积(mL)；

V_2——空白对照消耗的 $AgNO_3$ 标准溶液的体积(mL)；

c_{AgNO_3}——$AgNO_3$ 标准溶液的浓度(mol/L)；

M_{Cl^-}——氯离子的摩尔质量($M_{Cl^-}=35.453$ g/mol)；

V_s——水样的体积(mL)。

注意事项

同本项目实训 1。

参考学时

2 学时。

预习要求

(1) 熟悉莫尔法测定 Cl^- 的基本原理。

(2) 明确实训所需药品、仪器、实训过程和数据处理。

(3) 熟记实训注意事项。

实训思考

(1) 水样如为酸性或碱性，对测定有无影响？应如何处理？

(2) 何种离子干扰本法测定？应如何消除干扰？

(3) 为什么测定稀溶液的 Cl^- 含量时要进行空白实验校正？

实训 3　溴化钾含量的测定

实训目的

(1) 掌握溴化钾(KBr)含量的测定方法。

(2) 掌握以 $NH_4Fe(SO_4)_2\cdot 12H_2O$ 为指示剂确定终点的方法。

实训原理

佛尔哈德法分为直接滴定法和返滴定法两种，本实训采用的是返滴定法。在含有 Br^- 的硝酸溶液中，加入适当过量的 $AgNO_3$ 标准溶液，以 $NH_4Fe(SO_4)_2\cdot 12H_2O$ 为指示剂，用 NaSCN 标准溶液返滴定剩余的 $AgNO_3$，当 Ag^+ 完全反应时，稍过量的 SCN^- 与 Fe^{3+} 生成 $[Fe(SCN)]^{2+}$ 红色配离子，指示终点的到达。反应式如下：

滴定前： $Ag^+ + Br^- \longrightarrow AgBr\downarrow$

化学计量点前： $Ag^+ + SCN^- \longrightarrow AgSCN\downarrow$

化学计量点及化学计量点后：$Fe^{3+} + SCN^- \longrightarrow [Fe(SCN)]^{2+}$（红色）

试剂及仪器

试剂：KBr(A. R.)，0.1 mol/L $AgNO_3$ 标准溶液，40.0 g/L $NH_4Fe(SO_4)_2 \cdot 12H_2O$ 指示剂，0.1 mol/L NaSCN 标准溶液，1.0 mol/L HNO_3 溶液。

仪器：250 mL 锥形瓶，酸式滴定管，25 mL 移液管，分析天平。

过程设计

称取 KBr 试样约 0.2 g（称准至 0.000 1 g）于 250 mL 锥形瓶中，以 50 mL 水溶解后，加入 2 mL 1.0 mol/L HNO_3 溶液、40.00 mL 0.1 mol/L $AgNO_3$ 标准溶液，混匀后再加入 2 mL 40.0 g/L $NH_4Fe(SO_4)_2 \cdot 12H_2O$ 指示剂，用 0.1 mol/L NaSCN 标准溶液滴定至微红色，经振摇后仍不退色即为终点。记下消耗 NaSCN 标准溶液的体积。平行测定三次。计算 KBr 的质量分数。

数据记录与结果处理

将测定的数据记录于下表中。

溴化钾含量的测定数据记录表

项目 \ 测定次数	Ⅰ	Ⅱ	Ⅲ
$AgNO_3$ 标准溶液的浓度/(mol/L)			
NaSCN 标准溶液的浓度/(mol/L)			
称取 KBr 的质量/g			
滴定消耗 NaSCN 标准溶液的体积 V/mL			
KBr 的质量分数 w_{KBr}/(%)			
w_{KBr} 平均值/(mol/L)			
极差的相对值/(%)			

KBr 的质量分数按下式计算：

$$w_{KBr} = \frac{(c_{AgNO_3} \times V_{AgNO_3} - c_{NaSCN} \times V_{NaSCN}) \times M_{KBr} \times 10^{-3}}{m_s} \times 100\%$$

式中：c_{AgNO_3}——$AgNO_3$ 标准溶液的浓度(mol/L)；

V_{AgNO_3}——$AgNO_3$ 标准溶液的体积(mL)；

c_{NaSCN}——NaSCN 标准溶液的浓度(mol/L)；

V_{NaSCN}——滴定消耗 NaSCN 标准溶液的体积(mL)；

M_{KBr}——KBr 的摩尔质量(M_{KBr}为 119.00 g/mol)；

m_s——KBr 试样的质量(g)。

注意事项

同本项目实训 1。

参考学时

2 学时。

预习要求

(1) 预习 KBr 含量测定的原理和方法。

(2) 明确实训所需药品、仪器、实训过程和数据处理。

(3) 熟记实训注意事项。

实训思考

(1) 佛尔哈德法中能否用硫酸或磷酸代替硝酸控制溶液酸度？为什么？

(2) 能否用氯化铁或硝酸铁代替铁铵矾指示剂？为什么？

项目 6　重量分析法

知识目标

(1) 理解沉淀形成的有关理论和知识。

(2) 掌握沉淀的条件。

(3) 了解重量分析法的分类和方法特点。

(4) 理解沉淀形式和称量形式的意义，掌握选择沉淀剂的原则。

(5) 掌握重量分析法的原理和测定过程及结果计算。

能力目标

(1) 掌握干燥失重的测定方法。

(2) 进一步练习分析天平的称量操作。

(3) 进一步练习沉淀过滤、洗涤、干燥、称重等基本操作。

实训1　葡萄糖干燥失重的测定

实训目的

（1）了解恒重的意义。

（2）掌握干燥失重的测定方法。

（3）进一步练习分析天平的称量操作。

实训原理

应用挥发重量法，将试样加热，使其中水分及挥发性物质逸去，再称出试样减失后的质量。

试剂及仪器

试剂：葡萄糖试样。

仪器：分析天平，称量瓶，干燥器，恒温干燥箱。

过程设计

1. 称量瓶的干燥恒重

将洗净的称量瓶置于恒温干燥箱中，打开瓶盖并放于称量瓶旁，于 105 ℃进行干燥，取出称量瓶，加盖，置于干燥器中冷却（约 30 min）至室温，精密称重至恒重。

2. 试样干燥失重的测定

取混合均匀的试样 1 g（若试样结晶较大，应先迅速捣碎使成 2 mm 以下的颗粒），平铺于已恒重的称量瓶中，厚度不可超过 5 mm，加盖，精密称定质量。置于干燥箱中，开瓶盖，逐渐升温，并于 105 ℃干燥，直至恒重。平行测定三次。

数据记录与结果处理

根据试样干燥前后的质量，按下式计算试样的干燥失重：

$$葡萄糖干燥失重=\frac{S-W}{S}\times 100\%$$

式中：S——干燥前试样的质量(g)；

　　W——干燥后试样的质量(g)。

测定数据记录表

项目＼测定次数	Ⅰ	Ⅱ	Ⅲ
称量瓶质量/g			

续表

项目 \ 测定次数	Ⅰ	Ⅱ	Ⅲ
试样和称量瓶的质量/g			
试样质量/g			
干燥试样和称量瓶的质量/g			
葡萄糖干燥失重/(%)			
绝对偏差/(%)			
平均相对偏差/(%)			

注意事项

(1) 试样在干燥器中冷却时间每次应相同。

(2) 称量应迅速,以免干燥的试样或器皿在空气中露置久后吸潮而不易达恒重。

(3) 葡萄糖受热温度较高时可能溶化于吸湿水及结晶水中,因此,测定本品干燥失重时,宜先于较低温度(60℃左右)干燥一段时间,使大部分水分挥发后再在105℃干燥至恒重。

(4) 沉淀法测定时,取样量应适当。取样量较多,生成沉淀量亦较多,致使过滤、洗涤困难,带来误差;取样量较少,称量及各操作步骤产生的误差较大,使分析的准确度较低。

(5) 不具挥发性的沉淀剂,用量不宜过量太多,以过量20%～30%为宜。过量太多时,生成配合物,产生盐效应,增大沉淀的溶解度。

(6) 加入沉淀剂时要缓慢,使生成较大的颗粒。

(7) 沉淀的过滤和洗涤,采用倾析法。倾析时应沿玻璃棒进行。沉淀物可采用洗涤液少量多次洗涤。

(8) 洗涤后的沉淀,除吸附有大量水分外,还可能有其他挥发性杂质,必须用烘干或灼烧的方法除去,使之具有固定组成,才可进行称量。干燥温度与沉淀组成中含有的结晶水直接相关,结晶水是否恒定又与换算因数紧密联系,因此,必须按规定的温度进行干燥。

(9) 灼烧这一操作是将带有沉淀的滤纸卷好,置于已灼烧至恒重的坩埚中,先在低温使滤纸炭化,再高温灼烧。灼烧后冷却至适当温度,再放入干燥器继续冷至室温,然后称量。

参考学时

3学时。

实训思考

(1) 什么叫干燥失重?加热干燥适宜于哪些药物的测定?

(2) 什么叫恒重?影响恒重的因素有哪些?恒重时,几次称量数据中哪一次为实重?

实训 2 植物或钾料中钾含量的测定

实训目的

(1)了解晶形沉淀条件和沉淀方法。

(2) 掌握重量法测定植物或钾料中钾含量的方法与原理。

(3) 学会重量法的基本操作及程序。

(4) 进一步练习沉淀过滤、洗涤、干燥、称重等基本操作。

实训原理

在弱碱性介质中,以四苯硼酸钠溶液为沉淀剂沉淀试样溶液中的钾离子,生成白色的四苯硼酸钾沉淀,将沉淀过滤、洗涤、干燥、称重。根据沉淀质量计算化肥中钾含量。

反应式为 $K^+ + Na[B(C_6H_5)_4] \longrightarrow K[B(C_6H_5)_4]\downarrow + Na^+$

试剂及仪器

试剂:EDTA 溶液(40 g/L),酚酞指示剂(5 g/L 酚酞的乙醇溶液),NaOH 溶液(400 g/L),5%溴水,活性炭,四苯硼酸钠沉淀剂(15 g/L)。

仪器:锥形瓶,玻璃坩埚式滤器,容量瓶,表面皿,烧杯,干燥器,干燥箱等。

过程设计

1. 试样溶液的制备

称取试样(按 GB/T 8571 规定所制备的样品)2~5 g(含氧化钾约 400 mg),精确至 0.000 2 g,置于 250 mL 锥形瓶中,加水约 150 mL,加热煮沸 30 min,冷却,定量转移到 250 mL 容量瓶中,用水稀释至刻度,混匀,过滤,弃去最初滤液 50 mL。

2. 试液处理

吸取上述滤液 25 mL 于 250 mL 烧杯中,加 EDTA 溶液(40 g/L)20 mL(含阳离子较多时可加 40 mL),加 2~3 滴酚酞指示剂,滴加 NaOH 溶液(400 g/L)至刚出现红色时,再过量 1 mL,盖上表面皿,在通风良好的通风橱内缓慢加热煮沸 15 min,然后冷却,若红色消失,再用 NaOH 溶液(400 g/L)调至红色。如果试样中含有氰氨基化物或有机物时,在加入 EDTA 溶液之前,先加溴水和活性炭处理:加入 5%的溴水 5 mL,将该溶液煮沸脱色至无溴颜色为止,若含其他颜色,将溶液蒸发至体积小于 100 mL,冷却后加 0.5 g 活性炭充分搅拌使之吸附,然后过滤、洗涤,洗涤 3~5 次,每次用水约 5 mL,并收集全部滤液。

3. 沉淀及过滤

在不断搅拌下,于盛有试样溶液的烧杯中逐滴加入四苯硼酸钠沉淀剂(15 g/L),加入量为每含 1 mg 氧化钾加沉淀剂 0.5 mL,并过量 7 mL,继续搅拌 1 min,静置 15 min 以上,用倾析法将沉淀过滤于预先在 120℃下恒重的 4 号玻璃坩埚式滤器内,用四苯硼酸钠

洗涤液(15 g/L)洗涤沉淀 5～7 次，每次用量约 5 mL，最后用水洗涤 2 次，每次用量约 5 mL。

4. 干燥

将盛有沉淀的坩埚置于 120℃±5℃干燥箱中，干燥 1.5 h，取出后置于干燥器内冷却，称重。

5. 空白对照

除不加试液外，分析步骤及试剂用量同上述步骤。

数据记录与结果处理

样品的钾含量以氧化钾质量分数(w_{K_2O})表示，按下式计算：

$$w_{K_2O}=\frac{(m_2-m_1)\times 0.1314}{m_s\times\frac{25}{250}}\times 100\%=\frac{(m_2-m_1)\times 1.314}{m_s}\times 100\%$$

式中：m_2——试液所得沉淀的质量(g)；

m_1——空白对照所得沉淀的质量(g)；

m_0——试样的质量(g)；

0.131 4——四苯硼酸钾质量换算为氧化钾质量的系数。

测定结果中钾的质量分数小于 10.0%时，平行测定允许差值为 0.20%，不同实训室允许差值为 0.40%；钾的质量分数为 10.0%～20.0%时，平行测定允许差值为 0.30%，不同实训室允许差值为 0.60%；钾的质量分数大于 20.0%时，平行测定允许差值为 0.40%，不同实训室允许差值为 0.80%。取平行测定结果的算术平均值为测定结果。

注意事项

(1) 试样的采取至关重要，是保证测定结果准确性的前提，采取的试样要均匀并且适量，采样量过少代表性较差，采样量过大不仅会使测定结果偏高，还会增加四苯硼酸钠沉淀剂的加入量，从而增大引入误差的概率。实践证明，肥料中氧化钾含量不同，在制备试样溶液的采样量上也应有所不同，应使称取的试样含氧化钾约 400 mg。

(2) 四苯硼酸钠沉淀剂(15 g/L)的准确配制非常重要。实践证明，溶解的四苯硼酸钠加入 NaOH 和六水氯化镁一起搅拌 15 min 后静置、过滤，所配出的四苯硼酸钠溶液澄清效果较好，因为加六水氯化镁生成的 $Mg(OH)_2$ 絮状沉淀能有效地吸附杂质；加入适量 NaOH 还可以防止四苯硼酸钠分解，使该沉淀剂较为稳定。另外，配制好的四苯硼酸钠溶液应储存在棕色瓶或塑料瓶中，期限不超过 1 个月，如发现混浊或实训中四苯硼酸钾沉淀为棕色，应重新过滤。

(3) 在试样溶液中加入适量乙二胺四乙酸二钠(EDTA)，是为了使阳离子与EDTA配合，以达到防止阳离子干扰的目的。

(4) 试液处理时应严格控制加入 NaOH 溶液的量。加入 NaOH 溶液的主要作用是生成氢氧化铵后加热除去氨以驱除氮的干扰，这就要求加入 NaOH 溶液要过量，否则铵离子不能完全驱除，由此产生正偏差。

(5) 试液在通风橱内加热时应保持微沸，并控制在 15 min，要防止温度过高、时间过长而导致试液浓缩，钠离子浓度增加，由此产生正偏差。

(6) 要保证在碱性条件下加入沉淀剂，在此条件下生成的四苯硼酸钾沉淀性质较稳定，但 NaOH 加入量不要过多，否则会使 Al^{3+} 和 Fe^{3+} 等离子产生沉淀影响测定结果。沉淀的静置时间要大于 15 min，以利于四苯硼酸钾晶体的形成。

(7) 用沉淀剂沉淀时，应缓慢加入并剧烈搅拌，防止四苯硼酸钾形成过饱和溶液而不能及时析出沉淀。加入量为试样溶液中 1 mg 氧化钾加四苯硼酸钠溶液 0.5 mL，并过量 7 mL。本实训中吸取制备好的试样溶液 25 mL，约含 40 mg 氧化钾，则加入沉淀剂约 20 mL，再过量 7 mL，共计 27 mL 左右。

(8) 因为四苯硼酸钾沉淀在水中有一定溶解度，所以要先用 1∶10 的四苯硼酸钠洗涤液洗涤沉淀，最后再用水洗涤。要严格按规定用量和次数洗涤沉淀，洗涤终点确认要准确，否则会引起偏差。如果在干燥后的坩埚上仍清晰可见粉红色物质，说明洗涤次数不够、不彻底，存在未洗尽的 NaOH 与酚酞产生的物质残留，所得的沉淀质量偏大，以致测定结果的钾含量偏高。经洗涤、干燥后的坩埚上物质颜色为白色或无色(四苯硼酸钾颜色)，说明洗涤较彻底。

(9) 严格控制沉淀干燥温度。首先要注意所用干燥箱温度的准确性，并且四苯硼酸钾沉淀干燥温度以(120±5) ℃最佳。若高于 130 ℃，沉淀会逐渐分解，使测定结果偏低。

(10) 该实训中坩埚的处理方法：如果是新坩埚，需用 HCl 溶液(1+1)煮沸几分钟，再用水洗净备用；如果是使用过的含有四苯硼酸钾沉淀的坩埚，应先用 HCl 溶液(1+1)浸泡，再用水洗净，若还残存沉淀，可用少量丙酮处理后，再用水洗净备用。

(11) 不能忽视空白实验的测定，否则将导致测定结果不准确。

参考学时

3 学时。

实训思考

(1) 为什么要加入 EDTA？

(2) 加入 NaOH 溶液的量为什么要控制？

(3) 用沉淀剂沉淀时，应如何加入？为什么？

实训 3　重量法测定土壤中 SO_4^{2-} 的含量

实训目的

(1) 巩固分析天平的使用。

(2) 掌握重量法的基本操作。

(3) 了解晶形沉淀的沉淀条件。

实训原理

(1) 方法原理　硫酸盐在 HCl 溶液中,与加入的氯化钡形成硫酸钡沉淀。在接近沸腾的温度下进行沉淀,并至少煮沸 20 min,使沉淀陈化之后过滤,将沉淀洗至无氯离子为止,烘干或灼烧沉淀,冷却后,称硫酸钡的质量。

(2) 干扰及消除　样品中包含的悬浮物、硝酸盐、亚硫酸盐和二氧化硅可使结果偏高。碱金属硫酸盐,特别是碱金属硫酸氢盐常使结果偏低。铁和铬等能影响硫酸盐的完全沉淀,使测定结果偏低。硫酸钡的溶解度很小,在酸性介质中进行沉淀,虽然可以防止碳酸钡和磷酸钡沉淀,但是酸度较大时也会使硫酸钡沉淀溶解度增大。

试剂及仪器

试剂:HCl 溶液(1+9),硝酸,甲基红溶液(称取 0.1 g 甲基红,溶于 100 mL60%乙醇溶液中),5%氯化钡溶液(称取 5 g$BaCl_2 \cdot 2H_2O$,溶于蒸馏水中,并稀释至 100 mL),1.0%硝酸银溶液(称取 4.25 g 硝酸银,加 0.25 mL 浓硝酸,再加 250 mL 蒸馏水)。

仪器:恒温水浴装置,高温炉(0~1 000 ℃,温度可自动控制),瓷坩埚(20 mL),马弗炉,干燥器。

过程设计

(1) 瓷坩埚的准备　洗净坩埚,晾干,在 600~650 ℃马弗炉中灼烧,第一次灼烧 30~40 min,取出稍冷片刻,转入干燥器中,冷却至室温,称重,然后再放入同样温度的马弗炉中进行第二次灼烧,15~20 min 后取出,稍冷后转入干燥器中冷至室温再称重,如此重复操作直至恒重为止。

(2) 试样的分析　称取通过 18 号筛(1 nm 筛孔)的风干土壤试样 100 g(称准至 0.1 g),放入 1 L 大口塑料瓶中,加入 500 mL 无二氧化碳蒸馏水,将塑料瓶用橡皮塞塞紧,振荡 3 min,立即抽气过滤。如果土壤试样不黏重或碱化度不高,可用平板瓷漏斗过滤,直到滤清为止;土质黏重、碱化度高的试样需要用布氏漏斗抽气过滤。清液储存于 500 mL 试剂瓶中,用橡皮塞塞紧备用。

准确量取 200~500 mL 上述清液(含 SO_4^{2-} 10~40 mg)于烧杯内,加入几滴甲基红指示剂,滴加 HCl 溶液(1+9)使水样溶液变红后,再过量 10 mL,在电炉上加热浓缩至 100 mL 左右。

加热溶液至近沸,在不断搅拌下,徐徐滴加 10 mL 热的氯化钡溶液,一直滴至溶液上部澄清液不再出现白色混浊,说明硫酸盐已沉淀完全,再多加 2 mL 氯化钡溶液,然后将烧杯放在 80~90 ℃水浴中,加热 2 h。

用定量慢速滤纸过滤,并用热的蒸馏水洗涤烧杯和沉淀,并将沉淀全部转移至滤纸上,一直洗至滤液加一滴硝酸银溶液不产生混浊为止。

将滤纸连同沉淀放在预先已恒重的坩埚内,在电炉上灰化,然后移入高温炉内,在

800 ℃灼烧 1 h 后，将坩埚放入干燥器内冷至室温，再称重，如此反复操作，直至恒重。

数据记录与结果处理

土壤试液中 SO_4^{2-} 的含量 X(mg/L)按下式计算：

$$X=\frac{m_{BaSO_4}\times 411.6}{V}$$

式中：m_{BaSO_4}——硫酸钡的质量(mg)；

V——土壤试液的体积(L)；

411.6——硫酸钡与 SO_4^{2-} 的换算因数乘以 1 000。

注意事项

(1) 使用过的坩埚清洗：可用 1 L 含 8 g 乙二胺四乙酸二钠和 25 mL 乙醇胺的水溶液将坩埚浸泡过夜，然后将坩埚在抽滤情况下用水充分洗涤。

(2) 用少量无灰滤纸的纸浆与硫酸钡混合，能改善过滤效果并防止沉淀产生蠕升现象。在这种情况下，应将过滤并洗涤好的沉淀放在铂坩埚中，在 800 ℃灼烧 1 h，放在干燥器中冷却至恒重。

参考学时

3 学时。

实训思考

(1) 为什么要在热稀 HCl 溶液中且不断搅拌条件下逐滴加入沉淀剂沉淀 $BaSO_4$？HCl 加入太多有何影响？

(2) 为什么要在热溶液中沉淀 $BaSO_4$，但要在冷却后过滤？晶形沉淀为何要陈化？

(3) 什么是倾析法过滤？洗涤沉淀时，为什么用洗涤液或水都要少量多次？

(4) 什么是灼烧至恒重？

项目 7　电势分析法

知识目标

(1) 掌握电势分析法的基本原理。

(2) 了解离子选择性电极的构造和工作原理。

(3) 了解电导分析法的基本原理。

能力目标

(1) 学会用酸度计测定溶液 pH 的操作方法。
(2) 掌握直接电势法的操作方法。
(3) 学会电势滴定法确定滴定终点的方法。

实训 1　直接电势法测定溶液的 pH

实训目的

(1) 了解酸度计的基本原理。
(2) 掌握酸度计的操作方法。
(3) 学会直接电势法测定溶液 pH 的原理和步骤。

实训原理

以玻璃电极为指示电极,饱和甘汞电极为参比电极(或二者的复合电极),浸入溶液中,就组成了原电池。该电池可以表示为

$$\underbrace{Ag,AgCl \mid HCl(0.1\ mol/L) \mid 玻璃膜}_{玻璃电极} \mid \underbrace{H^+(x\ mol/L)}_{待测溶液} \mid \underbrace{KCl(饱和) \mid Hg_2Cl_2,Hg}_{饱和甘汞电极}$$

工作电池的电动势可表示为

$$E=E_0+2.3026\,\frac{RT}{F}\,pH$$

式中:E_0——氢电极的标准电势,规定该值等于 0 V;
　　R——摩尔气体常数;
　　T——热力学温度;
　　F——法拉第常数。

由测得的电动势虽然能计算出待测溶液的 pH,但由于上式中的 E_0 是由内、外参比电极的电势,以及难以计算的不对称电势和液接电势所决定的常数,实际计算困难。在实际应用中,用酸度计测定溶液的 pH 时,经常用已知 pH 的标准缓冲溶液来校正酸度计(也称定位),确定酸度计参数。校正时应选择与被测溶液的 pH 接近的标准缓冲溶液,以减小在测量过程中由于液接电势、不对称电势,以及温度等变化而引起的误差。校正后的酸度计,可用来直接测量溶液的 pH。

试剂及仪器

试剂:标准缓冲溶液,不同 pH 的试样溶液(如 HAc 溶液、氨水、自来水、硼砂溶液、生理盐水等)。

仪器:酸度计,玻璃电极与饱和甘汞电极(或 pH 复合电极),100 mL 塑料烧杯。

过程设计

（1）打开电源，预热 15～30 min，调整仪器（调零）。

（2）按照酸度计说明书中的操作方法进行操作。摘去电极的橡皮套，并检查电极是否浸入饱和 KCl 溶液中，如未浸入，应补充饱和 KCl 溶液，安装玻璃电极与饱和甘汞电极（或复合电极）。使用玻璃电极与饱和甘汞电极时，应使饱和甘汞电极稍低于玻璃电极，防止杯底及搅拌子碰坏玻璃电极球泡。调节斜率补偿、温度补偿。

（3）用蒸馏水将电极和塑料烧杯冲洗干净，用滤纸或吸水纸将附在电极上的水滴吸干。

（4）用标准缓冲溶液校正仪器。

（5）用蒸馏水将电极和塑料烧杯冲洗 3～5 次后，用滤纸或吸水纸将附在电极上的水滴吸干。测量水溶液，由仪器数字显示或指针读出 pH。

（6）测量完毕后，用蒸馏水将电极和塑料烧杯冲洗干净，将附在电极上的水滴吸干，按仪器操作说明保存电极。

数据记录与结果处理

（1）用玻璃电极测定不同浓度 HAc 溶液的 pH。

（2）用玻璃电极测定不同浓度氨水的 pH。

注意事项

（1）玻璃电极球泡的玻璃膜很薄，容易破损，切忌与硬物碰撞。

（2）实训结束后，检查仪器是否正常，结束操作是否正确。

参考学时

2 学时。

预习要求

（1）了解酸度计的工作原理。

（2）明确实训目的和测定 pH 实训步骤。

实训思考

（1）使用酸度计时，为什么要用已知 pH 的标准缓冲溶液校准？校准后，定位调节器能否再动？

（2）玻璃电极或 pH 复合电极在使用前应如何处理？为什么？

（3）使用和安装玻璃电极或 pH 复合电极时，应该注意哪些问题？

实训 2 电势滴定法测定苯巴比妥钠的含量

实训目的

(1) 掌握电势滴定法的原理和操作方法。

(2) 学会用电势滴定法确定滴定终点的方法。

实训原理

巴比妥类药物在适当的碱性溶液中,可与重金属离子定量成盐,因此,可采用银量法测定其含量,反应式如下:

$$\mathrm{R_1R_2C(CONH)_2CO} + AgNO_3 + Na_2CO_3 \longrightarrow \mathrm{R_1R_2C(CONH)(CONAg)CO} + NaNO_3 + NaHCO_3$$

$$\mathrm{R_1R_2C(CONH)(CONAg)CO} + AgNO_3 + Na_2CO_3 \longrightarrow \mathrm{R_1R_2C(CONAg)_2CO} + NaNO_3 + NaHCO_3$$

由于临近终点时反应较慢,判断出现混浊的滴定终点较难掌握,所以通常采用电势滴定法确定滴定终点,指示电极采用 Ag 电极,参比电极常用玻璃电极。

试剂及仪器

试剂:$AgNO_3$ 标准溶液,注射用苯巴比妥钠,30 g/L 碳酸钠溶液(现配现用),甲醇。

仪器:pHS-25 型 pH 计,Ag 电极,玻璃电极,磁力搅拌器,酸式滴定管,移液管,烧杯。

过程设计

(1) 试样溶液的准备。取苯巴比妥钠原料药约 0.20 g,精确称定,加甲醇 40 mL 溶解,再加新鲜配制的 30 g/L 碳酸钠溶液 15 mL。

(2) 滴定。将上述溶液置于磁力搅拌器上,插入电极,搅拌,用硝酸银标准溶液滴定,记录滴定消耗硝酸银标准溶液的体积(mL)和对应的电势(mV)。当溶液出现混浊后,还应继续滴加几次滴定液,并记录电势。

(3) 测量完毕后,切断电源,用蒸馏水将电极冲洗干净,并妥善保存。

数据记录与结果处理

用方格纸以电势(E)为纵坐标,以消耗硝酸银标准溶液体积(V)为横坐标,绘制 E-V

曲线(见图 4-1),以此曲线的陡然上升或下降部分的中心为滴定终点。或者绘制($\Delta E/\Delta V$)-V曲线(见图 4-2),与 $\Delta E/\Delta V$ 的极大值对应的体积即为滴定终点。也可采用二阶导数确定终点,可用二阶微商内插法计算终点体积(见图 4-3)。

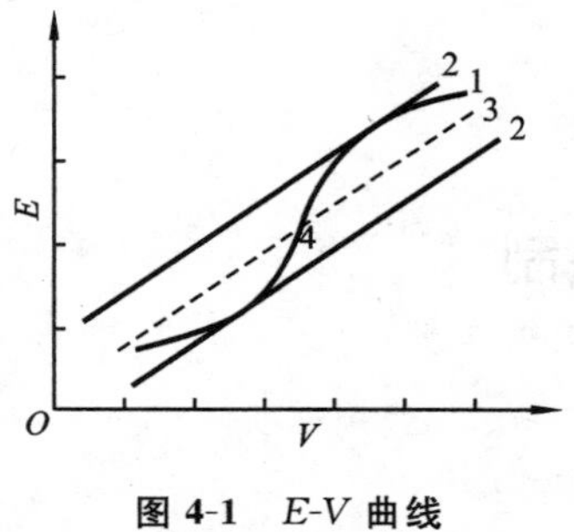

图 4-1　E-V 曲线

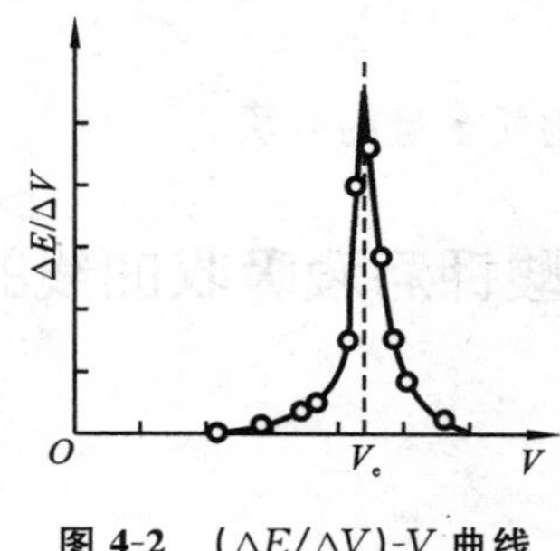

图 4-2　($\Delta E/\Delta V$)-V 曲线

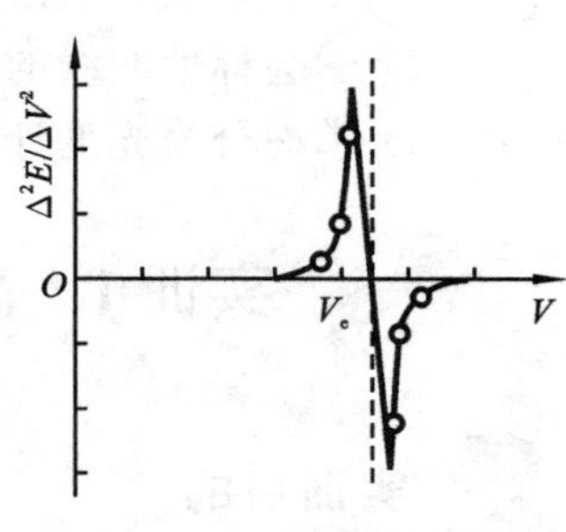

图 4-3　二阶微商曲线

注意事项

(1) 碳酸钠溶液须临用时新配。因为碳酸钠久置后易吸收空气中的二氧化碳,转化为碳酸氢钠,使含量明显下降。

(2) Ag 电极在临用前须用稀硝酸浸洗 1～2 min,再用水淋洗干净。

参考学时

2 学时。

预习要求

(1) 预习电势滴定法的基本原理。

(2) 明确电势滴定法测定苯巴比妥钠含量的实训步骤。

实训思考

为什么本实训所用的碳酸钠溶液须临用时配制?

项目 8　分光光度法

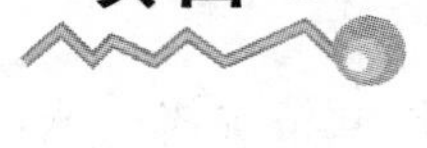

知识目标

(1) 掌握吸光光度法的基本原理。

(2) 了解影响显色反应灵敏度的各种因素,学会选择合适的反应条件。

(3) 了解分光光度计的结构和工作原理。

能力目标

(1) 学会绘制有色溶液的吸收曲线,并根据吸收曲线确定最大吸收波长。

(2) 学会标准曲线的绘制。

(3) 掌握分光光度计测定物质含量的方法。

实训1 高锰酸钾溶液吸收曲线的绘制

实训目的

(1) 掌握分光光度计的构造和使用方法。

(2) 学会绘制有色溶液的吸收曲线,并根据吸收曲线确定最大吸收波长。

实训原理

有色溶液对不同波长的光吸收能力不同。将不同波长的单色光分别透过厚度,浓度相同的有色溶液,测定其相应的吸光度,以波长为横坐标,吸光度为纵坐标作图,即得吸收曲线。曲线上凸起的部分即为吸收峰,吸收峰最高点对应的波长即该溶液的最大吸收波长。

试剂及仪器

试剂:0.1 mg/mL 高锰酸钾标准溶液,酒精。

仪器:分光光度计,擦镜纸。

过程设计

(1) 取两只 1 cm 吸收池,一只装入高锰酸钾标准溶液,另一只装入蒸馏水作为参比溶液。手拿粗糙面,用擦镜纸小心吸尽透光面上水珠,放到样品室架上,盖好箱盖。

(2) 调整波长至 420 nm 处。

(3) 按仪器的使用说明书操作,测定并记录高锰酸钾溶液的吸光度。

(4) 分别选择入射光波长为 420 nm,440 nm,…,680 nm,700 nm,测定并记录相应的吸光度(吸收峰附近应间隔 5 nm 再测定几次吸光度)。

(5) 测定完毕,关闭电源,取出吸收池,倒掉废液,洗净吸收池后再用酒精洗涤一遍,晾干,放入吸收池盒中。

数据记录与结果处理

以波长(λ)为横坐标,以吸光度(A)为纵坐标,绘制吸收曲线,找出最大吸收波长。

注意事项

（1）使用分光光度计吸收池装试样时，手只能接触粗糙面，防止划伤和污染吸收池透光面。

（2）将吸收池放到吸收池架时，要保证透光面朝光路。

参考学时

2 学时。

预习要求

（1）熟悉有色物质的显色原理。

（2）熟悉吸收曲线的作用。

实训思考

如果改变高锰酸钾溶液的浓度，相应的吸光度会不会改变？最大吸收波长会不会改变？

实训 2　维生素 B_{12} 注射液的鉴别及含量测定

实训目的

（1）熟练掌握紫外分光光度计的操作方法。

（2）掌握定性鉴别的方法和吸收系数法的定量方法。

（3）了解含量测定、标示量百分含量及稀释度等计算方法。

实训原理

维生素 B_{12} 是一类含钴的卟啉类化合物，为粉红色至红色的澄清液体。维生素 B_{12} 具有很强的生理作用，可用于治疗恶性贫血等疾病。维生素 B_{12} 不是单一的化合物，共有七种。通常所说的维生素 B_{12} 是指其中的氰钴素，为深红色吸湿性结晶，制成注射液的标示量有每毫升含维生素 B_{12} 50 μg、100 μg 及 500 μg 等规格。

维生素 B_{12} 的水溶液在(278±1) nm、(361±1) nm 与(550±1) nm 波长处有最大吸收峰。药典规定在 361 nm 波长处的吸光度与 550 nm 波长处的吸光度比值在 3.15～3.45范围内为定性鉴别的依据。361 nm 处的吸收峰干扰因素少，药典规定以(361±1) nm 处吸收峰的百分吸收系数 $E_{1\,\text{cm}}^{1\%}$ 值(207)为测定注射液实际含量的依据。

试剂及仪器

试剂:100 g/mL 维生素 B_{12}注射液。

仪器:紫外-可见分光光度计(带石英吸收池),5 mL 吸量管,10 mL 容量瓶。

过程设计

1. 维生素 B_{12}注射液供试品溶液制备

精密吸取维生素 B_{12}注射液样品(100 g/mL) 3.00 mL,置于 10 mL 容量瓶中,加蒸馏水至刻度,摇匀,得供试品溶液。

2. 含量测定

将样品稀释液装入 1 cm 石英吸收池中,以蒸馏水为空白,在 361 nm 波长处与 550 nm波长处分别测定吸光度。

数据记录与结果处理

1. 定性鉴别

根据测得的 361 nm 波长处的吸光度与 550 nm 波长处的吸光度数据,计算该两波长处的吸光度比值,并与标准值 3.15～3.45 相比较,进行维生素 B_{12}的鉴别。

2. 吸收系数法

将 361 nm 波长处测得的吸光度 A 值与 48.31 相乘,即得样品稀释液中 1 mL 含维生素 B_{12}的质量(μg)。

按照百分吸收系数的定义,每 100 mL 含 1 g 维生素 B_{12}的溶液(1%)在 361 nm 波长处的吸光度应为 207,即

$$E_{1\,\text{cm}}^{1\%}(361\ \text{nm})=207\times100\ \text{mL}/(\text{g}\cdot\text{cm})=2.07\times10^{-2}(\text{mL}/(\mu\text{g}\cdot\text{cm}))$$

$$c_{样}=A_{样}/(b\cdot E_{1\,\text{cm}}^{1\%})=A_{样}\times48.31\ \mu\text{g/mL}$$

$$维生素\ B_{12}标示量百分含量=\frac{c_{样}(\mu\text{g/mL})\times 样品稀释倍数}{标示量(100\ \mu\text{g/mL})}\times100\%$$

注意事项

(1) 在使用紫外-可见分光光度计前,应熟悉本仪器的结构、功能和操作注意事项。

(2) 吸收池的透光面必须洁净,不准用手触摸,只可用擦镜纸擦拭。

参考学时

2 学时。

预习要求

(1) 熟悉紫外-可见分光光度计的结构、功能和操作。

（2）学习分光光度法定性鉴别溶液的方法，了解吸收系数法定量法。

实训思考

（1）取维生素 B_{12} 注射液 0.5 mL，置于 10 mL 容量瓶中，稀释至刻度。在361 nm波长处测得吸光度为 0.428，计算该注射液 1 mL 中维生素 B_{12} 的含量，如果 1 mL 标示量为 0.5 mg，试计算标示量百分含量。

（2）试比较用标准曲线法及吸收系数法定量的优、缺点。

实训 3　邻二氮菲分光光度法测定水样中铁的含量

实训目的

（1）掌握邻二氮菲分光光度法测定铁的原理。

（2）熟悉可见分光光度计的正确使用方法。

（3）学会正确选择测定波长、制作标准曲线的方法。

实训原理

邻二氮菲在 pH 为 2～9 的溶液中，与 Fe^{2+} 生成稳定的红色配合物，其 $\lg K_{稳}$ 为 21.3，摩尔吸光系数 ε 为 1.1×10^{4} L/(mol·cm)，其反应式如下：

$$Fe^{2+} + 3\,\text{phen} \longrightarrow [Fe(\text{phen})_3]^{2+}$$

红色配合物的最大吸收峰在 510 nm 波长处。本方法的选择性很高，相当于含铁量 40 倍的 Sn^{2+}、Al^{3+}、Ca^{2+}、Mg^{2+}、Zn^{2+}、$SiO_3{}^{2-}$，20 倍的 Cr^{3+}、Mn^{2+}、V(Ⅴ)、$PO_4{}^{3-}$，5 倍的 Co^{2+}、Cu^{2+} 等均不干扰测定。

试剂及仪器

试剂：$(NH_4)_2SO_4 \cdot FeSO_4 \cdot 6H_2O$，乙酸钠，冰乙酸，盐酸羟胺溶液，邻二氮菲溶液，6 mol/L HCl 溶液。

仪器：分光光度计，移液管，容量瓶，烧杯等。

过程设计

1. 试液制备

（1）标准铁溶液的制备　精确称量分析纯 $(NH_4)_2SO_4 \cdot FeSO_4 \cdot 6H_2O$ 约 0.10 g，

置于 150 mL 烧杯中，加入 6 mol/L 的 HCl 溶液 20 mL 和少量水，溶解后，转移至 1 L 容量瓶中用水稀释至刻度，摇匀即为 100 μg/mL 铁标准溶液。

(2) 乙酸盐缓冲液的制备　将乙酸钠 136 g 与冰乙酸 120 mL 加水溶解，稀释至 500 mL，摇匀。

2. 吸收曲线的绘制和测量波长的选择

用移液管吸取 0.00 mL、1.00 mL 铁标准溶液(100 μg/mL)，分别加入两个 50 mL 容量瓶中，各加入 1 mL 盐酸羟胺溶液、2 mL 邻二氮菲溶液、5 mL 乙酸钠缓冲液，用水稀释至刻度，摇匀。放置 10 min 后，用 1 cm 吸收池，以空白溶液(即 0.00 mL 铁标准溶液)为参比，在 440～560 nm，每隔 5 nm 测定一次吸光度。在坐标纸上，以 A 为纵坐标，以 λ 为横坐标，绘制 A-λ 曲线。

从吸收曲线上选择最大吸收波长 λ_{max} 作为测定波长。

3. 标准曲线的绘制

吸取 100 μg/mL 铁标准溶液 10 mL 于 100 mL 容量瓶中，加入 2 mL HCl 溶液，用水稀释至刻度，摇匀，即为 10 μg/mL 铁标准溶液。

用移液管吸取 0.00 mL、0.50 mL、1.00 mL、1.50 mL、2.00 mL、2.50 mL 10 μg/mL 铁标准溶液，分别置于 6 个 50 mL 容量瓶中，然后分别加入 1 mL 盐酸羟胺溶液、2 mL 邻二氮菲溶液、5 mL 乙酸钠缓冲液，每加入一种试剂后都要摇匀。用水稀释至刻度，摇匀后静置 10 min。用 1 cm 吸收池，以 0.00 mL 铁标准溶液为空白溶液，在所选的波长下，测量各溶液的吸光度。

4. 试样中铁含量的测定

准确吸取适量水样于 50 mL 容量瓶中，按上述标准曲线的制作步骤，加入各种试剂，测量吸光度。从标准曲线上查出或计算出试样中铁的含量(μg/mL)。

数据记录与结果处理

(1) 标准曲线的制作。

以吸光度 A 为纵坐标，铁含量为横坐标，绘制 A-c 曲线。

(2) 试样中铁含量的计算。

注意事项

(1) 在使用紫外-可见分光光度计前，应熟悉本仪器的结构、功能和操作注意事项。

(2) 测定标准溶液吸光度时，应该按从低浓度到高浓度的顺序进行。

参考学时

2 学时。

预习要求

(1) 熟悉紫外-可见分光光度计的结构、功能和操作。

(2) 学习分光光度法和标准曲线法定量测定物质含量的方法。

实训思考

(1) 盛放标准溶液与样品的容量瓶应编号，以免混淆。为什么？

(2) 为什么测定标准溶液吸光度要按从低浓度到高浓度的顺序进行？

(3) 邻二氮菲分光光度法测定微量铁时为什么要加入盐酸羟胺溶液？

(4) 吸收曲线与标准曲线有何区别？在实际应用中有何意义？

实训4 复方磺胺甲噁唑片的含量测定

实训目的

(1) 掌握复方制剂的分析特点及赋形剂的干扰与排除方法。

(2) 掌握双波长分光光度法测定复方磺胺甲噁唑片中磺胺甲噁唑(SMZ)与甲氧苄啶(TMP)含量的原理与方法。

实训原理

复方磺胺甲噁唑片含磺胺甲噁唑和甲氧苄啶。采用双波长等吸收点法分别测定磺胺甲噁唑和甲氧苄啶。以磺胺甲噁唑为例，说明测定波长的选择原理。磺胺甲噁唑的 λ_{max} 为 257 nm，在此波长处甲氧苄啶也有吸收，而且位于其最小吸收波长处。由甲氧苄啶的光吸收曲线可选择其等吸收点在 300 nm 附近。这样，以 257 nm 为测定波长(λ_2)，用甲氧苄啶对照品的稀溶液，选择其等吸收点波长(λ_1在 304 nm 附近，每间隔 0.2 nm，测定吸光度值，予以选定)为参比波长，则对于甲氧苄啶，在此条件下，$\Delta A = A_{\lambda_1} - A_{\lambda_2} = 0$。所以，在此条件下，测定磺胺甲噁唑和甲氧苄啶混合物时，ΔA 与磺胺甲噁唑的浓度成正比，甲氧苄啶的干扰已消除。

本实训采用双波长分光光度法测定 SMZ 和 TMP 的含量。由于干扰组分在测定波长和参比波长处吸光度相等，可在计算 ΔA 时消去，所以应用本法时，可以不经分离，直接测定复方制剂中 SMZ 和 TMP 的含量。

试剂及仪器

试剂：乙醇，HCl 溶液(0.1 mol/L)，KCl 6.9 g，0.4% NaOH 溶液，磺胺甲噁唑，甲氧苄啶，复方磺胺甲噁唑片。

仪器：722 型光栅分光光度计。

过程设计

1. 供试品溶液的制备

取复方磺胺甲噁唑 10 片，精密称定，研细，准确称取适量(约相当于磺胺甲噁唑

50 mg与甲氧苄啶 10 mg),置于 100 mL 容量瓶中,加乙醇适量,振摇 15 min,磺胺甲噁唑与甲氧苄啶溶解,加乙醇稀释至刻度,摇匀,过滤,取滤液作为供试品溶液。

2. 对照品溶液的制备

精密称取 105 ℃干燥至恒重的磺胺甲噁唑对照品 50 mg 与甲氧苄啶对照品 10 mg,分别置于 100 mL 容量瓶中,各加乙醇溶解并稀释至刻度,摇匀,分别作为对照品溶液 A 与对照品溶液 B。

3. 磺胺甲噁唑的测定

准确量取供试品溶液与对照品溶液 A、B 各 2 mL,分别置于 100 mL 容量瓶中,各加 0.4% NaOH 溶液稀释至刻度,摇匀。取对照品溶液 B 的稀释液,以 257 nm 为测定波长(λ_2),在 304 nm 波长附近(每间隔 0.2 nm)选择等吸收点波长为参比波长(λ_1),要求 $\Delta A = A_{\lambda_2} - A_{\lambda_1} = 0$。再在 λ_2 与 λ_1 波长处分别测定供试品溶液的稀释液与对照品溶液 A 的稀释液的吸光度,求出各自的吸光度差值(ΔA),计算。

4. 甲氧苄啶的测定

精密量取上述供试品溶液与对照品溶液 A、B 各 5 mL,分别置于 100 mL 容量瓶中,各加 HCl-KCl 溶液(取 0.1 mol/L HCl 溶液 75 mL 与 KCl 6.9 g,加水至 1 000 mL 摇匀)稀释至刻度,摇匀。取对照品溶液 A 的稀释液,以 239.0 nm 为测定波长(λ_2),在 295 nm 波长附近(每间隔 0.2 nm)选择等吸收点波长为参比波长(λ_1),要求 $\Delta A = A_{\lambda_2} - A_{\lambda_1} = 0$。再在 λ_2 与 λ_1 波长处分别测定供试品溶液的稀释液与对照品溶液 B 的稀释液的吸光度,求出各自的吸光度差值(ΔA),计算。

数据记录与结果处理

(1) 制作磺胺甲噁唑标准曲线。以吸光度差 ΔA 为纵坐标,磺胺甲噁唑含量 c 为横坐标,绘制 ΔA-c 曲线。

(2) 计算试样中磺胺甲噁唑含量。

(3) 制作甲氧苄啶标准曲线。以吸光度差 ΔA 为纵坐标,甲氧苄啶含量 c 为横坐标,绘制 ΔA-c 曲线。

(4) 计算试样中甲氧苄啶含量。

注意事项

如果分光光度计具有波长自动扫描功能,可以自动扫描测定样品确定 λ_1、λ_2。

参考学时

3 学时。

预习要求

了解双波长分光光度法的原理。

实训思考

简述双波长分光光度法的原理。

项目9 色谱分析法

知识目标

(1) 了解色谱法在化学分析中的应用。色谱法既可用于复杂混合物的分离，也可用于鉴别物质。

(2) 掌握纸色谱法分离定性鉴别的基本原理。

(3) 掌握薄层色谱法分离复杂混合物鉴别的基本原理。

(4) 了解气相色谱分离原理，掌握定性、定量数据处理方法。

(5) 了解高效液相色谱(HPLC)原理，掌握仪器操作技术，掌握数据处理工作站及其定量计算的主要方法。

能力目标

(1) 掌握色谱法及铺板技术，氨基酸及混合物的分离定性鉴别。

(2) 掌握气相色谱的操作技术，对一般混合物能够进行定量分析。

(3) 掌握高效液相色谱法的运行操作，并对有关物质进行定性鉴别和定量计算。

实训1 纸色谱法分离氨基酸

实训目的

(1) 掌握氨基酸纸上层析分离的基本原理及操作技术。

(2) 学会测量比移值(R_f)，并与标准的比移值进行比较。

实训原理

纸色谱法是以纸作为载体的液相色谱法。其固定相一般是在纸纤维上所吸附的水分，也可使纸吸附一些如甲酰胺或缓冲溶液等物质作为固定相，流动相为与水不相混溶的有机溶剂。当流动相通过滤纸时，试样中各组分在两相中分配，由于分配系数的不同，各组分移动速度也不一样，最后达到分离的目的。氨基酸的种类很多，利用它们在水相(固定相)和有机相(流动相)之间分配系数的不同，经不断分配而达到分离的目的，氨基酸经层析后，常用比移植(R_f)来表示各组分在层析纸上的位置。

在一定条件下,同一氨基酸的R_f值是一定的。因此,测定所得R_f值可作为氨基酸的定性依据。但由于影响R_f值的因素较多,一般采用与标准物质对比的方法进行鉴别,并可根据显色后斑点的多少和色量来确定试样纯度。

纸色谱法分离氨基酸所用展开剂为正丁醇-甲酸-水。层析分离后,用茚三酮(苯并戊三酮)显色剂喷洒显色。

试剂及仪器

试剂:正丁醇-甲酸-水(60∶12∶8),茚三酮溶液(称取0.4 g茚三酮,溶于100 mL无水乙醇中,置于棕色瓶内保存),氨基酸标准样液(将D,L-亮氨酸(白氨酸)、赖氨酸和谷氨酸分别配制成质量分数为0.2%的水溶液),混合试液(将D,L-亮氨酸、赖氨酸和谷氨酸溶液等量混合)。

仪器:玻璃层析筒(150 mm×300 mm),层析纸(98 mm×240 mm,可用定性滤纸),毛细管,喷瓶。

过程设计

1. 点样

取裁好的层析纸一张,于下端2 cm处,用铅笔画一横线,在横线上画出1、2、3、4号四个点;用4支毛细管分别将三种氨基酸标准样液及混合试液依次点在横线的4个位置上,使液点成直径约2 mm的扩散原点。将滤纸条晾干。

2. 展开

将晾干后的滤纸条挂在层析筒盖下面的挂钩上,放入已盛有80 mL展开剂的层析筒中,使滤纸下端浸入展开剂约0.5 cm(原点必须在展开剂液面之上),开始进行展开分离。当展开剂上升20 cm左右时,取出层析纸,立即画出展开剂前沿位置,将滤纸晾干或在50 ℃烘干。

3. 显色

在层析纸上,用喷瓶均匀喷洒茚三酮溶液,晾干,放入50～60 ℃干燥箱中烘15～20 min(或于100 ℃烘3～5 min),即可显出红色斑点。

4. 测量与计算

测量三种组分标准样及混合试液中各组分的a、b值,分别计算各组分的R_f值。

数据记录与结果处理

测量三种组分标准样及混合试液中各组分的a、b值,分别求出R_f。

$$R_f=\frac{a}{b}$$

式中:a——原点到斑点中心的距离;

b——原点到展开剂前沿的距离。

比较得出结论,即混合组分为三种氨基酸混合物。

参考学时

4 学时。

实训思考

(1) 比移值(R_f)的最大值可达多少？最小值可达多少？

(2) 层析分离氨基酸，操作时应注意什么？

实训 2　薄层色谱法分离混合磺胺类药物

实训目的

(1) 学习薄层色谱法分离混合磺胺类药物的原理。

(2) 初步掌握薄层层析、喷雾、紫外灯显色等操作技术。

实训原理

薄层色谱是将吸附剂均匀地涂在玻璃板上作为固定相，经干燥活化后点样，在展开剂(流动相)中展开。当展开剂沿薄板上升时，混合样品中易被固定相吸附的组分移动较慢，而较难被固定相吸附的组分移动较快。利用各组分在展开剂中溶解能力和被吸附能力的不同最终将各组分分开。

薄层层析条件如下。吸附剂：10 cm×20 cm，0.25 mm 厚的硅胶 GF_{254} 薄层板，105 ℃活化 30 min，置于干燥器中，备用。展开溶剂：氯仿-甲醇-浓氨水(体积比为 30∶12∶1，临用时新配)。

试剂及仪器

试剂：三磺对照品 SD(sulfa diazine，磺胺嘧啶)，SM_1(sulfa merazine，磺胺甲基嘧啶)，SM_2(sulfa methazine，磺胺二甲嘧啶)，硅胶 GF_{254}，羧甲基纤维素钠(CMC-Na 溶液，w_B 为 0.5%)，甲醇，展开剂，氨试液，三磺片制剂。

仪器：研钵，喷瓶，容量瓶(50 mL)，玻璃片(10 cm×20 cm，用于制薄层板)，毛细管(0.2 mm×80 mm，用于点样)，二用紫外分析仪(紫外灯，V-3 型，高亮度，253.6 nm、365.0 nm)，层析缸，红外灯。

过程设计

1. 薄层板的制备

(1) 制板前的预处理　制板前应对玻璃板进行预处理，先用水或洗涤剂充分洗净烘干，在涂料前用蘸无水乙醇或乙醚的脱脂棉擦净。

(2) 吸附剂的调制　称 1.5～2 g 硅胶 GF_{254} 于小研钵中，加入 4.5 mL 0.5% CMC-Na

溶液,充分研匀。但不宜过于激烈,以免产生气泡,使固化后薄板上有起泡点。

(3) 涂布操作　将研匀的浆液倾注于 10 cm×20 cm 玻璃板中间,然后把玻璃板前后左右缓缓倾斜,使浆液均匀布满整块玻璃板,将其置于水平位置上让其晾干后收于薄层板架上。

(4) 薄层板的活化和保存　将晾干后的薄层板放入干燥箱中,在 105 ℃活化 30 min,然后放置于干燥器中保存,供一周内使用。

2. 标准液与样品液的制备

(1) 标准液　精密称取 SD、SM_1、SM_2 标准品各 60 mg,同溶于 10 mL 氨试液中,并用甲醇稀释至 50.0 mL,即得。

(2) 样品液　精密称取三磺片制剂适量,约相当于 180 mg 磺胺嘧啶类药物总量。加氨试液 10 mL,振摇 15 min,并用甲醇稀释至 50.0 mL,混匀。分取部分进行离心,取上清液,供点样用。

3. 薄层分离

取上述薄层板,垂直地将薄层轻轻划为两半:一半供点样品液用,另一半供点标准液用。点样时,准确吸取样品液与标准液各 50 μL,点在沿距离底边 3 cm 处并与其平行的线上,分别使成 8 cm 长的条状,并应与板的一侧或中间分割线相距 1 cm。点样完毕后,用氮气流吹干。然后,置于展开容器(经展开溶剂蒸气平衡)中展开 10～15 cm。展毕,将薄层板取出,风干。置于短波紫外光下针戳定位,三种组分自原点至前沿的展开次序为 SD、SM_1、SM_2。如果需要做定量分析,可将样品液与标准液的各个分离区带的吸附剂定量地分别刮入 50 mL 的玻塞离心管中,供比色分光测定用。

数据记录与结果处理

计算公式如下:

$$R_f = \frac{a}{b}$$

式中:a——原点至斑点中心的距离;

b——原点至溶剂前沿的距离。

分别测量三种组分标准样及混合试液中各组分的 a、b 值。

注意事项

(1) 样品的前处理。

(2) 薄层板的边缘效应。

参考学时

4 学时。

预习要求

(1) 薄层层析的分离原理是什么?

(2) 如何进行薄层板的制备?

实训思考

三磺制剂中三种组分自原点至前沿的展开次序怎样排列?

实训 3 气相色谱法测定藿香正气水中乙醇含量

实训目的

(1) 了解气相色谱法测定藿香正气水中乙醇含量的基本原理和操作技术。

(2) 掌握气相色谱内标法在乙醇含量测定中的运用。

(3) 学会配制标准溶液、试样溶液时加入内标物质的方法。

(4) 初步学会气相色谱仪、氢火焰离子化检测器的操作。

实训原理

气相色谱法是以气体(此气体称为载气)为流动相的柱色谱分离技术。其原理是利用被分离分析的物质(组分)在色谱柱中的气相(载气)和固定(液)相之间的分配系数的差异,在两相间进行反复多次(10^3～10^6次)的分配,使得原来的微小差别变大,从而使各组分达到分离的目的。

藿香正气水中乙醇含量的测定,采用 GC-FID 气相色谱内标法,以正丙醇为内标物,使用氢火焰离子化检测器。

试剂及仪器

试剂:无水乙醇(A. R.,使用前必须用本法确定不含正丙醇),正丙醇(A. R.,使用前需用本法确定不含乙醇),二乙烯苯-已基乙烯苯型高分子多孔小球(气相色谱担体,60～80 目,商品型号国内有 401～403 有机担体,国外有 Parapak Q. R. 等,均可使用),藿香正气水(每支 10 mL)。

仪器:气相色谱仪一台(带有氢火焰离子化检测器),数据处理机或记录仪,色谱柱(2 m长的不锈钢柱,柱材料、内径无特殊要求),微量注射器(10 μL),温度计(0～100 ℃),容量瓶,移液管。

过程设计

1. 标准溶液的制备

准确量取恒温至 20 ℃的无水乙醇 4 mL、5 mL、6 mL,分别置于 1 000 mL 容量瓶中,分别准确加入恒温至 20 ℃的正丙醇 5 mL,加水稀释成 1 000 mL,摇匀即得。

2. 样品溶液的制备

精密量取恒温至 20 ℃的供试品适量(相当于乙醇 5 mL)和正丙醇 5 mL,加水稀释成

1 000 mL,混匀,即得。

上述溶液必要时可进一步稀释。

3. 色谱系统适用性实训

将已老化好的装有二乙烯苯-己基乙烯苯型高分子多孔小球的色谱柱装入性能符合要求的气相色谱仪,接FID检测器,柱温为150～155 ℃(可根据保留时间及分离情况适当调整),检测器、进样器温度为170 ℃,恒温,待色谱基线稳定后,上述三份标准溶液各进样至少两次。所得校正因子的相对标准偏差不得大于1.5%,用正丙醇计算的理论板数应大于700,乙醇和正丙醇的分离度应大于2。

4. 供试品溶液的测定

上述三份标准溶液中选一份与供试品溶液乙醇浓度最相近的连续进样三次,计算出校正因子。然后将每份供试品溶液配制时所取的样品溶液体积和内标溶液体积输入色谱数据处理机,并设定统计计算,然后连续进样两次。

数据记录与结果处理

(1) 相对质量校正因子: $f_i=\dfrac{A_s\times m_i}{A_i\times m_s}$

(2) 计算公式: $w_i\%=\dfrac{A_i\times m_s\times f_i}{A_s\times m_i\times 1\,000}$

式中:m_s——加入样品中内标物正丙醇的质量;

m_i——试样的质量;

A_i——组分乙醇的峰面积;

A_s——内标物正丙醇的峰面积;

f_i——组分乙醇的峰面积相对质量校正因子;

w_i——试样的质量分数。

两次测定数据(试样的质量分数)的相对标准偏差不得超过±1.5%。

注意事项

仪器操作要求在室温为20 ℃下,试样及标准药品放置1 h。

参考学时

4学时。

预习要求

预习气相色谱分离原理,内标法分析方法,内标物的选择与配制。

实训思考

(1) 内标法分析时,怎样配制和添加内标物?

(2) 气相色谱氢火焰离子化检测器操作的注意事项是什么?

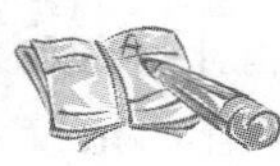

实训4 高效液相色谱法(HPLC)测定双黄连口服液中黄芩苷的含量

实训目的

(1) 了解高效液相色谱仪的基本组成,以及高压泵、进样器、梯度装置、色谱柱、检测器、色谱工作站等主要部件的使用要领。

(2) 初步学会高效液相色谱仪的开机、关机,软件使用及仪器操作技术。

(3) 了解并掌握外标法定量数据处理技术。

实训原理

流动相为液体的色谱法称为液相色谱法。经典的液相色谱法由于大多在常压下操作,应用极为有限。高效液相色谱法是在经典液相色谱的基础上,根据色谱法理论,在技术上采用高压泵、高效色谱柱和高灵敏度的检测器发展起来的一种仪器分析方法,具有准确、快捷、方便等优点,广泛地应用于化工、医药、食品、环保、科研等各个领域。

本实训采用高效液相色谱法,标准品采用外标法分析双黄连口服液中黄芩苷的含量,并稀释至一定体积进入高效液相色谱仪进行分离。用紫外检测器于274 nm波长处,测定黄芩苷的吸收值。

试剂及仪器

试剂:甲醇(HPLC),冰乙酸(A. R.),纯水(二次蒸馏水),黄芩苷标准对照品,双黄连口服液。

仪器:高效液相色谱仪,紫外检测器,超声波清洗器,色谱工作站,微量进样器(20 μL),脱气装置,色谱柱(十八烷基硅烷键合硅胶为填充剂,理论板数按黄芩苷峰计不低于1 500)。

过程设计

1. 条件与系统适用性实训

以十八烷基硅烷键合硅胶为填充剂,甲醇-水-冰乙酸(体积比为50∶50∶1)为流动相,检测波长为274 nm,流速为1 mL/min,理论板数按黄芩苷峰计不低于1 500。

2. 黄芩苷对照品溶液(含黄芩苷0.1 mg/mL)的制备

准确称取黄芩苷标准对照品10 mg,置于100 mL容量瓶中,加入适量50%甲醇,置于水浴中振摇,放置冷却至室温,稀释至刻度,摇匀,即得。

3. 供试品溶液的制备

精密量取双黄连口服液1 mL,置于50 mL容量瓶中,加入适量50%甲醇,超声处理

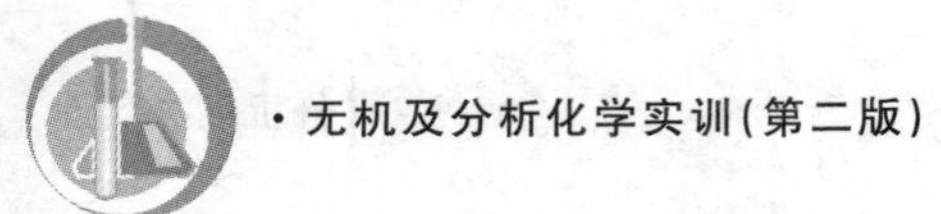

20 min,放置冷却至室温,用50%甲醇稀释至刻度,摇匀,即得。

4. 测定方法

分别精密吸取对照品溶液与供试品溶液 5 μL,注入高效液相色谱仪,测量对照品和供试品中待测组分的峰面积(或峰高),采用外标法计算双黄连口服液中黄芩苷的浓度 c_s(mg/mL)及含量(mg)。

实训完毕,按要求关闭仪器。

数据记录与结果处理

计算公式如下:

$$黄芩苷的浓度(c_s)=0.1\times\frac{A_s}{A_R}$$

$$黄芩苷含量=c_s\times V$$

式中:A_x——供试品中黄芩苷的峰面积;

A_R——黄芩苷标准对照品的峰面积;

V——每支双黄连口服液的体积(mL)。

本品每支含黄芩苷($C_{21}H_{18}O_{11}$)不得少于 80 mg。

注意事项

(1) 外标法操作要求对进样量技术精确一致。

(2) 开机前要及时对流动相进行超声脱气处理。

(3) 用微量进样器吸样时,不能有气泡。

(4) 实训完毕,必须先用水对相关的仪器充分清洗,再用甲醇充分清洗,防止盐析出,磨损泵头,堵塞输液管、进样阀,污染色谱柱、检测室等。

参考学时

4 学时。

预习要求

(1) 了解高效液相色谱分析测定双黄连口服液中黄芩苷含量的原理、方法。

(2) 了解检测器类型、测定波长,流动相的配制、比例,以及对照品的稀释配制要求。

实训思考

(1) 简述双黄连口服液含量测定(HPLC)的主要步骤。

(2) 试推导双黄连口服液中黄芩苷浓度及含量的计算公式。

模块五

无机及分析化学综合实训

知识目标

(1) 通过实训的操作和测定,巩固和拓展课堂学习中所获得的理论知识。

(2) 掌握无机及分析化学实训的基本操作技能。

能力目标

(1) 通过实训操作的训练,培养学生独立思考和分析问题、解决问题的能力。

(2) 培养学生以化学实训为工具获取新知识的能力。

实训 1　碳酸钠的制备与分析

实训目的

(1) 了解工业上联合制碱法的基本原理;

(2) 学会利用各种盐类溶解度的差异使其彼此分离的技术;

(3) 掌握利用复分解反应制取化合物的方法。

(4) 巩固分析天平的使用以及滴定等操作。

实训原理

碳酸钠俗名苏打,工业上又叫纯碱。工业上的联合制碱法是将二氧化碳和氨气通入氯化钠溶液中,此时先生成碳酸氢钠,再在高温下灼烧,使其转化为碳酸钠。碳酸氢钠在 270 ℃时分解。化学反应式如下:

$$NH_3 + CO_2 + H_2O + NaCl \longrightarrow NaHCO_3 \downarrow + NH_4Cl$$

$$2NaHCO_3 \longrightarrow Na_2CO_3 + CO_2 \uparrow + H_2O$$

在上面第一个化学反应中,实际是碳酸氢铵和氯化钠的复分解反应,反应后利用两种盐溶解度的不同而分离出碳酸氢钠。因此,可以直接用碳酸氢铵和氯化钠反应制取碳酸氢钠,然后加热碳酸氢钠来制取碳酸钠。化学反应式如下:

$$NH_4HCO_3 + NaCl \longrightarrow NaHCO_3 + NH_4Cl$$

试剂及仪器

试剂:24%粗食盐水,2 mol/L NaOH 溶液,1 mol/L Na_2CO_3溶液,0.1 mol/L HCl 标准溶液,6 mol/L HCl 溶液,NH_4HCO_3,酚酞指示剂,pH 试纸。

仪器:分析天平,150 mL 烧杯,吸滤瓶,铁架台,煤气灯,蒸发皿,酸式滴定管,250 mL 锥形瓶(2 个),水浴锅。

过程设计

(1) 化盐和精制。往 150 mL 烧杯加入 80 mL 24%粗食盐水,用 2 mol/L NaOH 溶液和等体积的 1 mol/L Na_2CO_3溶液组成的混合液,将该溶液的 pH 调至 11 左右,然后加热到沸腾。此时用吸滤瓶抽滤并分离沉淀。滤液用 6 mol/L HCl 溶液调至 pH 为 7 左右。

(2) 利用复分解反应制取碳酸氢钠。把盛有滤液的烧杯放在水浴锅中加热,控制溶液温度在 35℃左右。在搅拌下,分多次将 34 g 研磨很细的碳酸氢铵加入滤液中。此后在恒温下继续搅拌 40 min,使反应充分进行。静置后抽滤,然后将所得的 $NaHCO_3$晶体用少量蒸馏水洗涤两次(除去黏附的铵盐)。再次抽滤后称量,将母液回收。

(3) 烘干制取 Na_2CO_3。将已经抽干的 $NaHCO_3$晶体放在蒸发皿中,在煤气灯上灼烧 2 h 后即得到 Na_2CO_3。待其冷却后进行称量,并记录质量。

(4) 纯度检验。用分析天平准确称取两份 0.30 g Na_2CO_3样品,分别加入两个 250 mL 锥形瓶中,然后在每个锥形瓶中加入 100 mL 蒸馏水和两滴酚酞指示剂。用 HCl 标准溶液对其滴定,当溶液由红色逐渐变到近无色时记录所用 HCl 标准溶液的体积(V)。该滴定的化学反应式如下:

$$CO_3^{2-} + H^+ \longrightarrow HCO_3^-$$

(5) 整理实训器皿和仪器,实训完毕。

数据记录与结果处理

关于 Na_2CO_3产品纯度的检测,可由下面的计算式推导:

$$w_{Na_2CO_3} = c_{HCl} \times V_{HCl} \times \frac{M_{Na_2CO_3}}{m_s} \times 100\%$$

式中:m_s——所取 Na_2CO_3样品的质量。

分析结果取两次平行测定的平均值,并注意有效数字的保留。

注意事项

(1) 在水浴加热时,应不断加以搅拌。

(2) 在用煤气灯高温灼烧时应小心谨慎,以免灼伤皮肤。

参考学时

4 学时。

预习要求

（1）熟悉分析天平和煤气灯的操作。

（2）理解复分解反应与溶解度的关系。

实训思考

（1）粗食盐为什么要精制？

（2）在用水浴加热制取碳酸氢钠时，为何温度要控制在 35 ℃左右？

实训 2　粗氯化钠的提纯及纯度检测

实训目的

（1）了解提纯粗氯化钠的原理及方法。

（2）掌握称量、溶解、沉淀、过滤、蒸发、结晶等基本操作。

（3）学习有关离子的鉴定原理和方法。

实训原理

粗氯化钠含有较多的杂质，常为灰白色，一般情况下需要经过提纯后才能使用。粗氯化钠中的杂质一般包括两类：不溶性杂质（泥沙等）和可溶性杂质（Ca^{2+}、Mg^{2+}、SO_4^{2-}等）。除杂质的方法有以下两种：

（1）除去不溶性杂质的方法是将粗氯化钠溶于水中，经充分搅拌溶解后过滤；

（2）除去 Ca^{2+}、Mg^{2+}、SO_4^{2-} 等可溶性杂质要选择适当的沉淀剂，使这些离子转变为难溶性沉淀而被除去。

一般步骤：先将已滤去泥沙的粗氯化钠溶于适量的蒸馏水中，加入略过量的氯化钡溶液，使 SO_4^{2-} 生成 $BaSO_4$ 沉淀，再经过滤从而除去 SO_4^{2-}，有关反应式为

$$Ba^{2+} + SO_4^{2-} \longrightarrow BaSO_4 \downarrow$$

然后在滤液中加入适量的 NaOH、Na_2CO_3 溶液，使过量的 Ba^{2+} 和粗氯化钠中的 Ca^{2+}、Mg^{2+} 与其反应生成沉淀，经过滤即可除去。有关反应式为

$$Ca^{2+} + CO_3^{2-} \longrightarrow CaCO_3 \downarrow$$

$$Ba^{2+} + CO_3^{2-} \longrightarrow BaCO_3 \downarrow$$

$$2Mg^{2+} + 2OH^- + CO_3^{2-} \longrightarrow Mg_2(OH)_2CO_3 \downarrow$$

过量的碱溶液用 HCl 溶液来中和，反应式为

$$Na_2CO_3+2HCl \longrightarrow 2NaCl+H_2O+CO_2\uparrow$$
$$NaOH+HCl \longrightarrow NaCl+H_2O$$

最后,将滤液烘干称量即可。

试剂及仪器

试剂:1 mol/L Na_2CO_3溶液,2 mol/L NaOH 溶液,1 mol/L $BaCl_2$溶液,2 mol/L HCl 溶液,2 mol/L HAc 溶液,粗氯化钠,饱和草酸铵溶液,镁试剂Ⅰ。

仪器:托盘天平,铁架台,洗瓶,漏斗及漏斗架,烧杯,酒精灯,泥三角,试管,蒸发皿,量筒等。

过程设计

1. 粗氯化钠的提纯

(1) 粗氯化钠溶解。用托盘天平称取 9.0 g 粗氯化钠,放入已洗净的烧杯中,加蒸馏水40 mL,在加热的同时用玻璃棒加以搅拌,使粗氯化钠充分溶解。静置使不溶性杂质沉淀于烧杯底部,若杂质较多,可过滤除去。

(2) 除 SO_4^{2-}。把上述处理后的溶液加热至近沸腾时,在不断搅拌的情况下,逐滴加入 1 mol/L $BaCl_2$溶液,直至 SO_4^{2-} 全部转化为硫酸钡沉淀。为了检验 SO_4^{2-} 是否已除尽,可将烧杯冷却并静置,等沉淀基本沉降后,沿烧杯壁向上层澄清的溶液加 1~2 滴 $BaCl_2$ 溶液,如果出现混浊,就表示 SO_4^{2-} 尚未除尽,应继续滴加 $BaCl_2$溶液,直到 SO_4^{2-} 完全沉淀;如果不出现混浊,就说明 SO_4^{2-} 完全沉淀。沉淀完全后,继续加热 5 min,使沉淀颗粒长大而易于沉淀和过滤。过滤后将滤液转入烧杯中。

(3) 除 Ca^{2+}、Mg^{2+} 和过量的 Ba^{2+}。将烧杯中的滤液加热至近沸腾,加入 1 mL 2 mol/L NaOH 溶液和 3 mL 1 mol/L Na_2CO_3溶液,待沉淀沉降后,沿烧杯壁向上层澄清的溶液中加入 1~2 滴 Na_2CO_3溶液,检查欲除去离子是否完全沉淀,若无沉淀出现则表明已沉淀完全。过滤并将滤液转入烧杯中。

(4) 用 HCl 调整酸度除去 CO_3^{2-}。用 2 mol/L HCl 溶液把烧杯中的滤液调为酸性(pH 为 4~5)。

(5) 将已调好酸度的溶液倒入已称量过质量的蒸发皿中,在搅拌下加热溶液,使其浓缩至稠糊状。

(6) 在石棉网上用泥三角固定,然后改用小火加热,待基本不冒小气泡时,在蒸发皿上盖上表面皿,以防晶体飞溅。将上述干燥过的晶体冷却到室温,并称量质量。

2. 产品纯度的检验

称取粗氯化钠和提纯后的氯化钠各 1.2 g,分别溶于 6 mL 的蒸馏水中,然后将两种溶液分别分成三等份,倒入 6 支试管中,组成三组以供对照检验。

(1) SO_4^{2-} 的检验:在第一组溶液中,分别滴加 2 滴 2 mol/L HCl 溶液和 2 滴 $BaCl_2$溶液,比较两试管中沉淀产生的情况。提纯后的粗氯化钠溶液应无沉淀生成。

(2) Ca^{2+} 的检验:在第二组溶液中,分别滴加 2 mol/L HAc 溶液 2 滴和饱和草酸铵溶液 3～4 滴。比较两试管沉淀产生的情况。

(3) Mg^{2+} 的检验：在第三组溶液中，分别加入 2 滴 2 mol/L NaOH 溶液和镁试剂 Ⅰ 3 滴，如果有天蓝色沉淀产生，说明有 Mg^{2+} 存在，比较两试管中溶液的颜色。

数据记录与结果处理

(1) 关于粗氯化钠的纯度(产率)计算：

$$纯度=\frac{提纯后质量}{粗氯化钠质量}\times 100\%$$

(2) 将产品纯度的检测现象记录于下表中。

氯化钠纯度的检验

待测离子	检验方法	粗氯化钠	提纯氯化钠
SO_4^{2-}	滴加 HCl 溶液 $BaCl_2$ 溶液		
Ca^{2+}	滴加 HAc 溶液草酸铵溶液		
Mg^{2+}	滴加 NaOH 溶液和镁试剂 Ⅰ		

注意事项

(1) 在检查沉淀是否完全时，所滴加的试剂应沿烧杯壁加入，以防沉淀被荡起。
(2) 在以上各步反应中，均应加以搅拌。
(3) 在蒸发过程中要用玻璃棒搅拌，蒸发时不能将溶液蒸干。

参考学时

2 学时。

预习要求

(1) 了解粗氯化钠的组成，以及常见杂质离子的除去方法。
(2) 掌握溶液的结晶和浓缩方法及注意事项。

实训思考

(1) 在除去几种杂质离子时，为什么先加 $BaCl_2$ 溶液，后加 Na_2CO_3 溶液？
(2) 为什么在检验 SO_4^{2-} 时，要先加 HCl 溶液？

实训 3　盐酸与磷酸混合酸的含量测定

实训目的

(1) 了解多元酸分步电离及分步滴定的原理和要求。

(2) 掌握用双指示剂进行酸碱滴定的方法。

(3) 练习滴定管、移液管、容量瓶等的操作。

实训原理

对于 H_3PO_4来说,它的电离是分三步完成的:

$$H_3PO_4 \longrightarrow H_2PO_4^- + H^+ \qquad (K_{a1})$$

$$H_2PO_4^- \longrightarrow HPO_4^{2-} + H^+ \qquad (K_{a2})$$

$$HPO_4^{2-} \longrightarrow PO_4^{3-} + H^+ \qquad (K_{a3})$$

其中,$K_{a1}/K_{a2}>10^5$,$K_{a2}/K_{a3}>10^5$,$cK_{a3}\leqslant 10^{-8}$,所以前两步可以分步进行滴定,而第三步反应不能进行。

用 NaOH 滴定该混合酸时,HCl 和 H_3PO_4的第一步滴定可以一步滴定,而不会发生其他反应,即第一化学计量点。此时的 pH 约为 4.5,故第一步滴定可以用甲基橙做指示剂,终点时溶液将由橙红色变为黄色。此后继续滴定,将只会发生 $H_2PO_4^- \longrightarrow HPO_4^{2-} + H^+$ 这一反应,第二步反应完全后 pH 约为 9.8。因此,按上述同样的量以酚酞为指示剂重新滴定时,溶液将由无色变为橙红色。

试剂及仪器

试剂:0.10 mol/L NaOH 标准溶液,稀 HCl-H_3PO_4混合酸,甲基橙指示剂,酚酞指示剂。

仪器:25 mL 移液管,碱式滴定管,铁架台,锥形瓶。

过程设计

(1) 第一步滴定:将碱式滴定管用蒸馏水洗净后,再用 NaOH 标准溶液洗涤两次,然后加入 50 mL NaOH 标准溶液;再用移液管吸取样品混合酸 25 mL,置于锥形瓶中,并滴加 2 滴甲基橙指示剂,开始滴定(若混合酸较浓,需稀释后再滴定)。当接近终点时应放慢滴定速度,且要边滴定边振荡。当溶液由红色变为黄色,保持 30 s 不退色时停止滴定,记录此时消耗的 NaOH 标准溶液体积 V_1。

(2) 第二步滴定:加入酚酞指示剂,用同样的量和方法开始滴定。接近终点时边滴定边振荡,当溶液由无色变为粉红色,保持 30 s 不退色时,停止滴定,记录此时消耗的 NaOH 标准溶液体积 V_2。

(3) 按上述步骤再平行测定一次。

(4) 实训完毕,清洗、整理仪器。

数据记录与结果处理

(1) H_3PO_4的含量 c_1(mol/L)计算公式:

$$c_1 = \frac{(V_2 - V_1) \times c_{NaOH}}{V_{混合酸}}$$

(2) HCl 的含量 c_2(mol/L)计算公式:

$$c_2 = \frac{[V_2 - 2(V_2 - V_1)] \times c_{NaOH}}{V_{混合酸}}$$

注意事项

(1) 在注满 NaOH 标准溶液时,一定要在滴定前赶走滴定管下端的气泡。

(2) 在滴定的后期,要不断地振荡且要放慢滴定速度,以免滴加过量。

参考学时

2 学时。

预习要求

(1) 认真学习并理解多元弱酸电离的特点。

(2) 掌握多元酸可以分步滴定的原则要求。

(3) 熟练碱式滴定管的操作。

实训思考

(1) 分别用 NaOH 标准溶液滴定 HCl 和 H_3PO_4溶液,达到化学计量点时溶液的 pH 是否相同?

(2) 滴定管和移液管均需用待装溶液荡洗,锥形瓶也要荡洗吗?

(3) 滴定管下端有气泡对滴定结果有何影响?

实训 4　混合碱中 Na_2CO_3 和 $NaHCO_3$ 含量的测定

实训目的

(1) 了解强碱弱酸盐滴定过程中 pH 的变化及酸碱滴定法在酸碱度测定中的应用。

(2) 掌握用双指示剂法测定混合碱中 Na_2CO_3 和 $NaHCO_3$ 含量的方法。

(3) 熟练掌握滴定操作和滴定终点的判断。

实训原理

混合碱是 Na_2CO_3 和 $NaHCO_3$ 的混合物,可用 HCl 标准溶液滴定,根据滴定过程中 pH 的变化,选择两种不同指示剂,分别指示第一、第二化学计量点,得到两个终点。分别根据各个终点所消耗的标准酸溶液的体积,来推算各成分的含量,该检测方法称为双指示剂法。

在本实训中,反应分两步进行。第一步为 Na_2CO_3 完全转化为 $NaHCO_3$ 的反应。先用酚酞指示剂,以 HCl 标准溶液滴定至无色,记录消耗的体积为 V_1,此时溶液中仅含有

$NaHCO_3$。然后以甲基橙为指示剂继续滴定。当溶液由黄色变为橙色时,表明 $NaHCO_3$ 已被完全中和,记录此时又消耗的 HCl 标准溶液的体积 V_2。化学反应式如下:

$$Na_2CO_3 + HCl \longrightarrow NaHCO_3 + NaCl$$
$$NaHCO_3 + HCl \longrightarrow NaCl + CO_2\uparrow + H_2O$$

试剂及仪器

试剂:混合碱,0.2 mol/L HCl 标准溶液,甲基橙(0.2%)指示剂,酚酞(0.2%)指示剂,蒸馏水。

仪器:分析天平,铁架台,酸式滴定管,250 mL 锥形瓶。

过程设计

(1) 用分析天平准确称取 0.25 g 左右的混合碱三份,分别放入三个锥形瓶中,加入 50 mL 蒸馏水后充分溶解。

(2) 再加 2 滴酚酞指示剂,此时溶液呈红色,然后用 HCl 标准溶液滴定,在滴定的同时不停地摇动,以防局部酸度过大。当溶液刚好变为无色时,记录所消耗的 HCl 标准溶液体积 V_1。

(3) 再向溶液中加入 2 滴甲基橙指示剂,继续以 HCl 标准溶液滴定,当溶液由黄色变为橙色时,记录又消耗的 HCl 标准溶液体积 V_2。

(4) 整理实训仪器,实训完毕。

数据记录与结果处理

依据滴定的体积关系和 HCl 标准溶液的消耗量 V_1(mL)、V_2(mL),计算两组分的质量分数:

$$w_{Na_2CO_3} = \frac{c_{HCl} \times V_1 \times M_{Na_2CO_3} \times 10^{-3}}{m_{样品}} \times 100\%$$

$$w_{NaHCO_3} = \frac{c_{HCl} \times (V_2 - V_1) \times M_{NaHCO_3} \times 10^{-3}}{m_{样品}} \times 100\%$$

注意事项

在第一步以酚酞为指示剂滴定时,一定要边摇动锥形瓶边滴定,否则 Na_2CO_3 不是被中和成 $NaHCO_3$ 而是直接转化为 CO_2 了。

参考学时

2 学时。

预习要求

(1) 了解用双指示剂滴定混合碱的原理。

（2）熟悉分析天平的使用方法。

实训思考

（1）如果测定该混合碱的总碱度（以 Na_2O 表示），计算公式将如何表示？

（2）在测定一批混合碱样品时，若出现 $V_1>V_2$，$V_1=V_2$，以及 $V_1=0$，$V_2\neq0$ 的情况，试分析差异的原因。

实训 5　饲料中铜含量的测定

实训目的

（1）了解原子吸收分光光度法的测定原理。

（2）熟练掌握原子吸收分光光度计的使用方法。

（3）练习标准曲线的绘制。

实训原理

同一种溶质的溶液，当其浓度不同时对光波的吸收也不同。在本实训中，当样品分解后导入原子吸收分光光度计，经原子化后，吸收 324.8 nm 的光波，其吸收量与铜含量是成正比的。同时，先用已知浓度的标准溶液进行测定，绘制标准曲线，然后在标准曲线上找出样品吸光度的位置点，从而查出样品中的铜含量。

试剂及仪器

试剂：0.5%HNO_3溶液，浓硝酸，50%HNO_3溶液，10 μg/mL 铜标准工作溶液。

仪器：50 mL、100 mL 容量瓶，分析天平，马弗炉，坩埚，电炉。

过程设计

（1）样品分解。采用干灰法。准确称取 5 g 样品放入坩埚中，在电炉上炭化至烟雾散尽，转入 550 ℃左右的马弗炉中灼烧 3 h，冷却后取出坩埚，加入 1 mL 浓硝酸浸润灰分，后用小火蒸干。再转入 550 ℃左右的马弗炉中灼烧 1 h 后冷却，取出坩埚。加入 1 mL 50% HNO_3溶液并在文火上加热溶解灰分，定量地转入 50 mL 容量瓶中，加水稀释至刻度。同时做空白实验。

（2）配制铜标准曲线溶液。准确吸取 0 mL、1 mL、2 mL、4 mL、6 mL、8 mL 10 μg/mL 铜标准工作溶液（相当于 0 μg、10 μg、20 μg、40 μg、60 μg、80 μg 铜），分别加入 100 mL 容量瓶中，用 0.5% HNO_3溶液稀释至刻度。

（3）调节原子吸收分光光度计的各参数。波长为 324.8 nm，灯光电流为 6 mA，狭缝宽度为 0.19 nm，空气流量为 9 L/min，乙炔流量为 2 L/min，灯头高度为 3 mm。

(4) 测定。把样品分解液、试剂空白液和各种浓度的铜标准曲线溶液分别导入火焰中进行测定。然后用不同铜含量对应的吸光度绘制标准曲线,从绘制的标准曲线中查出相对应的样品中铜含量。

数据记录与结果处理

样品中铜含量 T(μg/g)计算公式:

$$T = \frac{A_1 - A_0}{\frac{V_2}{V_1} \times m_s}$$

式中:A_0——从标准曲线上查得的试剂空白液中的铜含量(μg);

A_1——从标准曲线上查得的样品液中的铜含量(μg);

V_1——分解液的总体积(mL);

V_2——从分解液中分取的体积(mL);

m_s——样品的质量(g)。

注意事项

(1) 在移动热坩埚时要小心,以免灼伤。

(2) 在炭化样品时,一定要等烟雾逸散完全后再进行下一步操作。

(3) 铜标准曲线溶液要即用即配。

参考学时

4 学时。

预习要求

(1) 了解分光光度计的结构和原理。

(2) 掌握用干灰法对样品进行前处理的方法。

实训思考

(1) 样品为什么要进行长时间的炭化处理?

(2) 不做空白实验,对结果有何影响?

实训 6　土壤中有效磷含量的测定

实训目的

(1) 了解分光光度法测定土壤中有效磷的原理及方法。

(2) 学会分光光度法标准曲线的绘制。

(3) 熟悉并掌握分光光度计的使用。

(4) 培养学生独立进行实训的能力，以及规范、细致的操作习惯。

实训原理

(1) 在大多数土壤中，有效磷以磷酸铁和磷酸铝的形态存在，它们可用氟化铵提取，形成氟铝化铵和氟铁化铵配合物，少量的钙离子生成氟化钙沉淀，磷酸根离子被提取到溶液中。

(2) 在酸性环境中，磷酸根和钼酸铵反应生成磷钼酸铵。当有合适的还原剂(如氯化亚锡)存在时，可生成蓝色的磷钼蓝，在一定的浓度范围内，颜色的深浅与磷含量成正比。

试剂及仪器

试剂：提取剂(0.03 mol/L NH_4F-0.025 mol/L HCl 溶液)，10% H_3BO_3溶液，1.5%钼酸铵的 3.5 mol/L 盐酸溶液，25 g/L 的氯化亚锡溶液(新配)，5 μg/mL 磷标准溶液。

仪器：721 型分光光度计，振荡机，容量瓶，吸量管等。

过程设计

(1) 土壤样品预处理。称取风干的土壤试样 1～2 g，用提取剂充分溶解、振荡 30 min 并过滤(加入 10% H_3BO_3溶液可防止氟的影响)。

(2) 土壤中有效磷的测定。准确移取上述土壤滤液 5～10 mL 于容量瓶中，用吸量管加入 1.5%钼酸铵的盐酸溶液 5 mL，摇匀，加入蒸馏水至瓶颈刻度，滴加 25 g/L 氯化亚锡溶液 3 滴后，再用水稀释至刻度，充分摇匀。显色 15 min 后，在分光光度计上，以试剂为空白，用 1 cm 吸收池在 680 nm 波长处测其吸光度。

(3) 标准曲线的制作。

分别准确移取 5 μg/mL 磷标准溶液 0 mL、1.0 mL、2.0 mL、3.0 mL、4.0 mL、5.0 mL 于 6 个 25 mL 容量瓶中，加入 0.03 mol/L NH_4F-0.025 mol/L HCl 溶液 5～10 mL(按所取滤液体积而定)，用吸量管加钼酸铵的盐酸溶液 5 mL，加蒸馏水至瓶颈刻度，并滴加 25 g/L 氯化亚锡溶液 3 滴，摇动后，至溶液有深蓝色出现，用水稀释至刻度，摇匀，放置 15 min，与土样溶液同时显色，测其吸光度。

以磷的质量(μg)为横坐标，相应的吸光度为纵坐标，绘制标准曲线，并从标准曲线上查出土样中磷的含量。

实训结果预测

(1) 加入氯化亚锡后溶液应出现蓝色。

(2) 测得的磷含量应在 0.05～20 μg/mL。

(3) 若没有预测的结果出现,则可能是氯化亚锡或磷标准溶液存放过久、变质。

注意事项

用氯化亚锡做还原剂生成磷钼盐,溶液的颜色不够稳定,必须严格控制比色时间,一般在显色后的15～20 min内颜色较为稳定,显色后应准确放置15 min后,立即比色,并在5 min内完成比色操作。

预习要求

(1) 了解分光光度计的结构和原理。
(2) 熟悉分析天平的使用方法。

参考学时

2学时。

实训思考

(1) 分光光度法的基本原理是什么?
(2) 氯化亚锡溶液为什么要用新配的?

实训7　用茶叶末制取茶多酚

实训目的

(1) 学会从植物中提取有机物质的方法。
(2) 掌握萃取、浓缩、干燥等操作方法。
(3) 培养独立思考及动手的能力。

实训原理

茶多酚又称茶单宁,是一类存在于茶叶中的多羟基酚类化合物的混合物,可溶于水,是一种天然的抗氧化剂。

在弱酸性条件下,茶多酚和三氯化铝反应,可较快地沉淀下来。沉淀溶解后,萃取即可。

试剂及仪器

试剂:茶叶末300 g,35% H_2SO_4溶液15 mL,三氯化铝55 g,碳酸氢钠(适量),乙酸乙酯20 mL,纯净水800～1 000 mL。

仪器：大烧杯，离心机，蒸发皿等。

过程设计

(1) 将茶叶末加入烧杯中，在搅拌下煮沸 1～2 h。

(2) 过滤后，在滤液中加入三氯化铝沉淀剂，用碳酸氢钠调节 pH 为 5 左右。

(3) 将沉淀用 35% H_2SO_4 溶液溶解后，进行萃取，然后蒸发浓缩、真空干燥。

实训结果预测

最终应该得到黄白色结晶状茶多酚，此时计算茶多酚的含量。如果得不到应得的结果，则可能是在干燥过程中没有控制好真空度，或者煮沸的时间不够长。

注意事项

(1) 本实训的目的在于培养学生的独立工作能力，故从查找资料、设计实训步骤，直到最后写出完整的实训报告，应由学生独立完成。但拟好实训方案后，需经指导教师审批后方可进行实训。

(2) 在第一步浸泡茶叶时，一定要煮沸且时间充足。

预习要求

(1) 了解茶叶的成分及茶多酚的理化性能。

(2) 了解萃取的原理及方法。

参考学时

4 学时。

实训思考

(1) 为什么三氯化铝可作为茶多酚的沉淀剂？

(2) 为什么干燥过程要在真空中进行？

实训 8　滴定分析操作考核

实训目的

(1) 熟练掌握分析天平的使用和称量方法。

(2) 熟练掌握滴定管的使用和滴定基本操作。

(3) 了解滴定分析基本操作的规范和熟练程度。

试剂及仪器

试剂：

序号	试　剂	规　格	数　量
1	基准邻苯二甲酸氢钾	100 g	1瓶
2	NaOH 溶液	$c_{NaOH}=0.5000$ mol/L	1 000 mL
3	酚酞指示剂	10 g/L	100 mL
4	无 CO_2 蒸馏水	—	2 000 mL

仪器：

序　号	仪　器	规　格	数量(个、台、支)
1	电子天平	万分之一	1
2	干燥器	—	1
3	称量瓶	70 mm×35 mm	3
4	滴瓶	60 mL	1
5	细口瓶	1 000 mL	1
6	洗瓶	500 mL	1
7	锥形瓶	300 mL	6
8	滴定管	50 mL	1
9	量筒	100 mL	1
10	烧杯	1 000 mL	1
11	电炉	1 000 W	1
12	温度计	0～100 ℃	1

其他：

序　号	品　名	数　量
1	瓶刷	1
2	毛巾	1
3	抹布	1
4	手套	1
5	废液桶	1

注：所用的玻璃器具均已洗干净。

实训内容

NaOH 标准溶液的标定。

考核时间:70 min。

称取于 105～110 ℃电烘箱中干燥至恒重的工作基准试剂邻苯二甲酸氢钾(3.6 g±0.10 g),加 80 mL 无 CO_2 蒸馏水溶解,加 2 滴酚酞指示剂(10 g/L),用配好的 NaOH 溶液滴定至溶液呈粉红色,并保持 30 s 不退色。同时做空白实验。

数据记录与结果处理

标准溶液浓度标定原始记录表

<table>
<tr><td colspan="2">待标溶液名称、浓度</td><td colspan="2"></td><td colspan="2">基准物质名称</td><td></td></tr>
<tr><td colspan="2">天平编号</td><td colspan="2"></td><td colspan="2">滴定管编号</td><td></td></tr>
<tr><td colspan="2">标定日期</td><td colspan="2"></td><td colspan="2">溶液温度/℃</td><td></td></tr>
<tr><td colspan="2">标定次数
项目</td><td>Ⅰ</td><td>Ⅱ</td><td>Ⅲ</td><td>Ⅳ</td><td>Ⅴ</td></tr>
<tr><td rowspan="3">基准物质称量</td><td>称量瓶和样品的质量/g</td><td></td><td></td><td></td><td></td><td></td></tr>
<tr><td>称量瓶质量/g</td><td></td><td></td><td></td><td></td><td></td></tr>
<tr><td>称取基准物质质量/g</td><td></td><td></td><td></td><td></td><td></td></tr>
<tr><td rowspan="5">滴定用去标准溶液体积</td><td>滴定用去标准溶液体积/mL</td><td></td><td></td><td></td><td></td><td></td></tr>
<tr><td>滴定管校正值/mL</td><td></td><td></td><td></td><td></td><td></td></tr>
<tr><td>溶液温度变化校正值/mL</td><td></td><td></td><td></td><td></td><td></td></tr>
<tr><td>空白实验值/mL</td><td></td><td></td><td></td><td></td><td></td></tr>
<tr><td>滴定用去标准溶液的实际体积/mL</td><td></td><td></td><td></td><td></td><td></td></tr>
</table>

列出计算公式:

<table>
<tr><td>计算结果/(mol/L)</td><td></td><td></td><td></td><td></td><td></td></tr>
<tr><td>算术平均值/(mol/L)</td><td colspan="5"></td></tr>
</table>

计算公式为

$$c_{NaOH} = \frac{m \times 1\,000}{(V_1 - V_2) \times M}$$

式中:m——邻苯二甲酸氢钾质量(g);

V_1——NaOH 溶液的体积(mL);

V_2——空白实验消耗 NaOH 溶液的体积(mL);

M——邻苯二甲酸氢钾的摩尔质量,$M_{KHC_8H_4O_4}=204.22$ g/mol。

取五次平行测定结果平均值。

评分标准

考核项目	考核内容		评定记录	扣分	得分
一、称量(10分)	1.检查天平水平及天平校正	否,扣0.5分/项			
	2.不能用手直接接触天平及称量瓶	否,扣0.5分/项			
	3.称量瓶必须干燥,其盖不得扣放在天平台上	否,扣0.5分/项			
	4.被称量物放在天平盘中心位置	否,扣0.2分/次			
	5.称量范围4.7 g±0.05 g	否,扣1分/次			
	6.称量次数≤3次	否,扣0.5分/项			
	7.称量返工	扣2分/次			
	8.称量时不得撒在天平盘	否,扣1分/次			
二、滴定(16分)	1. 滴定管试漏、置换	否,扣1分/项			
	2.试剂瓶塞不得扣放在实验台上,向滴定管中注入标准溶液时,手心与瓶签相对	否,扣0.5分/项			
	3.溶液注入管中,不得倒在管外或外溢	否,扣0.5分/项			
	4.标准溶液滴到滴定管零位以上5 mm处,停止加液等待30 s后调整零位一次成功	否,扣0.5分/项			
	5.正确观察液面,准确读数	与考官每相差0.03 mL扣0.5分			
	6.操作过程手握滴定管液面以上部分	否,扣0.5分/次			
	7.滴定过程管尖无气泡,标准溶液无滴漏	否,扣0.5分/项			
	8.滴定速度以6～8 mL/min匀速滴定,不呈线状	否,扣0.5分/次			
	9.滴定时锥形瓶摇动平衡,速度均匀	否,扣0.5分/次			
	10.滴定时滴定管尖伸入锥形瓶以内1.5～2.5 cm	否,扣0.5分/次			
	11.滴定终点掌握准确,临近终点时滴定管尖靠碰锥形瓶内壁加入标准溶液的次数不能超过三次	每多靠内壁一次扣0.2分			
	12.终点判断应准确	否,扣1～3分			
	13.过失操作	3分/次			
	14.其他规范操作	最多扣2分			

续表

考核项目	考核内容		评定记录	扣分	得分
三、文明操作（4分）	1.实验台整洁，仪器归类	否，扣0.5分/项			
	2.滴定管洗干净，仪器洗净放好	否，扣0.5分/项			
	3.仪器完好，无损	否，扣2分/项			
四、记录及计算（10分）	1.填写正确	否，扣0.5分/项			
	2.记录及时、直接	否，扣0.5分/处			
	3.加入量器及温度校正值	否，扣0.5分/项			
	4.记录更改	扣0.5分/处			
	5.记录涂改	扣1分/处			
	6.正确进行数字修约，有效数字位数保留正确	否，扣0.5分/次			
	7.数据代入错误	扣0.5分/处			
	8.有意凑改数据	扣5分/处			
	9.计算结果正确	否，扣2分（并以错误结果评价分析结果）			
五、分析结果（50分）					
精密度（25分）	平行测定结果之差不大于0.20%	精密度以复核结果计。平行差在0.05%以内，每差0.01%扣0.4分；在0.06%～0.10%时，每差0.01%扣0.6分；在0.10%～0.20%时，每差0.01%扣1.5分；超过0.20%时，每超过0.01%扣2分，最多扣完			
准确度（25分）	1.将全部分析结果中的离群值弃去，余者取其正确结果以其算术平均值作为标准，视为真值 2.个人平行测定结果的算术平均值与上述真值比较 3.如果精密度达不到规定要求，准确度不予考核	个人算术平均值与真值之差在0.05%以内，每差0.01%扣0.3分；在0.06%～0.10%，每差0.01%扣0.8分；在0.10%～0.15%，每差0.01%扣1.4分；在0.16%～0.20%，每差0.01%扣2.5分；大于0.20%，每差0.01%扣3分，最多扣25分			

续表

考核项目	考 核 内 容		评定记录	扣分	得分
六、分析时间(10 分)					
额定时间为 90 min	起始时间	每延长 30 s 扣 0.2 分			
	结束时间				
	实用时间				
总分					

实训思考

(1) 以邻苯二甲酸氢钾基准试剂标定 NaOH 溶液,可否选用甲基橙做指示剂?为什么?

(2) 酸式、碱式滴定管各适合装什么溶液?不适合装什么溶液?

(3) 酸式、碱式滴定管漏水如何处理?

(4) 怎样制备不含二氧化碳的蒸馏水?

附录A　不同标准溶液浓度的温度补正值

温度/℃ \ 标准溶液	水和0.05 mol/L以下的各种水溶液	0.1 mol/L和0.2 mol/L各种水溶液	HCl溶液(c_{HCl}=0.5 mol/L)	HCl溶液(c_{HCl}=1 mol/L)	H_2SO_4溶液($c_{\frac{1}{2}H_2SO_4}$=0.5 mol/L)NaOH溶液(c_{NaOH}=0.5 mol/L)	H_2SO_4溶液($c_{\frac{1}{2}H_2SO_4}$=1 mol/L) NaOH溶液(c_{NaOH}=1 mol/L)
5	+1.38	+1.7	+1.9	+2.3	+2.4	+3.6
6	+1.38	+1.7	+1.9	+2.2	+2.3	+3.4
7	+1.36	+1.6	+1.8	+2.2	+2.2	+3.2
8	+1.33	+1.6	+1.8	+2.1	+2.2	+3.0
9	+1.29	+1.5	+1.7	+2.0	+2.1	+2.7
10	+1.23	+1.5	+1.6	+1.9	+2.0	+2.5
11	+1.17	+1.4	+1.5	+1.8	+1.8	+2.3
12	+1.10	+1.3	+1.4	+1.6	+1.7	+2.0
13	+0.99	+1.1	+1.2	+1.4	+1.5	+1.8
14	+0.88	+1.0	+1.1	+1.2	+1.3	+1.6
15	+0.77	+0.9	+0.9	+1.0	+1.1	+1.3
16	+0.64	+0.7	+0.8	+0.8	+0.9	+1.1
17	+0.50	+0.6	+0.6	+0.6	+0.7	+0.8
18	+0.34	+0.4	+0.4	+0.4	+0.5	+0.6
19	+0.18	+0.2	+0.2	+0.2	+0.2	+0.3
20	0.00	0.00	0.00	0.0	0.00	0.00
21	−0.18	−0.2	−0.2	−0.2	−0.2	−0.3
22	−0.38	−0.4	−0.4	−0.5	−0.5	−0.6
23	−0.58	−0.6	−0.7	−0.7	−0.8	−0.9
24	−0.80	−0.9	−0.9	−1.0	−1.0	−1.2

续表

温度/℃ \ 标准溶液	水和0.05 mol/L以下的各种水溶液	0.1 mol/L和0.2 mol/L各种水溶液	HCl溶液(c_{HCl}=0.5 mol/L)	HCl溶液(c_{HCl}=1 mol/L)	H_2SO_4溶液($c_{\frac{1}{2}H_2SO_4}$=0.5 mol/L)NaOH溶液(c_{NaOH}=0.5 mol/L)	H_2SO_4溶液($c_{\frac{1}{2}H_2SO_4}$=1 mol/L)NaOH溶液(c_{NaOH}=1 mol/L)
25	−1.03	−1.1	−1.1	−1.2	−1.3	−1.5
26	−1.26	−1.4	−1.4	−1.4	−1.5	−1.8
27	−1.51	−1.7	−1.7	−1.7	−1.8	−2.1
28	−1.76	−2.0	−2.0	−2.0	−2.1	−2.4
29	−2.01	−2.3	−2.3	−2.3	−2.4	−2.8
30	−2.30	−2.5	−2.5	−2.6	−2.8	−3.2
31	−2.58	−2.7	−2.7	−2.9	−3.1	−3.5
32	−2.86	−3.0	−3.0	−3.2	−3.4	−3.9
33	−3.04	−3.2	−3.3	−3.5	−3.7	−4.2
34	−3.47	−3.7	−3.6	−3.8	−4.1	−4.6
35	−3.78	−4.0	−4.0	−4.1	−4.4	−5.0
36	−4.10	−4.3	−4.3	−4.4	−4.7	−5.3

注:① 本表数值是以20 ℃为标准温度,用实测法测出的;

② 表中带有"+""−"号的数值是以20 ℃为分界。室温低于20 ℃的补正值均为"+",高于20 ℃的补正值均为"−"。

附录B　常用标准溶液的配制与标定

名　称	配制方法	标　定
HCl 溶液 (0.1 mol/L)	量取 9 mL 浓盐酸，加入水中，稀释至 1 L	称取碳酸钠 0.2 g，溶于 50 mL 水中，加 0.2 mL靛蓝二磺酸钠-甲基橙混合指示剂，用 HCl 溶液滴定至由蓝绿变为紫色，即为终点
硫酸 (0.1 mol/L)	量取 3 mL 浓硫酸，加入水中，稀释至 1 L	滴定方法同上
乙酸 (0.1 mol/L)	量取 6 mL 冰乙酸，加入不含有 CO_2 的水中，稀释至 1 L	吸取 25 mL 乙酸，加不含有 CO_2 的水25 mL、2 滴酚酞，用 0.1 mol/L 氢氧化钠标准溶液滴定至变粉红色且 30 s 不退色，即为终点
氢氧化钠 (0.1 mol/L)	将氢氧化钠配制成饱和溶液，放入聚乙烯瓶中，静置到溶液清亮，取上层清液 5 mL 加入 1 L 不含 CO_2 的水中	称取基准邻苯二甲酸氢钾 0.6 g，溶于 50 mL水中，加热至沸腾，加 2 滴酚酞指示剂，用配制的碱液滴定至呈粉红色且 30 s 不退色时为终点
重铬酸钾 (0.1 mol/L)	称取基准重铬酸钾 4.903 0 g，溶于水中，移入 1 L 容量瓶中，稀释至 1 L	一般不需要标定
高锰酸钾 (0.1 mol/L)	称取 3.3 g 高锰酸钾，溶于 10～50 mL 水中，缓和煮沸 30 min，冷却后于暗处密封放置数日。用玻璃滤锅过滤，保存在棕色瓶中	称取基准草酸钠 0.2 g，溶于 50 mL 水中，加 8 mL 浓硫酸，用配制的高锰酸钾溶液滴定至近终点时，加热到 70 ℃，继续滴定至溶液呈粉红色，保持 30 s，同时做空白实验
硫代硫酸钠 (0.1 mol/L)	称取 26 g 硫代硫酸钠及 0.2 g 无水碳酸钠，使溶于 100 mL 水中，缓和加热煮沸 10 min 后冷却，并用蒸馏水稀释至 1 L，储存于棕色瓶中数日，然后过滤备用	称取基准重铬酸钾 0.2 g，置于 500 mL 具塞锥形瓶中，用 25 mL 冷却的沸水溶解，加 2 g碘化钾及 20 mL 4 mol/L 硫酸溶液，待碘化钾溶解后，于暗处放置 10 min，加 250 mL 水，用硫代硫酸钠溶液滴定，近终点时加 3 mL 0.5%淀粉指示剂，继续滴定至溶液由蓝色变成亮绿色为终点，同时做空白实验
硫酸亚铁 (0.1 mol/L)	称取 28 g 绿矾，溶于 300 mL 4 mol/L硫酸溶液中，加水 700 mL	吸取 25 mL 配制的溶液，加 25 mL 冷却的沸水，用 0.1 mol/L 高锰酸钾标准溶液滴定至粉红色并保持 30 s 不退色为终点
铁氰化钾 (0.1 mol/L)	称取铁氰化钾 33 g，溶于水后，稀释至 1 L	吸取 25 mL 配制的铁氰化钾溶液于 300 mL 的锥形瓶，加入 3 g 碘化钾和 3 g 硫酸锌，以 0.1 mol/L 硫代硫酸钠标准溶液滴定至溶液呈淡黄色，加 5 mL 0.5%淀粉指示剂，继续滴定至溶液呈白色为终点

续表

名　　称	配制方法	标　　定
硝酸银 (0.1 mol/L)	称取 17.5 g 硝酸银，溶于水中，稀释至 1 L，保存在棕色瓶中	称取基准氯化钠 0.2 g，溶于 70 mL 水中，加入 10 mL 3%糊精溶液及 3 滴 0.5%荧光素乙醇溶液，边摇动边用硝酸银溶液避光滴定至溶液呈粉红色
硝酸亚汞 (0.05 mol/L)	称取 42 g 硝酸亚汞，溶于 60 mL 氧化处理过的硝酸(滴加 5%高锰酸钾溶液至粉红色，再加 3%过氧化氢至粉红色消失)稀释至 3 000 mL，并加少量汞以增加溶液稳定性	称取氯化钠 0.1 g，溶于 50 mL 水及 5 mL 氧化处理过的硝酸，用配制的溶液滴定，终点前加入 0.02 mL 1%二苯基偶氮碳酰肼乙醇溶液为指示剂，继续滴定至溶液呈蓝紫色即为终点
锌 (0.05 mol/L)	称取基准锌 3.269 g，用 25 mL 水、10 mL 浓盐酸溶解后，移入 1 L 容量瓶，稀释至 1 L	一般不需要标定
EDTA (0.05 mol/L)	称取 20 g 乙二胺四乙酸二钠，溶于水并稀释至 1 L	吸取锌标准溶液 25 mL，稀释至 100 mL，滴加 10%氨水使溶液 pH 约为 8，再加 10 mL 氨缓冲溶液和 3～4 滴铬黑 T 指示剂，用配制好的 EDTA 溶液滴定，溶液由紫色转变为纯蓝色为终点，同时做空白实验

附录C　常用试剂的配制

试剂名称	配制方法
氨试液	取浓氨水 200 mL,置于 1 000 mL 量杯中,加水稀释至 500 mL
碱性酒石酸铜试液	(1) 取硫酸铜结晶 20.8 g,置于 500 mL 量杯中,加水使其溶解成 300 mL,转移至 500 mL 试剂瓶中备用(可长期保存); (2) 取酒石酸钾钠结晶 103.8 g 与氢氧化钠 30 g,置于 500 mL 量杯中,加水使其溶解成 300 mL,转移至 500 mL 试剂瓶中备用(需新鲜配制)。临用前将两液等量混合即得
0.2%酚酞指示剂	粗称酚酞 1 g,置于 500 mL 量杯中,加入 95%乙醇 500 mL,使其溶解,即得(可长期保存)
0.02 mol/L NaOH 滴定液	取氢氧化钠 0.4 g,置于 500 mL 量杯中,加水溶解并稀释至 500 mL(可长期保存)
稀硝酸	取硝酸(16 mol/L) 420 mL,置于 5 000 mL 烧杯中,加水稀释至 4 000 mL(可长期保存)
NaCl 标准溶液 (10 μg/mL)	精称氯化钠 16.5 mg,置于 100 mL 容量瓶中,加水适量使溶解并稀释至刻度,摇匀,作为储备液(100 μg/mL,可长期保存)。临用前,精密量取储备液 100.0 mL,置于 1 000 mL 容量瓶中,加水稀释至刻度,摇匀,即得
硝酸银试液	取硝酸银 8.75 g,置于 500 mL 量杯中,加水溶解至 500 mL(需新鲜配制)
稀 HCl 溶液	取浓盐酸(12.5 mol/L) 702 mL,置于 5 000 mL 烧杯中,加水稀释至 3 000 mL(可长期保存)
硫酸钾标准溶液 (SO_4^{2-} 浓度为 100 μg/mL)	精称硫酸钾 90.5 mg,置于 100 mL 烧杯中,加水溶解后,转移至 500 mL 容量瓶中(可长期保存)
25%氯化钡	粗称 $BaCl_2$ 750 g,置于 5 000 mL 烧杯中,加水超声溶解并稀释至 3 000 mL(可长期保存,若混浊,需过滤)
铅标准溶液 (Pb^{2+} 浓度为 10 μg/mL)	精称硝酸铅 16 mg,置于 50 mL 烧杯中,加入硝酸 0.5 mL 与水 5 mL 溶解后,转移至 100 mL 容量瓶中,用水稀释至刻度,摇匀,作为储备液(Pb^{2+} 浓度为 100 μg/mL,放冰箱长期保存)。临用前,精密量取储备液 10.0 mL,置于 100 mL 容量瓶中,加水稀释至刻度,摇匀,即得
稀乙酸	粗量冰乙酸(17.5 mol/L) 60 mL,置于 1 000 mL 量杯中,加水稀释至 1 000 mL,调 pH 至 3.5(可长期保存)
乙酸盐缓冲溶液 (pH=3.5)	粗称乙酸铵 250 g,置于 1 000 mL 量杯中,加水 250 mL 溶解后,加入 7 mol/LHCl 溶液 380 mL,用 2 mol/LHCl 溶液或 5 mol/L 氨溶液准确调节 pH 至 3.5(电位法指示),用水稀释至 1 000 mL,即得

续表

试剂名称	配制方法
硫代乙酰胺试液	(1) 粗称硫代乙酰胺 8 g,置于 500 mL 烧杯中,加水 200 mL 超声溶解,转移至试剂瓶中(硫代乙酰胺液),放置冰箱中保存(需新鲜配制); (2) 配制 1 mol/L NaOH 溶液 1 000 mL:粗称 NaOH 40 g,置于 1 000 mL 量杯中,加水溶解至 1 000 mL。取 600 mL NaOH 溶液、200 mL 水、800 mL 丙三醇在 3 000 mL 烧杯中混匀(混合液)。转移至试剂瓶中,放置冰箱中保存(可长期保存); (3) 临用前取混合液 1 000 mL、硫代乙酰胺液 200 mL,置于 80 ℃水浴上加热 30 s,冷却,分装
碘化钾试液	粗称碘化钾 330 g,置于 3 000 mL 烧杯中,加水 2 000 mL 溶解,即得(可长期保存)
酸性氯化亚锡溶液	粗称氯化亚锡 120 g,加浓盐酸 300 mL 使其溶解(乳白状),静置过夜,即得(微黄色,透明)(保存三个月)
乙酸铅棉花	(1) 乙酸铅试液:粗称乙酸铅 20 g,加新煮沸放冷的蒸馏水超声溶解,再滴加乙酸使溶液澄清,加水至 200 mL(需新鲜配制); (2) 取脱脂棉,浸入乙酸铅试液与水(体积比为 1:1)的混合液,浸湿后,挤压除去过多的溶液,并使疏松,在 100 ℃以下干燥,置于玻璃瓶中密封保存(可长期保存) 注意:乙酸铅试液有毒,禁止用手直接取棉花,要用镊子夹取
溴化汞试纸	(1) 乙醇制溴化汞试液:粗称溴化汞 5 g,加乙醇 100 mL,微热使溶解,本品置于具塞瓶中,暗处保存(需新鲜配制); (2) 取国产定量滤纸(质地较疏松),剪成所需圆形,浸入乙醇制溴化汞试液中,1 h 后取出,在暗处晾干,即得(可长期保存) 注意:溴化汞试液有毒,禁止用手直接取滤纸条,要用镊子夹取
标准砷溶液	称取三氧化二砷 0.013 2 g,置于 100 mL 容量瓶中,加 20%氢氧化钠溶液 5 mL 溶解后,用适量的稀硫酸(0.05 mol/L)中和,再加稀硫酸 10 mL,用水稀释至刻度,摇匀,作为储备液(100 μg/mL,可长期保存)。临用前,精密量取储备液 10 mL,置于 1 000 mL 容量瓶中,加稀硫酸 10 mL,用水稀释至刻度,摇匀,即得(As^{3+}浓度为 1 μg/mL)
新制的稀硫酸铁铵溶液	硫酸铁铵指示剂:称取硫酸铁铵 8 g,加水溶至 100 mL。 取浓盐酸 9 mL,加水稀释至 100 mL,取 10 mL,加硫酸铁铵指示剂 20 mL 后,再加水适量使成 1 000 mL
中性乙醇	取适量乙醇,加入酚酞指示剂 3 滴,用氢氧化钠溶液(0.1 mol/L)滴定至呈淡红色
比色用 $CoCl_2$ 液	取氯化钴 20 g,加浓盐酸 10 mL,加水溶解并稀释至 1 000 mL,即得

续表

试剂名称	配制方法
重铬酸钾溶液	称取重铬酸钾 75 g,加水至 1 000 mL
0.01%水杨酸溶液	准确称取水杨酸 0.1 g,加水溶解后,加冰乙酸 1 mL,摇匀,再加水至 1 000 mL,摇匀
NaOH 滴定液(0.1 mol/L)	取氢氧化钠适量,加水摇匀使溶解成饱和溶液,冷却后,置于聚乙烯塑料瓶中,静置数日,澄清后备用。 配制:取澄清的氢氧化钠饱和溶液 5.6 mL,加新沸过的冷水至 1 000 mL,摇匀。 标定:取在 105 ℃干燥至恒重的基准邻苯二甲酸氢钾约 6 g,精密称量,加新沸过的冷水 50 mL,振荡,使其尽量溶解,加酚酞指示剂 2 滴,用 NaOH 滴定液滴定,在接近终点时,应使邻苯二甲酸氢钾完全溶解,滴定至溶液显粉红色。 每 1 mL 氢氧化钠滴定液(1 mol/L)相当于 204.2 mg 的邻苯二甲酸氢钾。根据 NaOH 滴定液的消耗量与邻苯二甲酸氢钾的取用量,计算 NaOH 滴定液的浓度,即得
饱和亚硫酸氢钠溶液	先配制 40% $NaHSO_3$ 水溶液,然后在 100 mL 40% $NaHSO_3$ 水溶液中,加不含醛的无水乙醇 25 mL,溶液呈透明清亮状。由于亚硫酸氢钠久置后易失去二氧化硫而变质,所以上述溶液也可按下法配制:将研细的碳酸钠晶体($Na_2CO_3 \cdot 10H_2O$)与水混合,水的用量使粉末上只覆盖一薄层水为宜,然后在混合物中通入二氧化硫气体,至碳酸钠几乎完全溶解,或将二氧化硫通入 1 份碳酸钠与 3 份水的混合物中,至碳酸钠全部溶解为止,配制好后密封放置,但不可放置太久,最好是用时新配
饱和溴水	溶解 15 g KBr 于 100 mL 水中,加入 10 g Br_2,振荡即成
淀粉-KI 试纸	取 3 g 可溶性淀粉,加入 25 mL 水,搅匀,倾入 225 mL 沸水中,再加入 1 g KI 及 1 g 结晶硫酸钠,用水稀释到 500 mL,将滤纸片(条)浸渍,取出晾干,密封备用
蛋白质溶液	取新鲜鸡蛋清 50 mL,加蒸馏水至 100 mL,搅拌溶解。如果混浊,加入 5%氢氧化钠溶液至刚清亮为止
10%淀粉溶液	将 10 g 可溶性淀粉溶于 5 mL 冷蒸馏水中,用力搅成稀浆状,然后倒入 94 mL 沸水中,即得近于透明的胶体溶液,放冷后使用
碘溶液	(1) 将 20 g KI 溶于 100 mL 蒸馏水中,然后加入 10 g 研细的碘粉,搅动使其全溶,得深红色溶液; (2) 将 1 g KI 溶于 100 mL 蒸馏水中,然后加入 0.5 g I_2,加热溶解即得红色清亮溶液

续表

试剂名称	配制方法
2,4-二硝基苯肼溶液	(1) 在15 mL浓硫酸中，溶解3 g 2,4-二硝基苯肼。另在70 mL 95%乙醇里加20 mL水，然后把硫酸苯肼倒入稀乙醇溶液中，搅动混合均匀即成橙红色溶液(若有沉淀应过滤)； (2) 将1.2 g 2,4-二硝基苯肼溶于50 mL 30%高氯酸溶液中，配好后贮于棕色瓶中，不易变质。 注:(1)中配制的试剂，2,4-二硝基苯肼浓度较大，反应时沉淀多，便于观察；(2)中配制的试剂由于高氯酸盐在水中溶解度很大，因此便于检验水中醛且较稳定，长期储存不易变质
卢卡斯(Lucas)试剂	将34 g无水 $ZnCl_2$ 在蒸发皿中强热熔融，稍冷后放在干燥器中冷至室温。取出捣碎，溶于23 mL浓盐酸(相对密度为1.187)中。配制时须加以搅动，并把容器放在冰水浴中冷却，以防氯化氢逸出。此试剂一般是临用时配制

附录 D 常用酸碱溶液的密度和浓度

酸或碱	分子式	密度/(g/mL)	溶质的质量分数/(%)	c/(mol/L)
浓盐酸	HCl	1.19	37	12
HCl 溶液		1.10	20	6
浓硝酸	HNO_3	1.42	72	16
稀硝酸		1.20	32	6
浓硫酸	H_2SO_4	1.84	96	18
稀硫酸		1.18	25	3
冰乙酸	CH_3COOH	1.05	99.5	17
稀乙酸		1.04	34	6
高氯酸	$HClO_4$	1.75	72	12
磷酸	H_3PO_4	1.71	85	14.6
氢氟酸	HF	1.14	40	27.4
浓氨水	$NH_3 \cdot H_2O$	0.90	28～30	15
稀氨水		0.96	10	6
稀 NaOH 溶液	NaOH	1.22	20	6
饱和 $Ba(OH)_2$ 溶液	$Ba(OH)_2$	—	—	0.12
饱和 $Ca(OH)_2$ 溶液	$Ca(OH)_2$	—	—	0.15

附录E 弱酸、弱碱在水中的电离常数(25 ℃、$I=0$)

弱酸	分子式	$K_a(K_b)$	$pK_a(pK_b)$
砷酸	H_3AsO_4	$6.3\times10^{-3}(K_{a1})$ $1.0\times10^{-7}(K_{a2})$ $3.2\times10^{-12}(K_{a3})$	2.20 7.00 11.50
亚砷酸	$HAsO_2$	6.0×10^{-10}	9.22
硼酸	H_3BO_3	5.8×10^{-10}	9.24
焦硼酸	$H_2B_4O_7$	$1.0\times10^{-4}(K_{a1})$ $1.0\times10^{-9}(K_{a2})$	4 9
碳酸	$H_2CO_3(CO_2+H_2O)$	$4.2\times10^{-7}(K_{a1})$ $5.6\times10^{-11}(K_{a2})$	6.38 10.25
氢氰酸	HCN	6.2×10^{-10}	9.21
铬酸	H_2CrO_4	$1.8\times10^{-1}(K_{a1})$ $3.2\times10^{-7}(K_{a2})$	0.74 6.50
氢氟酸	HF	6.6×10^{-4}	3.18
亚硝酸	HNO_2	5.1×10^{-4}	3.29
过氧化氢	H_2O_2	1.8×10^{-12}	11.75
磷酸	H_3PO_4	$7.6\times10^{-3}(K_{a1})$ $6.3\times10^{-8}(K_{a2})$ $4.4\times10^{-13}(K_{a3})$	2.12 7.2 12.36
焦磷酸	$H_4P_2O_7$	$3.0\times10^{-2}(K_{a1})$ $4.4\times10^{-3}(K_{a2})$ $2.5\times10^{-7}(K_{a3})$ $5.6\times10^{-10}(K_{a4})$	1.52 2.36 6.60 9.25
亚磷酸	H_3PO_3	$5.0\times10^{-2}(K_{a1})$ $2.5\times10^{-7}(K_{a2})$	1.30 6.60
氢硫酸	H_2S	$1.3\times10^{-7}(K_{a1})$ $7.1\times10^{-15}(K_{a2})$	6.88 14.15
硫酸	HSO_4^-	$1.0\times10^{-2}(K_{a2})$	1.99
亚硫酸	$H_3SO_3(SO_2+H_2O)$	$1.3\times10^{-2}(K_{a1})$ $6.3\times10^{-8}(K_{a2})$	1.90 7.20
偏硅酸	H_2SiO_3	$1.7\times10^{-10}(K_{a1})$ $1.6\times10^{-12}(K_{a2})$	9.77 11.8
甲酸	HCOOH	1.8×10^{-4}	3.74

续表

弱　酸	分 子 式	$K_a(K_b)$	$pK_a(pK_b)$
乙酸	CH_3COOH	1.8×10^{-5}	4.74
一氯乙酸	$CH_2ClCOOH$	1.4×10^{-3}	2.86
二氯乙酸	$CHCl_2COOH$	5.0×10^{-2}	1.30
三氯乙酸	CCl_3COOH	0.23	0.64
氨基乙酸盐	$^{+}NH_3CH_2COOH$ $^{+}NH_3CH_2COO^-$	$4.5\times10^{-3}(K_{a1})$ $2.5\times10^{-10}(K_{a2})$	2.35 9.60
抗坏血酸	O═C—C(OH)═C(OH)—CH—CH(OH)—CH_2OH (C1 与 CH 经 —O— 成环)	$5.0\times10^{-5}(K_{a1})$ $1.5\times10^{-10}(K_{a2})$	4.30 9.82
乳酸	$CH_3CHOHCOOH$	1.4×10^{-4}	3.86
草酸	$H_2C_2O_4$	$5.9\times10^{-2}(K_{a1})$ $6.4\times10^{-5}(K_{a2})$	1.22 4.19
苯甲酸	C_6H_5COOH	6.2×10^{-5}	4.21
d-酒石酸	HO—CH—COOH │ HO—CH—COOH	$9.1\times10^{-4}(K_{a1})$ $4.3\times10^{-5}(K_{a2})$	3.04 4.37
邻苯二甲酸	$C_6H_4(COOH)_2$（苯环邻位 —COOH、—COOH）	$1.1\times10^{-3}(K_{a1})$ $3.9\times10^{-6}(K_{a2})$	2.95 5.41
柠檬酸	CH_2—COOH │ HO—C—COOH │ CH_2—COOH	$7.4\times10^{-4}(K_{a1})$ $1.7\times10^{-5}(K_{a2})$ $4.0\times10^{-7}(K_{a3})$	3.13 4.76 6.40
苯酚	C_6H_5OH	1.1×10^{-10}	9.95
乙二胺四乙酸	H_6-$EDTA^{2+}$ H_5-$EDTA^{+}$ H_4-EDTA H_3-$EDTA^{-}$ H_2-$EDTA^{2-}$ H-$EDTA^{3-}$	$0.1(K_{a1})$ $3\times10^{-2}(K_{a2})$ $1\times10^{-2}(K_{a3})$ $2.1\times10^{-3}(K_{a4})$ $6.9\times10^{-7}(K_{a5})$ $5.5\times10^{-11}(K_{a6})$	0.9 1.6 2.0 2.67 6.17 10.26
氨水	NH_3	1.8×10^{-5}	4.74
联氨	H_2NNH_2	$3.0\times10^{-6}(K_{b1})$ $1.7\times10^{-15}(K_{b2})$	5.52 14.12
羟胺	NH_2OH	9.1×10^{-9}	8.04
甲胺	CH_3NH_2	4.2×10^{-4}	3.38

续表

弱　酸	分子式	$K_a(K_b)$	$pK_a(pK_b)$
乙胺	$C_2H_5NH_2$	5.6×10^{-4}	3.25
二甲胺	$(CH_3)_2NH$	1.2×10^{-4}	3.93
二乙胺	$(C_2H_5)_2NH$	1.3×10^{-3}	2.89
乙醇胺	$HOCH_2CH_2NH_2$	3.2×10^{-5}	4.50
三乙醇胺	$(HOCH_2CH_2)_3N$	5.8×10^{-7}	6.24
六亚甲基四胺	$(CH_2)_6N_4$	1.4×10^{-9}	8.85
乙二胺	$H_2NCH_2CH_2NH_2$	$8.5\times10^{-5}(K_{b1})$ $7.1\times10^{-8}(K_{b2})$	4.07 7.15
吡啶	(吡啶结构式) N	1.7×10^{-5}	8.77

附录 F　元素相对原子质量表(2007 年)

元素	符号	相对原子质量	元素	符号	相对原子质量	元素	符号	相对原子质量
银	Ag	107.868 2(2)	钆	Gd	157.25(3)	铂	Pt	195.08(9)
铝	Al	26.981 538 6(8)	锗	Ge	72.64(1)	镭	Ra	[227]
氩	Ar	39.948(1)	氢	H	1.007 94(7)	铷	Rb	85.467(3)
砷	As	74.921 60(2)	氦	He	4.002 602(2)	铼	Re	186.20(1)
金	Au	196.966 569(4)	汞	Hg	200.59(2)	铑	Rh	102.905 50(2)
硼	B	10.811(7)	碘	I	126.904 47(3)	钌	Ru	101.07(2)
钡	Ba	137.327(7)	铟	In	114.818(3)	硫	S	32.065(5)
铍	Be	9.012 182(3)	钾	K	39.098 3(1)	锑	Sb	121.760(1)
铋	Bi	208.980 40(1)	氪	Kr	83.798(2)	钪	Sc	44.955 912(6)
溴	Br	79.904(1)	镧	La	138.905 47(7)	硒	Se	78.96(3)
碳	C	12.017(8)	锂	Li	6.941(2)	硅	Si	28.085 5 (3)
钙	Ca	40.078(4)	镥	Lu	174.9668(1)	钐	Sm	150.36(2)
镉	Cd	112.411(8)	镁	Mg	24.305 0(6)	锡	Sn	118.710(7)
铈	Ce	140.116(1)	锰	Mn	54.938 045(5)	锶	Sr	87.62(1)
氯	Cl	35.453(2)	钼	Mo	95.96(2)	钽	Ta	180.947 88(2)
钴	Co	58.933 195(5)	氮	N	14.006 7(2)	碲	Te	127.60(3)
铬	Cr	51.996(6)	钠	Na	22.989 769 28(2)	钍	Th	232.038 06(2)
铯	Cs	132.905 451 9(2)	钕	Nd	144.242(3)	钛	Ti	47.867(1)
铜	Cu	63.546(3)	氖	Ne	20.179 7(6)	铊	Tl	204.383 3(2)
镝	Dy	162.500(1)	镍	Ni	58.693 4(4)	铀	U	238.028 91(3)
铒	Er	167.259(3)	氧	O	15.999 4(3)	钒	V	50.941 5(1)
铕	Eu	151.96(1)	磷	P	30.973 762(2)	钨	W	183.84(1)
氟	F	18.998 403 2(5)	铅	Pb	207.2(1)	钇	Y	88.905 85(2)
铁	Fe	55.845(2)	钯	Pd	106.42(1)	锌	Zn	65.38(2)
镓	Ga	69.723(1)	镨	Pr	140.907 65(2)	锆	Zr	91.224(2)

注：本相对原子质量表按照原子序数排列；本表数据源自 2007 年 IUPAC 元素周期表，以 $^{12}C=12$ 为标准；方括号内的原子质量为放射性元素的半衰期最长的同位素质量数；相对原子质量末位数的不确定度加注在其后的括号内。

附录 G 化合物相对分子质量表

化合物	相对分子质量	化合物	相对分子质量	化合物	相对分子质量
Ag_3AsO_4	462.52	$Ca(OH)_2$	74.09	$Fe(NO_3)_3$	241.86
$AgBr$	187.77	$Ca_3(PO_4)_2$	310.18	$Fe(NO_3)_3 \cdot 9H_2O$	404.00
$AgCl$	143.32	$CaSO_4$	136.14	FeO	71.840
$AgCN$	133.89	$CdCO_3$	172.42	Fe_2O_3	159.69
$AgSCN$	165.95	$CdCl_2$	183.32	Fe_3O_4	231.54
Ag_2CrO_4	331.73	CdS	144.47	$Fe(OH)_3$	1106.87
AgI	234.77	$Ce(SO_4)_2$	332.24	FeS	87.91
$AgNO_3$	169.87	$Ce(SO_4)_2 \cdot 4H_2O$	404.30	Fe_2S_3	207.87
$AlCl_3$	133.34	$CoCl_2$	129.84	$FeSO_4$	151.90
$AlCl_3 \cdot 6H_2O$	241.43	$CoCl_2 \cdot 6H_2O$	237.93	$FeSO_4 \cdot 7H_2O$	278.01
$Al(NO_3)_3$	213.00	$Co(NO_3)_2$	182.94	$(NH_4)_2Fe(SO_4)_2 \cdot 6H_2O$	392.13
$Al(NO_3)_3 \cdot 9H_2O$	375.13	$Co(NO_3)_2 \cdot 6H_2O$	291.03		
Al_2O_3	101.96	CoS	90.99	H_3AsO_3	125.94
$Al(OH)_3$	78.00	$CoSO_4$	154.99	H_3AsO_4	141.94
$Al_2(SO_4)_3$	342.14	$CoSO_4 \cdot 7H_2O$	281.10	H_3BO_3	61.83
$Al_2(SO_4)_3 \cdot 18H_2O$	666.41	$CO(NH_2)_2$	60.06	HBr	80.912
As_2O_3	197.84	$CrCl_3$	158.35	HCN	27.026
As_2O_5	229.84	$CrCl_3 \cdot 6H_2O$	266.45	$HCOOH$	46.026
As_2S_3	246.02	$Cr(NO_3)_3$	238.01	CH_3COOH	60.052
		Cr_2O_3	151.99	H_2CO_3	62.025
$BaCO_3$	197.34	$CuCl$	98.999	$H_2C_2O_4$	90.035
BaC_2O_4	225.35	$CuCl_2$	134.45	$H_2C_2O_4 \cdot 2H_2O$	126.07
$BaCl_2$	208.24	$CuCl_2 \cdot 2H_2O$	170.48	HCl	36.461
$BaCl_2 \cdot 2H_2O$	244.27	$CuSCN$	121.62	HF	20.006
$BaCrO_4$	253.32	CuI	190.45	HI	127.91
BaO	153.33	$Cu(NO_3)_2$	187.56	HIO_3	175.91
$Ba(OH)_2$	171.34	$Cu(NO_3)_2 \cdot 3H_2O$	241.60	HNO_3	63.013
$BaSO_4$	233.39	CuO	79.545	HNO_2	47.013
$BiCl_3$	315.34	Cu_2O	143.09	H_2O	18.015
$BiOCl$	260.43	CuS	95.61	H_2O_2	34.015
		$CuSO_4$	159.60	H_3PO_4	97.995
CO_2	44.01	$CuSO_4 \cdot 5H_2O$	249.68	H_2S	34.08
CaO	56.08			H_2SO_3	82.07
$CaCO_3$	100.09	$FeCl_2$	126.75	H_2SO_4	98.07
CaC_2O_4	128.10	$FeCl_2 \cdot 4H_2O$	198.81	$Hg(CN)_2$	252.63
$CaCl_2$	110.99	$FeCl_3$	162.21	$HgCl_2$	271.50
$CaCl_2 \cdot 6H_2O$	219.08	$FeCl_3 \cdot 6H_2O$	270.30	Hg_2Cl_2	472.09
$Ca(NO_3)_2 \cdot 4H_2O$	236.15	$FeNH_4(SO_4)_2 \cdot 12H_2O$	482.18	HgI_2	454.40

续表

化合物	相对分子质量	化合物	相对分子质量	化合物	相对分子质量
$Hg_2(NO_3)_2$	525.19	MgC_2O_4	112.33	$Na_2C_2O_4$	134.00
$Hg_2(NO_3)_2 \cdot 2H_2O$	561.22	$Mg(NO_3)_2 \cdot 6H_2O$	256.41	CH_3COONa	82.034
$Hg(NO_3)_2$	324.60	$MgNH_4PO_4$	137.32	$CH_3COONa \cdot 3H_2O$	136.08
HgO	216.59	MgO	40.304	$NaCl$	58.443
HgS	232.65	$Mg(OH)_2$	58.32	$NaClO$	74.442
$HgSO_4$	296.65	$Mg_2P_2O_7$	222.55	$NaHCO_3$	84.007
Hg_2SO_4	497.24	$MgSO_4 \cdot 7H_2O$	246.47	$Na_2HPO_4 \cdot 12H_2O$	358.14
		$MnCO_3$	114.95	$Na_2H_2Y \cdot 2H_2O$	372.24
$KAl(SO_4)_2 \cdot 12H_2O$	474.38	$MnCl_2 \cdot 4H_2O$	197.91	$NaNO_2$	68.995
KBr	119.00	$Mn(NO_3)_2 \cdot 6H_2O$	287.04	$NaNO_3$	84.995
$KBrO_3$	167.00	MnO	70.937	Na_2O	61.979
KCl	74.551	MnO_2	86.937	Na_2O_2	77.987
$KClO_3$	122.55	MnS	87.00	$NaOH$	39.997
$KClO_4$	138.55	$MnSO_4$	151.00	Na_3PO_4	163.94
KCN	65.116	$MnSO_4 \cdot 4H_2O$	223.06	Na_2S	78.04
$KSCN$	97.18			$Na_2S \cdot 9H_2O$	240.18
K_2CO_3	138.21	NO	30.006	Na_2SO_3	126.04
K_2CrO_4	194.19	NO_2	46.006	Na_2SO_4	142.04
$K_2Cr_2O_7$	294.18	NH_3	17.03	$Na_2S_2O_3$	158.10
$K_3Fe(CN)_6$	329.25	CH_3COONH_4	77.083	$Na_2S_2O_3 \cdot 5H_2O$	248.17
$K_4Fe(CN)_6$	368.35	NH_4Cl	53.491	$NiCl_2$	237.69
$KFe(SO_4)_2$	503.24	$(NH_4)_2CO_3$	96.086	NiO	74.69
$KHC_2O_4 \cdot H_2O$	146.14	$(NH_4)_2C_2O_4$	124.10	$Ni(NO_3)_2 \cdot 6H_2O$	290.79
$KHC_2O_4 \cdot H_2C_2O_4 \cdot 2H_2O$	254.29	$(NH_4)_2C_2O_4 \cdot H_2O$	142.11	NiS	90.75
$KHC_4H_4O_6$	188.18	NH_4SCN	76.12	$NiSO_4 \cdot 7H_2O$	280.85
$KHSO_4$	136.16	NH_4HCO_3	79.055		
KI	166.00	$(NH_4)_2MoO_4$	196.01	P_2O_5	141.94
KIO_3	214.00	NH_4NO_3	80.043	$PbCO_3$	267.20
$KIO_3 \cdot HIO_3$	389.91	$(NH_4)_2HPO_4$	132.06	PbC_2O_4	295.22
$KMnO_4$	158.03	$(NH_4)_2S$	68.14	$PbCl_2$	278.10
$KNaC_6H_4O_4 \cdot 4H_2O$	282.22	$(NH_4)_2SO_4$	132.13	$PbCrO_4$	323.20
KNO_3	101.10	NH_4VO_3	116.98	$Pb(CH_3COO)_2$	325.30
KNO_2	85.104	Na_3AsO_3	191.89	$Pb(CH_3COO)_2 \cdot 3H_2O$	379.30
K_2O	94.196	$Na_2B_4O_7$	201.22	PbI_2	461.00
KOH	56.106	$Na_2B_4O_7 \cdot 10H_2O$	381.37	$Pb(NO_3)_2$	331.20
K_2SO_4	174.25	$NaBiO_3$	279.97	PbO	223.20
		$NaCN$	49.007	PbO_2	239.20
$MgCO_3$	84.314	$NaSCN$	81.07	$Pb_3(PO_4)_2$	811.54
$MgCl_2$	95.211	Na_2CO_3	105.99	PbS	239.30
$MgCl_2 \cdot 6H_2O$	203.30	$Na_2CO_3 \cdot 10H_2O$	286.14	$PbSO_4$	303.30

续表

化合物	相对分子质量	化合物	相对分子质量	化合物	相对分子质量
SO_3	80.06	$SnCl_4 \cdot 5H_2O$	350.58	$ZnCO_3$	125.39
SO_2	64.06	SnO_2	150.69	ZnC_2O_4	153.40
$SbCl_3$	228.11	SnS	150.75	$ZnCl_2$	136.29
$SbCl_5$	299.02	$SrCO_3$	147.63	$Zn(CH_3COO)_2 \cdot 2H_2O$	219.50
Sb_2O_3	291.50	SrC_2O_4	175.64	$Zn(NO_3)_2$	189.39
Sb_2S_3	339.68	$SrCrO_4$	203.61	$Zn(NO_3)_2 \cdot 6H_2O$	297.48
SiF_4	104.08	$Sr(NO_3)_2 \cdot 4H_2O$	283.69	ZnO	81.38
SiO_2	60.084	$SrSO_4$	183.68	ZnS	97.44
$SnCl_2 \cdot 2H_2O$	225.63			$ZnSO_4$	161.44
$SnCl_4$	260.50	$UO_2(CH_3COO)_2 \cdot 2H_2O$	424.15	$ZnSO_4 \cdot 7H_2O$	287.54

附录H 常用缓冲溶液的配制

序号	溶液名称	配制方法	pH
1	氯化钾-HCl	13.0 mL 0.2 mol/L HCl溶液与25.0 mL 0.2 mol/L KCl溶液混合均匀后，加水稀释至100 mL	1.7
2	氨基乙酸-HCl	在500 mL水中溶解氨基乙酸150 g，加480 mL浓盐酸，再加水稀释至1 L	2.3
3	一氯乙酸-氢氧化钠	在200 mL水中溶解2 g一氯乙酸后，加40 g NaOH，溶解完全后再加水稀释至1 L	2.8
4	邻苯二甲酸氢钾-HCl	把25.0 mL 0.2 mol/L邻苯二甲酸氢钾溶液与6.0 mL 0.1 mol/L HCl溶液混合均匀，加水稀释至100 mL	3.6
5	邻苯二甲酸氢钾-氢氧化钠	把25.0 mL 0.2 mol/L邻苯二甲酸氢钾溶液与17.5 mL 0.1 mol/L NaOH溶液混合均匀，加水稀释至100 mL	4.8
6	六亚甲基四胺-HCl	在200 mL水中溶解六亚甲基四胺40 g，加浓盐酸10 mL，再加水稀释至1 L	5.4
7	磷酸二氢钾-氢氧化钠	把25.0 mL 0.2 mol/L磷酸二氢钾溶液与23.6 mL 0.1 mol/L NaOH溶液混合均匀，加水稀释至100 mL	6.8
8	硼酸-氯化钾-氢氧化钠	把25.0 mL 0.2 mol/L硼酸-氯化钾溶液与4.0 mL 0.1 mol/L NaOH溶液混合均匀，加水稀释至100 mL	8.0
9	氯化铵-氨水	把0.1 mol/L氯化铵溶液与0.1 mol/L氨水以2∶1体积比混合均匀	9.1
10	硼酸-氯化钾-氢氧化钠	把25.0 mL 0.2 mol/L硼酸-氯化钾溶液与43.9 mL 0.1 mol/L NaOH溶液混合均匀，加水稀释至100 mL	10.0
11	氨基乙酸-氯化钠-氢氧化钠	把49.0 mL 0.1 mol/L氨基乙酸-氯化钠溶液与51.0 mL 0.1 mol/L NaOH溶液混合均匀	11.6
12	磷酸氢二钠-氢氧化钠	把50.0 mL 0.05 mol/L Na_2HPO_4溶液与26.9 mL 0.1 mol/L NaOH溶液混合均匀，加水稀释至100 mL	12.0
13	氯化钾-氢氧化钠	把25.0 mL 0.2 mol/L KCl溶液与66.0 mL 0.2 mol/L NaOH溶液混合均匀，加水稀释至100 mL	13.0

参考文献

[1] 彭国胜，潘志权．无机化学实验[M]．北京：化学工业出版社，1995．

[2] 李生英，白林，徐飞．无机化学实验[M]．北京：化学工业出版社，2007．

[3] 南京大学《无机及分析化学实验》编写组．无机及分析化学实验[M]．北京：高等教育出版社，2006．

[4] 翟永清，马志领，李志林．无机化学实验[M]．北京：化学工业出版社，2008．

[5] 漳州师范学院化学与环境科学系无机及材料化学教研室．无机化学实验[M]．厦门：厦门大学出版社，2007．

[6] 辛述元．无机及分析化学实验[M]．北京：化学工业出版社，2005．

[7] 武汉大学《无机及分析化学》编写组．无机及分析化学[M]．武汉：武汉大学出版社，2003．

[8] 韩忠霄，孙乃有．无机及分析化学[M]．北京：化学工业出版社，2005．

[9] 徐英岚．无机与分析化学[M]．北京：中国农业出版社，2001．

[10] 叶芬霞．无机及分析化学实验[M]．北京：高等教育出版社，2004．

[11] 华东理工大学分析化学教研组．分析化学[M]．4版．北京：高等教育出版社，1995．

[12] 李巧云，徐肖邢，汪学英．基础化学实验[M]．南京：南京大学出版社，2007．

[13] 郭伟强．大学化学基础实验[M]．北京：科学出版社，2005．

[14] 高丽华．基础化学实验[M]．北京：化学工业出版社，2004．

[15] 周其镇，方国女，樊行雪．大学基础化学实验[M]．北京：化学工业出版社，2000．

[16] 杭州大学化学系化学教研室．分析化学手册[M]．北京：化学工业出版社，1997．

[17] (美)J A 迪安. 分析化学手册[M]. 常文保,等译. 北京:科学出版社,2003.

[18] 马春花. 无机及分析化学[M]. 北京:高等教育出版社,1999.

[19] 钱可萍,韩志坚,陈佩琴,等. 无机及分析化学实验[M]. 北京:高等教育出版社,1987.

[20] 北京师范大学无机化学教研室. 无机化学实验[M]. 3版. 北京:高等教育出版社,2007.

[21] 高职高专化学教材编写组. 无机化学实验[M]. 2版. 北京:高等教育出版社,2005.

[22] 高职高专化学教材编写组. 分析化学实验[M]. 2版. 北京:高等教育出版社,2007.

[23] 华中师范大学,东北师范大学,陕西师范大学,等. 分析化学实验[M]. 3版. 北京:高等教育出版社,2001.